JN299299

sugaku books
すうがくぶっくす

13

森　毅・斎藤正彦・野崎昭弘／編集

代数の世界 改訂版

渡辺敬一　著
草場公邦

朝倉書店

Introduction

　数学は大きく分類すると，代数学，幾何学，解析学の三つの分野に分かれます．幾何学は図形に関連し，解析学は種々の関数に関連したもので共に具体的な対象を持っています．一方で，代数学は大雑把に云って，幾何学や解析学で使われる数学的な操作や作用自体を1個の物と見なします．例えば，加法や乗法の四則演算，図形の形を変えない合同変換，方程式を解く操作等々です．

　そう云った意味で代数学は解析学や幾何学の上部構造であり，また下部構造でもあります．つまり，解析学や幾何学に現れる現象や方法自体から研究対象を抽出する事もあり，逆に幾何学や解析学が代数学の結果を利用したりするということです．

　例えば，図形の合同変換の集まりは群という概念に吸収されます．その概念が代数学では物として扱われるのです．また加法や乗法は「二項演算」つまり，2個の要素 a, b に第3の要素 $c = a + b$（又は $= ab$）を対応させる規則です．それらを組み合わして方程式を解くわけですが，そこからこれらの二項演算の許される世界はどんなものであるのかという問題が生じます．

　抽象的に構築されるこれらの世界を総称して代数系と云いますが，その中での基本的なものである**群**は乗法というただ一つの二項演算を許す世界です．**環**は分配律で関連づけられた加法と乗法の二つの二項演算を許す世界です．しかし二項演算にもいろいろのものがあり，そこから多様な群や環の世界が拡がります．加法や乗法をゲームのルールと思えば，群論や環論をやるということはルールを守ってゲームで楽しむことだと考えること

ができます．そして，いろいろの数学的な結果はちょうど囲碁のルールが生み出す数々の棋譜と似たようなものなのです．上のような意味で読者も代数学をゲーム感覚で楽しんで頂きたいと思います．

　しかし，代数系といっても，これとこれという具合にあらかじめ分かっているわけではありません．整数や有理数や実数の成す代数系はすぐに見えますが，思いもかけない所にも代数系が見つかり，これまで積み上げてきた一般的な理論が適用されて事柄の本質がはっきりすることが多いのです．例えば，微分方程式に用いられる演算子法，データ通信に用いられる符号理論などもそうした例です．また，幾何学は代数学と無縁のように見えます．しかし，円錐をいろいろの方向に切ったときに切り口に現れる曲線[*1]である楕円や放物線や双曲線の性質も方程式を用いて代数的に明らかにされます[*2]．そして，現代では幾何学を完全に代数学的に捉える代数幾何学という分野がいろいろの問題で大活躍をしています．そこでは群や環などの種々の代数系が相互に関連し共存しています．このような意味で，現代の代数学はいろいろな代数系の探検学であり，また具体的な問題や対象の中に代数系を発見することでそれらを理解しやすくしようとしているのです．

カルダーノの3次方程式の解法

　以上は現代代数学を中心に述べましたが，一方，歴史的に代数学は方程式の解を求める方法を探求するという興味と問題意識から多くの人材を引き寄せ発展してきました．2次方程式の解法はギリシャ以前から知られていたようですが，その後は特殊な係数を持つ方程式の解を求める努力がいろいろとあったようです．16世紀にイタリア人カルダーノによって，3次方程式と4次方程式の代数的な解法が発表[*3]されるまでは，互いに問題を出し合って特殊なタイプの方程式を解く技を試合したということです．肉

[*1] これらは2次曲線と総称されています．
[*2] 焦点，半径など．
[*3] 実際にこの方法を発見した人はイタリア人タルターリャであるとされています．四次方程式の解法はカルダーノの弟子のフェラーリによります．

体的な闘争が主であった中世を通って，知的な闘争が再び芽を出してきたわけです．これらの試合にはもちろん賞金がかかっていたことも多く，また勝つことによる名声という報酬も用意される時代がギリシャ時代のように再現したわけです．これらの技は個人またはいろいろな学派の秘伝でもあったようです[*4]．カルダーノ以後の関心は5次方程式の代数的解法の発見に向けられ，1820年頃にアーベル[*5]とガロワ[*6]が独立に一般解法がないということを証明することになります．特にガロワの結果はたとえ代数的には解が求められなくてもどこかに存在している[*7]解の姿を明らかにしていく方法を提供し，現代代数学の出発点となりました．それは各方程式には**群**が付随していてその構造が方程式の解の有り様を規定するという発見です．これがガロワ理論です．

そこで多数の読者をまだギリシャ時代の状態から一挙に16世紀の状態に移すためにカルダーノの発表した3次方程式の解法を紹介しておきましょう[*8]．

$f(X) = X^3 + aX^2 + bX + c$ は $X = Y - \frac{1}{3}a$ という変数変換をすると，

$$g(Y) = f\left(Y - \frac{1}{3}a\right) = Y^3 + \left(b - \frac{a^2}{3}\right)Y + c - \frac{ab}{3} - \frac{a^3}{27}$$

という2乗の項のない形になりますから，最初から，$f(X) = X^3 + aX + b$ について考えればよいことが分かります．まず $X = u + v$ と置いて整理すると，

$$f(u + v) = (u^3 + v^3 + b) + (3uv + a)(u + v)$$

[*4] 例えば，講談社の Blue Backs 989 の『数学を築いた天才たち』参照．
[*5] Niels Henrik Abel (1802–1829)．ノルウェイの天才数学者．貧困と肺結核で夭折．
[*6] Évalist Galois (1811–1832)．決闘で夭折したフランス人数学者．フランス語の Galois は「ガロワ」と読みます．日本では「ガロア」としてあることが多いのですが，少し間が抜けて聴こえます．
[*7] どのような複素係数の多項式も複素数の解を持つことはドイツの偉大な天才ガウスが18世紀の末に証明しました．これを**代数学の基本定理**と云います．3章の定理 6.11 参照．
[*8] 詳しい説明は5章の§2にあります．ともかく以下のように解けてしまうことを知ってもらえばよいのです

となります．$f(X) = 0$ の解は
$$(u^3 + v^3 + b) + (3uv + a)(u + v) = 0$$
を満たす u, v を探すことに転化します．そこで乱暴にも次の u, v に関する連立方程式を考えます．即ち

(1) $\qquad\qquad\qquad u^3 + v^3 = -b$

(2) $\qquad\qquad\qquad uv = -\dfrac{a}{3}$

この解は確かに上の方程式を満たします．しかしこの連立方程式は幸にも解けるのです．(2) 式を 3 乗してみると，

(3) $\qquad\qquad\qquad u^3 v^3 = -\dfrac{a^3}{27}$

となります．(1) 式と (3) 式は $u^3 v^3$ に関する 2 次方程式の根と係数の関係ですから，$u^3 v^3$ は

(4) $\qquad\qquad\qquad T^2 + bT - \dfrac{a^3}{27} = 0$

の解であることになります．従って，

(5) $\qquad\qquad\qquad u^3 = -\dfrac{b}{2} + \sqrt{\dfrac{b^2}{4} + \dfrac{a^3}{27}}$

(6) $\qquad\qquad\qquad v^3 = -\dfrac{b}{2} - \sqrt{\dfrac{b^2}{4} + \dfrac{a^3}{27}}$

これらの右辺の 3 乗根を取れば，u, v が求まります．3 乗根はそれぞれ複素数の範囲で 3 個ありますが，(2) 式から分かるように u が決れば v が自動的に決ってしまいますから，$X = u + v$ も 3 個決ります．u の一つを u_1 としましょう．具体的には $D(f) = -4a^3 - 27b^2$ と置いて，

(7) $\qquad\qquad\qquad u_1 = \sqrt[3]{-\dfrac{b}{2} + \sqrt{\dfrac{D(f)}{-108}}}$

$\qquad\qquad\qquad v_1 = \sqrt[3]{-\dfrac{b}{2} - \sqrt{\dfrac{D(f)}{-108}}}$

$\qquad\qquad\qquad \omega = \dfrac{-1 + \sqrt{-3}}{2}$

とすると，
$$X_1 = u_1 + v_1$$

(8)
$$X_2 = \omega u_1 + \omega^2 v_1$$
$$X_3 = \omega^2 u_1 + \omega v_1$$

が解となります．ω はいわゆる 1 の原始 3 乗根です[*9]．

ここで，$D(f)$ は f の**判別式**[*10]と呼ばれるものですが，a,b が実数のとき，$D(f) > 0$ とすると，u_1 と v_1 は (2) 式から互いに複素共役，ω と ω^2 も複素共役ですから，3 個の解はすべて実数です．逆に，$D(f) < 0$ とすると，X_1 は実数ですが，他の 2 個は実数でなく互いに複素共役になるのが分かります．複素数を知らないカルダーノは $D(f) < 0$ の場合が本質的だとして 1 個の実根 X_1 を求めて満足せざるを得ませんでした．根がすべて実根の場合にかえってこの公式に大いに困惑したのは皮肉な話ですが，その原因は $\sqrt{-3}$ という複素数がこの解法の基本にあることを知らなかったからです[*11]．

本書の読み方について

今まで日本で出された代数学の教科書は**群，環，体**[*12]というテーマの順に書かれています．数学的には単純な構造から，複雑な構造を持つ代数系へ進むのが順当ですが，例えば，有理数の演算を四則すべて許して体と思うとか，加法だけに限定して群と思うとか，割り算だけを除外して環と思うなどの思考限定は，群，環，体の概念を大凡でも知っている方がよいと思われます．このような観点から，第 1 章で群，環，体の定義をし，簡単な例を挙げて，これらの概念がどういうものであるかという大凡の感覚を養ってもらうつもりです．その後，各章に分けて，環，体，群について詳しく論じる方針を取りました．この順序は日常的な計算でよく出会う順序に沿っていると考えるからです．最後の第 5 章で，ガロワの原点に戻って，方程式とガロワ理論という具体的な対象に焦点を合わせ，代数学の一つの完結した世界を記述してこの本を終わります．第 2 章，第 3 章と第 4

[*9] 本書では，ω（オメガ）は必ず 1 の虚数 3 乗根の意味で使います．
[*10] 5 章の定義 1.5 参照．
[*11] $108 = 2^2 \cdot 3^3$ に注意．
[*12] 「体」は「タイ」と読んで下さい．「カラダ」ではありません．

章は，ほとんど独立に書かれていますから，1 章→4 章→2 章→3 章→5 章の順に読んでも結構です．

いろいろの概念や定理の重要性とか面白さが分かるには，それらがどのように役に立つかを知ることが必要です．そのために，この本では限られた紙数の中で，幾分脱線気味でも，できるだけ概念，定理の応用を示すことに努力しました．また，ある部分が分かりにくいところは，後で必要なことが分かってから見直すとすぐ分かるものです．一つの部分にこだわりすぎないで，楽な気持ちで読んでいって下さい．

初版が出てから 18 年経過しました．草場大兄も私も間違いを見つけるのが不得意で，初版が出たときから間違いが見つかり，少しずつ修正してきましたが，このたびやっと本格的な改訂版を出すことができました．その間に草場さんは 2008 年に他界され，私はこの本を開くたびに大兄の豪快な風貌を思い出します．

このたびの改訂は基本的には前版の構成を踏襲して細かい修正を施しましたが，新しい内容は付け加えていません．体裁はやや変えて読みやすくするように工夫し，章末にあった練習問題をそれぞれの節末に移動したり，いくつかの参考文献を追加しました．第 1 版を読んで下さった方々に感謝を申しあげるとともに，改めて代数の世界へ読者をご案内できればと思います．

　　　2012 年 3 月　草場さんを偲びつつ

　　　　　　　　　　　　　　　　　　　　　　　　渡辺　敬一

目次

Introduction　　　　　　　　　　　　　　　　　　　　　　i

第1章　代数へのプロムナード　　　　　　　　　　　　1
- 1.1　群，環，体の定義　　　　　　　　　　　　　　　1
- 1.2　準同型写像　　　　　　　　　　　　　　　　　　9
- 1.3　部分群，剰余類，ラグランジュの定理　　　　　　16
- 1.4　正規部分群，剰余群，同型定理　　　　　　　　　23
- 1.5　N を法とする合同式　　　　　　　　　　　　　29

第2章　環　　　　　　　　　　　　　　　　　　　　39
- 2.1　倍数と約数，多項式環，環の拡大　　　　　　　　39
- 2.2　イデアルと剰余環　　　　　　　　　　　　　　　47
- 2.3　ユークリッド整域と PID　　　　　　　　　　　　58
- 2.4　素イデアル，極大イデアル　　　　　　　　　　　65
- 2.5　素元分解，既約性の判定　　　　　　　　　　　　72
- 2.6　中国式剰余定理　　　　　　　　　　　　　　　　83
- 2.7　環上の加群（module）　　　　　　　　　　　　　89
- 2.8　PID 上の加群，可換群の基本定理　　　　　　　　99
- 2.9　ネーター環　　　　　　　　　　　　　　　　　　107

第3章　体　　　　　　　　　　　　　　　　　　　　118
- 3.1　体の拡大　　　　　　　　　　　　　　　　　　　118

3.2	作図可能性	126
3.3	体の同型とその拡張	133
3.4	多項式の分解体と代数閉包	136
3.5	分離拡大と非分離拡大	143
3.6	ガロワの基本定理	153

第4章 群の構造　165

4.1	群の集合への作用	165
4.2	対称群	173
4.3	直積，半直積	181
4.4	いろいろな群の例	186
4.5	シローの定理	192
4.6	可解群，巾零群	199

第5章 方程式とガロワ群　207

5.1	方程式のガロワ群	207
5.2	3次，4次方程式のガロワ群	214
5.3	有限体	221
5.4	円分多項式，巡回拡大	225
5.5	代数方程式の可解性	230

問題略解　235

文献案内　259

索　引　263

第1章

代数へのプロムナード

　これから代数の世界へ入っていきます．この章の目的は，代数の概念に慣れて頂くためのウォーミングアップです．ですから，軽い気持ちで読み進んで，いろいろな代数の概念をざっと眺めて下さい．こんな風に考えるのかということが伝わればよいのです．基本的な事柄を紹介した後，§5 で，数の世界でそれらの概念がどのような役割を果たしているかを見ます．様々な現象を理解するのに役立つことが分かって頂けると思います．あるいは §5 を最初に読み出し，そこに環や群や体などの言葉が出てきたら，前の節を参照して，それらの定義を当てはめるのも悪くはありません．こうすれば，抽象的な概念が具体的な数や演算と結びついていることが分かりやすいかもしれません．代数に初めて出会う方には，問題をやってみることをお薦めします．自分で頭と手を動かしているうちに，概念が自然に身に付いてくるものです．では始めましょう．

1.1 群，環，体の定義

　代数学の最も主要な概念として，群，環，体という概念があります．この節では，この三つの概念について説明し，定義を述べましょう．しかし，それらの定義をすぐに覚えてしまうことを期待しているわけではありません．取りあえず定義の書いてあるところに栞でも挟んでおいて，その言葉が出てくる度に参照してもらえばよいと思います．定義が身に付くにはそれらの概念としばらく遊び，その属性と効用を知ることが必要なのです．その内に，群，環，体という概念のイメージが育って，やがてこれら

の概念の必要不可欠な属性としての定義を必要とあれば述べられるようになるでしょう．専門家もそのようにしていろいろの概念を身に付けてきました．宇宙船の窓から見ることで地球に対するイメージががらっと変わってしまうように，代数学のこれらの概念が数学の世界の宇宙船のようなものだということも分かるようになります．これらの概念がいろいろの事柄に対して同じような働きをするのです．

1.1 (四則演算・体・環) 私たちは加減乗除の四則を普通に使っていますが，四則といっても，引き算は足し算の，割り算はかけ算の，次の意味に於て逆演算であり，足し算，かけ算が分かれば引き算，割り算も分かります．

$$x = a - b \iff a = x + b, \quad x = \frac{a}{b} \iff a = xb$$

従って，四則といっても，加法と乗法の 2 つが基本的です．この 2 つは全く独立に決まっているわけではなく，**分配法則**という関係で結ばれています．

$$(a+b)c = ac + bc$$

私たちは，実数 $\mathbb{R}$, 有理数 $\mathbb{Q}$, 複素数 $\mathbb{C}$ を知っていますが，これらの集合はどれも四則で閉じています．即ち，a, b が有理数なら加減乗除の結果も有理数というように（もちろん 0 では割り算はしませんが）．このように，その集合の中で四則ができる集合を**体**（たい）と云います．これから，$\mathbb{R}, \mathbb{Q}, \mathbb{C}$ はそれぞれ実数体，有理数体，複素数体と呼ばれるのです．

一方，整数の集合 $\mathbb{Z}$ は，加，減，乗で閉じていて，分配法則も満たしますが，割り算をすると，整数になるとは限りません．他にこのような例として実数係数（係数は有理数としても複素数としてもよいのですが）の多項式の集合が考えられます．多項式の範囲でも加，減，乗はできますが，ある多項式を他の多項式で割った $f(x)/g(x)$ は一般に多項式ではありません．このような場合には演算が閉じるためには割り算を除外する必要が出てきます．こうして，一般に加減乗の三則で閉じているようなものを呼ぶ概念が生まれます．それが**環**という概念なのです．

1.2 (二項演算) さて，和，積のように，2 個の元に対して一つの元を定め

1.1 群，環，体の定義

る操作を**二項演算**と云います．（集合の言葉で云うと，集合 S の上の二項演算とは，ある写像

$$f : S \times S \longrightarrow S$$

のことですが，どちらで考えるかは自由です．）しかし，一旦この言葉を定義してみると，今まで数とは全く無縁と思われていたものを，今まで慣れ親しんできた数と同じように扱えることになります．例えば，

(1.3) 　　　　　　　　正方行列のかけ算 AB,

集合 X に対して $M(X) = \{f : X \to X\}$（写像 $f : X \to X$ の集合）と置き，

(1.4) 　　　　　$f, g \in M(X)$ に対して，写像の合成 fg,

また，S を，ある集合 X の部分集合の集合とするとき，$A, B \in S$ に対して

(1.5) 　　　　　　　　　$A \cup B, \quad A \cap B$

も二項演算．

S を3次元線型空間とするとき，

(1.6) 　　　　　　　　ヴェクトル積 $\mathbf{a} \times \mathbf{b}$

も二項演算です[*1]．なお，ヴェクトルの内積は，値がスカラーで異なる集合の元であるのでここで云う二項演算ではありません．

このように，二項演算にもいろいろあることを，ある程度納得して頂ければ結構です．さて，いろいろな二項演算に対して次の性質を考えましょう．演算の記号として（どの演算にも対応させてよいという意味で）"$a \circ b$" を使います．

1.7 (結合法則) $(a \circ b) \circ c = a \circ (b \circ c)$ がどの $a, b, c \in S$ に対しても成り立つとき "$\circ$ は結合法則を満たす" と云う．

普通の和，積や (1.1)–(1.3) に挙げた例はどれも結合法則を満たしているのは明らかでしょう．引き算や，(1.6) の例は結合法則を満たさない二項演算の例です．また，1.7 さえ満たせば，文字の数が増えても，$a_1 \circ a_2 \circ \cdots \circ a_n$ がカッコのつけかたによらずに定まることが帰納法で簡単に証明できます[*2]．

[*1] $(a, b, c) \times (a', b', c') = (bc' - cb', ca' - ac', ab' - ba')$.
[*2] 例えば $(a \circ (b \circ c)) \circ (d \circ e) = (a \circ b) \circ ((c \circ d) \circ e)$ など．

1.8 (交換法則) $a \circ b = b \circ a$ がどの $a, b \in S$ に対しても成り立つとき "。は交換法則を満たす" と云う.

普通の和, 積はもちろん交換法則を満たします. 上の例では (1.5) では交換法則が成立し, (1.3), (1.4), (1.6) では成立していません.

二項演算 。が結合法則, 交換法則を共に満たすとき, $a_1, \ldots, a_n \in S$ に対して
$$a_1 \circ a_2 \circ \ldots \circ a_n$$
の結果は括弧の付け方, 順序によらずに決まります.

1.9 (単位元, 逆元) S の元 e で, すべての $a \in S$ に対して $e \circ a = a \circ e = a$ となる元を S の**単位元**と云う.

また, 単位元 e が存在[*3]するとき $a \in S$ に対して $a \circ x = x \circ a = e$ となる元 $x \in S$ を a の**逆元**と云う.

例 1.10 今まで慣れ親しんだ普通の加法では単位元は 0, a の逆元は $-a$ です. また, かけ算の単位元は 0, a の逆元は $\frac{1}{a}$ です.

今まで親しんできた和, 積が二項演算の最も代表的なものですが, これから扱う演算は, $+, \cdot$ の記号を使っていても, 全く新しい二項演算かもしれないと思って先を読んで下さい.

二項演算はそのくらいにして, 群, 環, 体の定義を述べましょう.

定義 1.11 集合 G 上に, 次の性質を満たす二項演算 。があるとき, G は。に関して**群**であると云う.

(G1) 。は結合法則を満たす. 即ち, どの $a, b, c \in G$ に対しても
$$(a \circ b) \circ c = a \circ (b \circ c) \quad \text{が成り立つ.}$$

(G2) G は単位元 e を持つ.

(G3) すべての $a \in G$ が逆元を持つ.

1.12 (約束) 一般的な議論をするときは, G の単位元を e, $a \in G$ の逆元を a^{-1} と書きます. 但し, 。が "$\cdot$" のとき単位元は 1 で書き, 。が "$+$" の

[*3] (1.14) で見ますが, 単位元は存在すればただ一つしかありません.

1.1 群，環，体の定義

ときは，単位元は 0 で，逆元は $-a$ で書きます．

定義 1.13 (有限群，無限群，アーベル群，加群) 有限個の元を持つ群を**有限群**，無限個のとき**無限群**と云う．有限群 G の元の個数を $|G|$ または $\#G$ で表し，群の**位数**と云う．有限群の構造は群の位数に大きく作用される[*4]．

一般の群では交換法則 $a \circ b = b \circ a$ は成立しないが（実は成立しないところに群の面白さがあるのですが），交換法則の成立する群を**可換群**または**アーベル群**と云う[*5]．アーベル群の演算は "+" で書かれることが多く，そのときは，**加群**と云う（"+" で書かれた演算は，必ず交換法則 $a + b = b + a$ を満たすことと約束する）．

群の公理から得られる性質をいくつか挙げてみましょう．この性質を示すのに公理しか使われていないことと，公理をどのように使うかを注意して読んで下さい．

1.14 (単位元の一意性) まず，(G2) を満たす単位元と (G3) から定まる a^{-1} は一つしか存在しないこと[*6]を示しましょう．$e, e' \in G$ がどちらも (G2) の単位元の性質を満たすとすると，積 $e \circ e'$ を考えると，(G2) から $e \circ e' = e'$ ですが，e' も (G2) の性質を持っているので $e \circ e' = e$ が云えます．ゆえに e, e' はどちらも $e \circ e'$ に等しいので $e = e'$ が云えました．また，$a \in G$ に対して，$a \circ b = b \circ a = e$ かつ $a \circ b' = b' \circ a = e$ とすると[*7]，$b = b \circ e = b \circ (a \circ b') = (b \circ a) \circ b' = e \circ b' = b'$ となり，$b = b'$ が示せます．

次に，ある $a, b, x \in G$ に対して $a \circ x = b$ とすると，この両辺に左から a^{-1} をかけると，左辺は $a^{-1} \circ (a \circ x) = (a^{-1} \circ a) \circ x = e \circ x = x$ となり（この変形ですでに (G1), (G2), (G3) をみな使っていることに注意しましょう）

[*4] 例えば位数が素数の群は必ずアーベル群になります．例 3.16 の (1) 参照．
[*5] N. H. Abel, 1802–1829．この偉大な天才の名を冠するには単純すぎる概念のような気もしますが，その代りアーベル群から派生して，アーベル圏，アーベル拡大など沢山の重要な概念にアーベルの名が付けられています．
[*6] 数学語で，「単位元の一意性」と云います．数学ではただ一つであることを「一意的（英語では unique）である」と云います．数学ではユニークというのは「個性的」なのではなく，「ただ一つ」の意味なのです．
[*7] 問題 1.1-13 参照．

これが右辺 $a^{-1} \circ b$ に等しいので $x = a^{-1} \circ b$ が得られました。まとめると，

1.15 (1) (G2) より定まる G の単位元 e はただ一つである。また，$a \in G$ に対して (G3) を満たす a^{-1} もただ一つである。

(2) 与えられた $a, b \in G$ に対して $a \circ x = b, x \circ a = b$ を満たす x がただ一つ存在し，それぞれ $x = a^{-1} \circ b, x = b \circ a^{-1}$ である。

定義で分かるように，群では一つの演算を対象にしているので，例えば，$\mathbb{R}, \mathbb{Q}, \mathbb{C}$ は加法と乗法の（乗法は 0 を除きますが）2 つの群構造を持っていることになります。また，(1.3), (1.4) の例からも群を作ることができます。

例 1.16 $GL(n, \mathbb{R})$ を $\mathbb{R}$ 係数の，行列式が 0 でない $n \times n$ 行列の集合とすると $GL(n, \mathbb{R})$ は行列の積に関して群になります[*8]。行列の積が結合法則を満たすのはよく知られているし，単位元，逆元はそれぞれ単位行列，逆行列です。$n \times n$ 行列全体を考えると，今度は行列の加法に関して群になっています。

例 1.17 集合 X に対して $S(X)$ を逆写像を持つ写像[*9] $f : X \to X$ の集合とすると，$S(X)$ は写像の合成に関して群になります。このときの単位元は恒等写像，逆元は逆写像です。

特に，X が n 個の元を持つとき，$S(X)$ を S_n と書いて **n 次対称群** と云います。$GL(n, \mathbb{C})$ と S_n は，最も代表的な群の例です。

なお，(1.3) の $A \cup B, A \cap B$ では，単位元は存在しますが逆元が存在しないので群にはなりません（何が単位元になるか調べてみましょう）。

次に，環と体の定義に移りましょう。

定義 1.18（環） 集合 R 上に二つの二項演算 "和" $+$ と "積" $\cdot$ が定義され[*10]，次の性質を満たすとき R は **環** であると云う[*11]。

(R1) 加法に関して R はアーベル群である（加法の単位元を 0，a の逆元

[*8] $\mathbb{R}$ を $\mathbb{Q}$ や $\mathbb{C}$ に変えても群になることを確かめてみましょう。
[*9] "全単射である" といっても同じですが。
[*10] 面倒だから普通の積のように $\cdot$ は書かないことにしましょう。
[*11] 正確には "$+, \cdot$ に関して環をなす" と云うべきですが。

1.1 群，環，体の定義

を $-a$ と書く)．
- (R2) 乗法は結合法則を満たす．即ち，$a(bc) = (ab)c$ が常に成り立つ．
- (R3) 乗法の単位元 1 が存在する[*12]．1 と 0 は異なる元とする[*13]．
- (R4) 分配法則 $a(b+c) = ab + bc$, $(a+b)c = ac + bc$ が成り立つ．

定義 1.19 (可換環) 一般には環には乗法の交換法則は仮定しないが，$ab = ba$ が常に成り立つ環を**可換環**と云う．

　私たちが普通に計算をしている $\mathbb{R}, \mathbb{C}, \mathbb{Q}, \mathbb{Z}$ や，多項式環（多項式の集合が加法，乗法に関してなす環）は可換環であり，$n \times n$ 行列の集合が行列の和と積に関してなす環は可換でない環です．

1.20 (約束) 本書で扱う環はほとんど可換環ですし，また可換性を仮定しないと議論が大変面倒になることがあるので本書では**"環"は，いつも可換環である**と仮定することにします．

　群に対して 1.14 で単位元，逆元の一意性を示したように，公理だけから次の性質が得られます．

1.21 すべての $a \in R$ に対して $0a = 0$．

証明 実際，$0 = 0 + 0$ ですから，(R4) より $a0 = a(0+0) = a0 + a0$．$-a0$ を両辺に加えると，$0 = a0$ が得られます． ∎

次に「体」を定義しましょう．体は環の特別なものです．

定義 1.22 (体) F が可換環で，F の 0 以外の元が乗法に関して逆元を持つとき，F は**体**であると云う．

　この条件は，「$F^\times := F \setminus \{0\}$ が乗法に関して群になる」という条件と同値です．（なお，記号 := は「左辺の $F^\times$ の定義は右辺の $F \setminus \{0\}$ である」という意味です．）

　体の例として，もちろん，$\mathbb{R}, \mathbb{C}, \mathbb{Q}$ がまず挙がりますが，他の簡単な例を二つだけ挙げておきましょう．

[*12] 単位元の存在を仮定しない流儀もありますが，あまり生産的とは思えません．
[*13] 1=0 とすると $R = \{0\}$ となりますからつまりません．

例 1.23 平方数でない整数 d に対して，
$$\mathbb{Z}[\sqrt{d}] = \{a+b\sqrt{d} \mid a,b \in \mathbb{Z}\},$$
$$\mathbb{Q}(\sqrt{d}) = \{a+b\sqrt{d} \mid a,b \in \mathbb{Q}\}$$
と置くと $\mathbb{Q}(\sqrt{d})$ は体，$\mathbb{Z}[\sqrt{d}]$ は体でない可換環です[*14]．

例 1.24 (体 $\mathbb{F}_2$) $\mathbb{F}_2 = \{0,1\}$ を二つの元を持つ集合とするとき，
$$0+0=0, \quad 0+1=1, \quad 1+1=0$$
$$0\,0=0\,1=0, \quad 1\,1=1$$
と定義すると $\mathbb{F}_2$ は体になります！この体は，コンピューター，情報関係の数学（符号理論など）で大変重要です．

問題 1.1

1. 0 以外の有理数の集合 $\mathbb{Q}^\times$ に於て，普通の除法で定まる二項演算は可換ではなく，また結合律を満たさないことを確認せよ．同様に，$\mathbb{Q}$ で普通の引き算で二項演算を定義したときはどうか．
2. $\mathbb{R}$ に $a \circ b = a+b-2$ で演算を定義する．この演算で $\mathbb{R}$ が群になることを示せ．単位元，逆元を定めよ．
3. $\mathbb{R}$ に $a \star b = ab-a-b+2$ で演算 $\star$ を定義すると，$\mathbb{R}$ は群ではないが，$\mathbb{R}$ から一つの元を除くと，群になることを示せ．
4. $\mathbb{R}^3$ のヴェクトル積 $\times$ が結合法則を満たさないことを確かめよ．
5. $\mathbb{R}^2$ に演算 $\bullet$ を $(a,b)\bullet(c,d) = (c+ad, bd)$ で定義する．$G = \{(a,b) \in \mathbb{R} \mid b \neq 0\}$ がこの演算で群になることを示せ．単位元，逆元を示せ．
6. $D = \left\{ \begin{pmatrix} a & 2b \\ b & a \end{pmatrix} \,\bigg|\, a,b \in \mathbb{Q} \right\}$
   と置くと D は行列の加法，乗法に関して体になることを確かめよ．
7. 3 つの元からなる集合 $G = \{e,a,b\}$ が，演算 $\circ$ に関して群になり，単位元が e だとする．このとき，$a\circ a, a\circ b, b\circ a, b\circ b$ は一通りに決ってしまうことを示せ．また，それぞれは，何になるか？
8. 3 つの元を持つ $R = \{0,1,x\}$ が環になったとすると，$1+1 = x, 1+x = 0, xx = 1$ でなければならないことを示せ．このとき，R は体にもなることを示せ．
9. 4 つの元からなる集合 $G = \{e,a,b,c\}$ が，演算 $\circ$ に関して群になり，単位元が e だとする．このとき，$a\circ a = b\circ b = c\circ c = e$ になる場合と，$a\circ a = b$

[*14] 2 章の定義 1.15，3 章の例 1.2 参照．

になる場合について，それぞれ，他の演算の結果を求めよ．
10. 実数の集合 $\mathbb{R}$ から $0, 1$ を除いた集合を $S = \mathbb{R} - \{0, 1\}$ とし，S から S への写像 $f_1, \ldots, f_6$ を $f_1(x) = x$, $f_2(x) = 1/(1-x)$, $f_3(x) = (x-1)/x$, $f_4(x) = 1/x$, $f_5(x) = x/(x-1)$, $f_6(x) = 1-x$ で定義すると，これらは写像の合成で群を成すことを示せ．単位元と各元の逆元を決定せよ．
11. 位数が偶数の有限群は位数 2 の元を持つことを示せ．
12. 群 G のすべての元 x に対して $x^2 = e$ なら，G はアーベル群であることを示せ．
13. G に結合律を満たす二項演算 $\circ$ が定義されていて，左単位元（任意の $a \in G$ に対して $e \circ a = a$ となる $e \in G$）と左逆元が存在する（任意の $a \in G$ に対して $b \circ a = e$ となる $b \in G$ が存在する）とき，G は e を単位元に持つ群であることを示せ．

1.2 準同型写像

　赤外線写真やレントゲン写真では普段は見えないものも写ります．代数学でいろいろの写真技術に当るものがいろいろの写像に当たります．このとき，写真に写った物はもとの物の基本的な性質を保存しているものです．このことを**構造を保つ**と云いますが，構造を保つ写像を**準同型写像**と云うのです．代数学で「構造」の基本的なものは二項演算です．だから，写像による群の像は群であり，環の像は環でなければ意味がありません．準同型写像は群や環について，自分の知りたいことを強調し，必要でないことを隠す鏡に写すようなものです．もとの群や環の二つの元 a, b に二項演算をした結果が c であれば，a, b の像 a', b' に二項演算した結果が c の像 c' でなければ構造が保存されたことになりません．このような事情から以下の準同型の定義が生まれるのです．

　準同型写像のもう一つの役割は，「同じ」か，「同じでない」か，を決めることです．世の中には見かけは全く異なっても，ある意味では同じ構造を持つものが沢山あります．例えば，紙を裏返すという操作も，"on, off" のスイッチを押す操作も，2 回同じことをするともとに戻る点は同じです．「-1 をかける」操作も，「鏡に写す」操作もやはり 2 回繰り返すともとに戻ります．これらの操作はどれも抽象化すると $a^2 = e$ となる群 G の元と

考えることができます．

　上の例は最も簡単なものですが，いろいろな場所に現れる別々の事象を代数系として抽象化したときに同じと思えるとき，互いに**同型である**と云います．同型なものを一つにまとめて考えると物事が整理されて分かりやすくなりますが，このときに，群，環，体の概念が役に立つのです．そして，準同型写像はその整理術に当たります．

定義 2.1 (1) 群 G, G' に対して[*15]，写像 $f : G \longrightarrow G'$ が
(2.1.1) $\qquad\qquad\qquad f(a \circ b) = f(a) \circ f(b)$
を満たすとき，（群の）**準同型写像** と云う．

　(2) 環 R, R' に対して，写像 $f : R \longrightarrow R'$ が
(2.1.2) $\qquad\qquad\qquad f(a + b) = f(a) + f(b)$
(2.1.3) $\qquad\qquad\qquad f(ab) = f(a)f(b)$
(2.1.4) $\qquad\qquad\qquad f(1_R) = 1_{R'}$
を満たすとき，（環の）**準同型写像** と云う．（$1_R, 1_{R'}$ はそれぞれ R, R' の単位元を表しています．)

　要するに，準同型写像とは，考えている演算を写像する前に行っても，写像する後で行っても結果が同じになる写像のことです．

　体の準同型写像を定義していませんが，体は環の特別なものですから，**体の準同型写像とは，環と思ったときの準同型写像** のこととします．

　まず，群の準同型写像の例をいくつか挙げてみましょう．

例 2.2 (1) $G = \mathbb{C}^\times, G' = \mathbb{R}^\times$ をそれぞれ $\mathbb{C}, \mathbb{R}$ の 0 以外の元の乗法に関する群とするとき，$f(z) = |z|$ と置くと，f は準同型写像になります．実際，条件 (2.1.1) をこの写像について書くと，$|zw| = |z||w|$ というよく知られた式になります．

　(2) $G = \boldsymbol{GL}(n, \mathbb{C})$, $G' = \mathbb{C}^\times$, $f(A) = \det(A)$（行列式）と置くと，$\det(AB) = \det(A)\det(B)$ が成立するので，写像 f は定義 2.1 を満たし，準同型写像です．

[*15] G, G' の演算はどちらも $\circ$ で表すことにします．同じ記号で書いても同じ演算とは限らないことをお断りしておきます．

(3) $G = \mathbb{R}$ は加法群, $G' = \mathbb{C}^\times$ は乗法群と思うと $f(x) = e^{2\pi i x}$ と置くと, $e^{\alpha+\beta} = e^\alpha e^\beta$ が成立するので, 写像 f は準同型です.

(4) [自明な準同型写像] どんな群 G, G' に対しても, $f: G \longrightarrow G'$ を任意の G の元 x に対して $f(x) = e'$ と定めても, 準同型になります. この写像を「自明な準同型写像」と云います.

今度は環の準同型の例を挙げてみましょう.

例 2.3 $\mathbb{Z}[X]$ を整数係数の多項式のなす環とします (2 章の §1 参照). $f: R = \mathbb{Z}[X] \longrightarrow R' = \mathbb{Z}[\sqrt{d}]$ を $f(p(x)) = p(\sqrt{d})$ と置くと環の準同型になるのは, 定義を復習すればすぐ分かります. このタイプの写像が環の準同型の典型的なものです.

(2) $R = \mathbb{Z}$, $\mathbb{F}_2 = \{0, 1\}$ (例 1.24 参照), $f: \mathbb{Z} \longrightarrow \mathbb{F}_2$ を
$$f(n) = \begin{cases} 0 & (n \text{ が偶数のとき}) \\ 1 & (n \text{ が奇数のとき}) \end{cases}$$
と定めると, 写像 f は環の準同型になります. 例えば奇数 n, m に対して $f(n) = f(m) = 1$, 一方 $n + m$ は偶数なので $f(n+m) = 0$. $\mathbb{F}_2$ では $1 + 1 = 0$ なので, 条件 (2.1.2) に合っています (§5 で「N を法とする合同式」を扱いますが, この例は合同式の $N = 2$ の場合です).

群や環の種々の作り方を見た後では, もっと沢山の例を紹介できるのですが, 今のところはこのくらいにして, 定義 2.1 についていくつかのコメントをしておきましょう.

2.4 (準同型写像と単位元, 逆元) 群の準同型の定義では, 単位元, 逆元については何も述べていませんが, 実は (2.1.1) から

1. $f(e) = e'$ (e は G の, e' は G' の単位元)
2. $f(a^{-1}) = f(a)^{-1}$ (a は G の任意の元)

も示せます. §1 でもやりましたが, この示し方が代数学特有のテクニックで次のようにやります. (こういうやりかたはそんなに重要というわけではありませんが, 簡単でそれなりに面白いので楽しんで下さい.)

証明 e は単位元なので $e = e \circ e$ です. この両辺を f で G' に写すと,

(2.1.1) を使って

(*) $$f(e) = f(e) \circ f(e)$$

となります．G' は群ですからとにかく $f(e)$ の逆元 $f(e)^{-1}$ があり，$f(e)^{-1}$ を (*) の両辺にかけると，$f(e) = e'$ が得られます．逆元については，$e = a \circ a^{-1}$ の両辺を f で G' に写すと，(2.1.1) と，$f(e) = e'$ であることから，

(**) $$e' = f(a) \circ f(a^{-1})$$

となりますが，この等式は $f(a)^{-1} = f(a^{-1})$ であることを示しています．■

環の準同型にもこの等式は使えて，(環は加法に関しては群になっているので)

2.5 環の準同型 $f : R \longrightarrow R'$ に対して $f(0) = 0, f(-a) = -f(a)$ が成立する．

始めに述べたように「2 つの群や環の構造が同じである」ということを示せば，片方で云えたことが他方でも云えます．数学では「**同型**」という言葉を使い，次のように定義します．

定義 2.6 (同型) (1) 群の準同型 $f : G \longrightarrow G'$ が全単射のとき，f を群の同型写像と云う．同様に，環の準同型 $f : R \longrightarrow R'$ が全単射のとき f を環の同型写像と云う．

(2) 2 つの群 G と G' の間に，同型写像が作れるとき，「**G と G' は同型である**」と云い，記号で

$$G \cong G'$$

と書く．同様に，2 つの環 R と R' のあいだに，同型写像が作れるとき，「**R と R' は同型である**」と云い，記号で $R \cong R'$ と書く．

同型写像の例をいくつか挙げてみましょう．

例 2.7 (1) 正の実数の集合は乗法に関して群になります．この群を $\mathbb{R}_+$ と書きます．$\mathbb{R}$ は実数の加法群として，$f : \mathbb{R} \longrightarrow \mathbb{R}_+$ を $f(x) = e^x$ で定義します．$e^{x+y} = e^x e^y$ ですから，f は準同型写像です．また，f は全単射で，逆写像は $g(x) = \log(x)$ で与えられるので f は同型写像，$\mathbb{R} \cong \mathbb{R}_+$ です．

(2) G を偶数全体の集合とすると，G は加法に関して群になります．

1.2 準同型写像

$f: \mathbb{Z} \longrightarrow G$ を $f(x) = 2x$ と定義すると，f が同型写像であることが容易に分かります．

(3) (1) で実数の代りに有理数を考えるとどうなるでしょうか？ $x \in \mathbb{Q}$ でも大抵 $e^x \in \mathbb{Q}$ ではありませんから[*16] $f(x) = e^x$ は $\mathbb{Q}$ から $\mathbb{Q}_+$ への写像ではありません．でもそれだけでは，$\mathbb{Q} \not\cong \mathbb{Q}_+$ [*17] とは結論できません．他の写像があるかもしれないからです．では，**同型でない**ことはどう示すのでしょう．

$f: \mathbb{Q} \longrightarrow \mathbb{Q}_+$ が同型写像だったと仮定してみましょう．すると，$f(x) = 2$ となる $x \in \mathbb{Q}$ がある筈です．このとき，$y = \frac{x}{2}$ と置くと f は準同型写像なので，$2 = f(x) = f(y+y) = f(y)f(y) = f(y)^2$ となる筈ですが，$\sqrt{2}$ は有理数でないので，このような f は存在せず，$\mathbb{Q} \not\cong \mathbb{Q}_+$ が証明できました．（準同型写像 $f: \mathbb{Q} \longrightarrow \mathbb{Q}_+$ は，すべての x に対して $f(x) = 1$ となる自明な写像しか存在しないことも示せます．）

次に，環の同型写像を挙げてみましょう．

例 2.8 次のような 2×2 行列の集合を D と書きます．

$$D = \left\{ \begin{pmatrix} a & -b \\ b & a \end{pmatrix} \middle| \; a, b \in \mathbb{R} \right\}$$

と定義すると D は行列の加法，乗法に関して環になることが確かめられます．写像 $f: \mathbb{C} \longrightarrow D$ を

$$f(a + bi) = \begin{pmatrix} a & -b \\ b & a \end{pmatrix}$$

で定義すると，f は環の同型写像になっているのが確かめられます．こう天下り的に書くとただの偶然のようですが，種明かしをすると，$\mathbb{C}$ を $\mathbb{R}$ 上の 2 次元線型空間と考えて，$\mathbb{C}$ の $\mathbb{R}$ 上の基底として $\{1, i\}$ を取ります．$\mathbb{C}$ の元に $a + bi \in \mathbb{C}$ $(a, b \in \mathbb{R})$ をかける写像は線型写像になります．この線型写像を基底 $\{1, i\}$ に関して行列で表したものが，上に書いた行列というわけです．即ち，

$$((a+bi) \cdot 1, \; (a+bi) \cdot i) = (1, i) \begin{pmatrix} a & -b \\ b & a \end{pmatrix}.$$

[*16] e は "超越数" なので $x \neq 0$ なら $e^x \notin \mathbb{Q}$ です．
[*17] $\not\cong$ は**同型でない**という記号．

このような考え方で，いろいろの環や体を行列で表現することができます．

上の同型の定義は何か簡単すぎるように見えますが，同型なものを「同じ」と思って大体うまく整理ができるのです．ですから，例えば，「群の分類」とは，「(ある性質を満たす群で) 互いに同型でないものはどの位存在するか」という問題を考えることになります．

上の同型の定義の中に隠されている性質を注意しておきましょう．

命題 2.9 $f: G \longrightarrow G'$ が群の同型写像のとき，逆写像（f は全単射だから逆写像を持つ！）も群の準同型（従って同型写像）である．

証明 実際，$f(a) = x$ とすると，逆写像の定義から，$f^{-1}(x) = a$ です．(2.1.1) の $f(a \circ b) = f(a) \circ f(b)$ に $f(b) = y$ と置いて f^{-1} を作用させると $a \circ b = f^{-1}(x \circ y)$，言い換えると $f^{-1}(x) \circ f^{-1}(y) = f^{-1}(x \circ y)$ となり f^{-1} に関する (2.1.1) が成立していることが示せました． ∎

群または環の準同型写像に対して，**核** (kernel) という概念が大変重要です．これは，準同型写像を鏡に写す作用と思ったとき，隠されてしまうものを意味します．

定義 2.10 (準同型写像の核) (1) 群の準同型写像 $f: G \longrightarrow G'$ に対して，
$$\mathrm{Ker}(f) = \{x \in G \mid f(x) = e'\} \quad (e' は G' の単位元)$$
(2) 環の準同型写像 $f: R \longrightarrow R'$ に対して
$$\mathrm{Ker}(f) = \{x \in R \mid f(x) = 0\}.$$

$\mathrm{Ker}(f)$ の大事な性質として，まず次が挙げられます．

命題 2.11 群の準同型写像 $f: G \longrightarrow G'$ に対して
$$f が単射 \iff \mathrm{Ker} f = \{e\}.$$

証明 ($\Rightarrow$) は単射なら特に $f(x) = e' = f(e)$ ならば $x = e$ なので明らかです．

逆に，右辺の条件を仮定して，G の元 x, y に対して $f(x) = f(y)$ としてみましょう．両辺に $f(x)^{-1}$ を左からかけると，$e' = f(x)^{-1} \circ f(y) = f(x^{-1} \circ y)$ となり，右辺の条件から $x^{-1} \circ y = e$，すなわち $x = y$ が得られます． ∎

環も，乗法を考えなければ加群ですから，命題 2.11 が使えて，

1.2 準同型写像

2.12 $f: R \longrightarrow R'$ が環の準同型写像のとき，
$$f \text{ が単射} \iff \mathrm{Ker}\,(f) = \{0\}.$$

特に，R が体のときを考えてみましょう．$x \neq 0$ で $f(x) = 0$ としてみましょう．R は体ですから，x の逆元があります．それを y としましょう．$xy = 1$ ですから，(2.1.3) に代入して (2.1.4) も使うと，$1_{R'} = f(1_R) = f(x)f(y) = 0$. $f(y) = 0$ となって，$1_{R'} = 0$ となり (R3) の条件に反します．つまり次の命題が云えます．

命題 2.13 K が体のとき，環の準同型写像 $f: K \longrightarrow R'$ は常に単射である．

環の準同型写像は，群の場合より，条件が多いので，2 つの環の間に準同型写像が全くないということも起り得ます．

例 2.14 $\mathbb{F}_2$ を例 1.24 で定義した体とします．$f: \mathbb{F}_2 \longrightarrow \mathbb{Z}$ が環の準同型だと仮定してみましょう．すると，(2.1.4) から $f(1) = 1$ です．$\mathbb{F}_2$ では $1 + 1 = 0$ だったので，(2.1.2) から $0 = f(0) = f(1+1) = f(1) + f(1) = 1 + 1 = 2$ となり，$2 = 0$ となり困ってしまいます．これは，このような準同型写像が**存在する**としたことが間違いで，$\mathbb{F}_2$ から $\mathbb{Z}$ への準同型写像は存在しないことが示せたことになります．環の準同型写像については第 2 章でまた扱うことにします．

問題 1.2

1. $f: G \longrightarrow G'$ は群の準同型写像とするとき，次を示せ．
   (1) f が単射で G' がアーベル群 $\Longrightarrow G$ もアーベル群．
   (2) f が全射で G がアーベル群 $\Longrightarrow G'$ もアーベル群．
2. $f: (\mathbb{Q}, +) \longrightarrow (\mathbb{Q}_+, \cdot)$ が群の準同型写像のとき，任意の $x \in \mathbb{Q}$ に対して $f(x) = 1$ を示せ．
3. $f: (\mathbb{Q}, +) \longrightarrow (\mathbb{Q}, +)$ が群の準同型写像で，$f(1) = 1$ のとき，任意の $x \in \mathbb{Q}$ に対して $f(x) = x$ を示せ．
4. $f: \mathbb{R} \longrightarrow \mathbb{R}$ が環の準同型写像のとき，任意の $x \in \mathbb{R}$ に対して $f(x) = x$ を示せ．(Hint: $x \in \mathbb{R}$ に対して，$x > 0 \iff \exists y, x = y^2$ から，$x > x' \iff f(x) > f(x')$ が得られる．)
5. $f: \mathbb{Z}[i] \longrightarrow \mathbb{Z}[i]$ が 0 写像ではない環の準同型写像のとき，$f(i) = i$ または

$-i$ であることを示せ．（これから $\mathbb{Z}[i]$ から $\mathbb{Z}$ や $\mathbb{Z}[\sqrt{2}]$ への（環の）準同型写像は存在しないことが分かる．）
6. 写像 $f : \mathbb{Q}[\sqrt{2}] \longrightarrow D$ を
$$f(a+b\sqrt{2}) = \begin{pmatrix} a & 2b \\ b & a \end{pmatrix} \quad (a, b \in \mathbb{Q})$$
と置くと，f は同型写像であることを示せ．D は問題 1.1-6 参照．
7. $A = \{a + b\sqrt{2} \mid a, b \in \mathbb{Z}\}$, $B = \{a + b\sqrt{3} \mid a, b \in \mathbb{Z}\}$ が環として同型でないことを示せ．

1.3 部分群，剰余類，ラグランジュの定理

この本では群に関する詳しい話は第 4 章でする予定ですが，群論の最も基本的な概念である部分群，剰余類，剰余群の概念と部分群と剰余類の集合の濃度（元の個数）に関するラグランジュ[18]の定理は，他の理論を進めるための基礎となるため，先に取上げることにします．

群 G の部分集合 H で群の演算について閉じていて[19]，逆元もその部分集合の中に持っているものはそれだけで群になります．そのようなものを**部分群**と云います．

ある群がどんな部分群を持つかはその群の性質を大きく反映します．また部分群の元の個数（部分群の位数と云いますが）は群の位数の約数になっています．この事実は次の節のフェルマーの小定理など広い応用を持ちます．

定義 3.1 (部分群) 群 G（演算は ∘ で書きます）の空でない部分集合 H が G と同じ演算で群になっているとき，「H は G の**部分群**である」と云う．また，H の濃度 $|H|$ [20]を **H の位数**と云う．

3.2 (部分群・別の云い方) H を G の部分群とします．G の単位元を e と書くと，G と H の演算は同じですから，H の単位元は G の単位元と同じ

---
[18] J. L. Lagrange, 1736–1813.
[19] $a, b \in H \Longrightarrow a \circ b \in H$ となること．
[20] H が有限集合のときは元の個数です．$|H|$ を $\#H$ と表すこともあります．G の位数は定義 1.13 で示しました．

1.3 部分群，剰余類，ラグランジュの定理

です．また H が部分群であることは H が空集合でなく，次の条件のどちらかを満たすことと同値です[*21]．

(3.2.1) 任意の $x, y \in H$ に対して $x^{-1} \in H$ かつ $x \circ y \in H$．

(3.2.2) 任意の $x, y \in H$ に対して $x \circ y^{-1} \in H$．

3.3 (部分環・部分体) 同様に，環 R の部分集合 R' が R の加法，乗法，単位元に関して環になっているとき，「R' は R の**部分環**である」と云い，体になっているとき**部分体**と云います．例えば，$\mathbb{Z}$ は，$\mathbb{Q}, \mathbb{R}, \mathbb{C}$ の部分環ですし，$\mathbb{Q}$ は $\mathbb{R}, \mathbb{C}$ の部分体です．また，$\mathbb{C}$ は多項式環 $\mathbb{C}[X]$ の部分体でもあります[*22]．部分環，部分体はそれぞれ 2，3 章で扱うので，この節では部分群が主役です．

例 3.4 群 G の部分群の簡単な例を考えてみましょう．

(1) まず G 自身と $\{e\}$ は明らかに部分群の定義を満たしています．これらを**自明な部分群**と云います．

(2) 次に，G の元 x を取ります．このとき集合 $\langle x \rangle$ を

$$\langle x \rangle = \{x^n \mid n \in \mathbb{Z}\}$$

と置くと $\langle x \rangle$ が部分群の条件を満たしていることは明らかです．

定義 3.5 (巡回群，元の位数) 部分群 $\langle x \rangle$ を x で**生成される巡回部分群**と呼ぶ．$G = \langle x \rangle$ となる $x \in G$ が取れるとき G を**巡回群**と云う．また部分群 $\langle x \rangle$ の位数を $\mathrm{ord}\,(x)$ と書き x の**位数**と云う．

3.6 元 x の位数とは何かを考えてみましょう．もし x^n $(n \in \mathbb{Z})$ がすべて異なる元なら明らかに x の位数は無限です．では，ある $n \neq m$ に対して $x^n = x^m$ としてみましょう．両辺に $x^{-m} = (x^m)^{-1}$ をかけると $x^{n-m} = e$ となります．$x^n = e$ となる最小の正整数を r と置きましょう．このとき，x の位数が r，即ち，

(3.6.1) $\qquad \mathrm{ord}\,(x) = \min\{n \in \mathbb{Z} \mid n > 0, x^n = e\} = r$

[*21] 従って，この二つの条件は同値ですが，証明は読者にお任せします．でも苦手だと思う人は差し当たり丸呑みにして先に進んで下さい．こんな所で悩むのはつまりません．

[*22] $\mathbb{C}$ 係数の X を変数とする多項式の集合は多項式の普通の加法，乗法で環になります．この集合を $\mathbb{C}[X]$ と書きます．詳しくは第 2 章を参照して下さい．

を示しましょう。整数 n を $n = lr + k, 0 \leq k < r$ と書くと $x^n = (x^r)^l \circ x^k = e^l \circ x^k = x^k$ となり，$\langle x \rangle = \{x^i \mid 0 \leq i < r\}$ が分かりますから，(3.6.1) が示せました．

定義 3.7 (群の生成元) 同様に，G の部分集合 S に対して，

(3.7.1) $\qquad \langle S \rangle = \{a_1 \circ \cdots \circ a_n \mid a_i \text{ または } a_i^{-1} \in S, 1 \leq i \leq n\}$

と置くと $\langle S \rangle$ は G の部分群であり，逆に S を含む部分群は必ず $\langle S \rangle$ を含むので，$\langle S \rangle$ は S を含む最小の部分群である．この $\langle S \rangle$ を S の**生成する部分群**と云う．特に $\langle S \rangle = G$ のとき，S は G を**生成する**と云う．

集合 $\{x\}$ の生成する部分群が $\langle x \rangle$ となるのは明らかでしょう．また，S が空集合のとき，$\langle S \rangle = \langle \phi \rangle = \{e\}$ と定義します．

部分群に対して剰余類の概念が本質的です．

定義 3.8 (H の剰余類) G の部分群 H と $a \in G$ に対して，

(3.8.1) $\qquad aH = \{ah \mid h \in H\}, \quad Ha = \{ha \mid h \in H\}$

で定義する[*23]．aH, Ha の形の G の部分集合をそれぞれ G の H に関する**左剰余類**，**右剰余類**と云う[*24]．

部分群と剰余類の具体的な例をいくつか挙げてみましょう．

例 3.9 $G = \boldsymbol{GL}(n, \mathbb{C})$ としましょう[*25] (例 1.16 参照)．

(3.9.1) $\qquad \boldsymbol{SL}(n, \mathbb{C}) = \{X \in \boldsymbol{GL}(n, \mathbb{C}) \mid \det(X) = 1\}$

と置くと，$A, B \in \boldsymbol{SL}(n, \mathbb{C})$ なら $\det(A) = \det(B) = 1$ ですから

$$\det(A^{-1}) = \det(A)^{-1} = 1, \quad \det(AB) = \det(A)\det(B) = 1$$

となり，$A^{-1}, AB \in \boldsymbol{SL}(n, \mathbb{C})$ が云えますから，$\boldsymbol{SL}(n, \mathbb{C})$ は (3.2.1) の条件を満たし，部分群であると云えます．次に，$H = \boldsymbol{SL}(n, \mathbb{C})$ と置いて，G の H に関する左（右）剰余類を調べましょう．$A \in G, X \in H$ とすると，$\det(AX) = \det(A)\det(X) = \det(A)$ ですから，

$$AH \subseteq \{B \in \boldsymbol{GL}(n, \mathbb{C}) \mid \det(B) = \det(A)\}$$

[*23] G がアーベル群で，演算を"+"で書くときは，aH の代りに $a + H$ と書きます．

[*24] 剰余類という名前は整数をある整数 n で割った剰余が同じものを一つの類として分類することから来ています．それらは $a + n\mathbb{Z}$ の形をしています (§5 参照)．

[*25] この例に関しては，$\mathbb{C}$ の代りに $\mathbb{R}$ や $\mathbb{Q}$ としても同じです．

1.3 部分群，剰余類，ラグランジュの定理

が云えます．

逆に $\det(B) = \det(A)$ とすると，$B = A(A^{-1}B), \det(A^{-1}B) = 1$ ですから，
$$AH = \{B \in \mathbf{GL}(n, \mathbb{C}) \mid \det(B) = \det(A)\}$$
となります．この場合は，右剰余類についても同じ議論ができるので，$AH = HA$ が成立しています．

実は，§2 で準同型写像 f の核 $\mathrm{Ker}(f)$ を定義しましたが，それを用いて上の例は次のように一般化できます．

命題 3.10 群の準同型写像 $f : G \longrightarrow G'$ に対して，

(1) $K = \mathrm{Ker}(f)$ は G の部分群である．

(2) すべての $x \in G$ に対して，

(3.10.1) $\qquad xK = \{y \in G \mid f(y) = f(x)\} = Kx.$

証明 $x, y \in K = \mathrm{Ker}(f)$ とすると，$f(x) = f(y) = e$ だから $f(x^{-1}) = f(x)^{-1} = e'$, $f(x \circ y) = f(x) \circ f(y) = e' \circ e' = e'$ で，K は (3.2.1) を満たし，部分群になります．また，$y \in xH, y = x \circ a \ (a \in K)$ とすると，$f(y) = f(x \circ a) = f(x) \circ f(a) = f(x)$．逆に $f(y) = f(x)$ とすると，$f(x^{-1} \circ y) = e'$ で $x^{-1} \circ y \in K$．$y = x \circ (x^{-1} \circ y)$ だから $y \in xK$ が示せました．右剰余類 Kx についても全く同じ議論ができますから，(3.10.1) が示せます． ∎

上の例では「左剰余類＝右剰余類」です．G がアーベル群のときも左と右の剰余類は同じになりますが，一般にはこの両者は等しくなりません．

例 3.11 $G = \mathbf{GL}(2, \mathbb{C})$ と置き，T を G の（上半）三角行列全体としてみましょう．三角行列の積や逆行列は，やはり三角行列ですから，T は G の部分群になっています．次に，ある行列に三角行列を左からと右からかけた結果を較べてみましょう．

$$\begin{pmatrix} a & b \\ 0 & c \end{pmatrix} \begin{pmatrix} p & q \\ r & s \end{pmatrix} = \begin{pmatrix} ap + br & aq + bs \\ cr & cs \end{pmatrix}$$
$$\begin{pmatrix} p & q \\ r & s \end{pmatrix} \begin{pmatrix} a & b \\ 0 & c \end{pmatrix} = \begin{pmatrix} ap & bp + cq \\ ar & br + cs \end{pmatrix}$$

ですから，左から三角行列をかけるとき，行列の (2, 1) 成分と (2, 2) 成分の比が一定（上式では $r : s = cr : cs$），右から三角行列をかけるとき，行

列の (1, 1) 成分と (2, 1) 成分の比が一定（上式では $p : r = ap : ar$）であることが分かります．また，上記の比が等しい 2 つの行列を取るとき，T に関する同じ左（右）剰余類に属すること容易に分かります[*26]．行列の異なる成分の比を取りますから，当然左右の剰余類は異なります．

ここで G の部分群 H に関する剰余類の性質を見てみましょう（以下では左剰余類を単に「剰余類」と云いますが，右剰余類についても同じことが成立します）．

まず，$x \in G$ に対して $x = x \circ e \in xH$ ですから，G の任意の元がある剰余類に属します．では，同じ元が異なる剰余類に属することはあるでしょうか？ $z \in G, z \in xH \cap yH$ とすると，$z = x \circ h = y \circ h'$ となる $h, h' \in H$ が存在する筈です．右から h^{-1} をかけると，$x = y \circ (h' \circ h^{-1})$ となり，$h' \circ h^{-1} \in H$ ですから，$x \in yH$ が云えました．改めて $x = y \circ h_1$ と置くと，すべての $x \circ h_2 \in xH$ について $x \circ h_2 = y \circ (h_1 \circ h_2)$ となり，$h_1 \circ h_2 \in H$ ですから，$xH \subseteq yH$ が云えてしまいました．x と y の役割は対称ですから，実は $xH = yH$ となります．

次に，2 つの剰余類の "大きさ" を比較してみましょう．$x, y, z \in G$ を取ります．$z = x \circ h \in xH$ $(h \in H)$ のとき，$y \circ h = (y \circ x^{-1}) \circ z \in yH$ となります．つまり，左から $y \circ x^{-1}$ をかけると，xH から yH への写像ができます．この写像は左から $x \circ y^{-1}$ をかける，という逆写像を持ちますから全単射です．また，H 自身も一つの剰余類ですから，どの剰余類も H との間に全単射を持ちます．まとめると，

命題 3.12 (剰余類への分解) H が群 G の部分群のとき，

(1) G の H に関する剰余類の集合は G を覆い，かつ 2 つの異なる剰余類は共通部分を持たない．

(2) G の H に関する任意の剰余類の濃度は H の濃度に等しい．

剰余類の集合は新しい意味を持ちます．

定義 3.13 G の H に関する左剰余類の集合を G/H と書き，集合 G/H の

[*26] 幾何的に述べると，「左（右）剰余類の集合は射影直線の構造を持つ」となります．

1.3 部分群，剰余類，ラグランジュの定理　　　　　　　　　　　　**21**

濃度を H の**指数**[*27]と云い $[G:H]$ と書く．

以上で，G が同じ濃度 $|H|$ を持ち，互いに共通部分を持たない $[G:H]$ 個の剰余類に分割されることが分かりましたから，次の**ラグランジュの定理**が云えます．

定理 3.14 (ラグランジュの定理) H が G の部分群であるとき，
$$|G| = |H| \cdot [G:H].$$
特に，G が有限群のとき H の位数は G の位数の約数である．

$H = \langle x \rangle$ に応用すると次の系[*28]が得られます．

系 3.15 G が有限群のとき，G の任意の元の位数は G の位数の約数である．従って，特に

(3.15.1) $\qquad\qquad |G| = n, x \in G \implies x^n = e.$

例 3.16 群 G の位数と元の位数に関して簡単な場合を調べてみましょう．$|G| = n$ のとき，$x \in G$ の位数は n の約数ですが，もし $\operatorname{ord}(x) = n$ なら $\langle x \rangle = G$ ですから G は巡回群です．

1. $|G| = p$ が素数のとき，$\operatorname{ord}(x)$ の可能性は 1 と p しかありませんが位数 1 の元は単位元だけですから，すべての $x \in G, x \neq e$ に対して $\operatorname{ord}(x) = p$ です．従って G は巡回群です．

2. p が素数，$|G| = p^2$ のときを考えましょう．G が巡回群でないとすると，すべての $x \in G, x \neq e$ の位数は p です．実は（4 章の命題 1.11 を参照）位数 p^2 の群はアーベル群です．

3. 素数でも素数の 2 乗でもない一番小さい数は 6 です．$|G| = 6$ で G が巡回群でないとき $x \in G, x \neq e$ の位数は 2 か 3 です．$\operatorname{ord}(x) = 3, \operatorname{ord}(y) = 2$ という 2 つの元を取ると[*29]，もし $xy = yx$ なら $\operatorname{ord}(xy) = 6$ になりますから[*30]，e, x, x^2, y, xy, yx はすべて異

[*27] 正確には，G の中での H の指数．
[*28] 定理からただちに得られる命題を「系」と云います．
[*29] このような元の存在は一般的にはシローの定理で示されます．この場合は初等的に問題 1.1-11，1.3-10 を使っても示せます．
[*30] 問題 1.3-9 参照．

なる元であることが分かり[*31], G の元がすべて書けました．また，$yxy = x^2 = x^{-1}$ であることも示せます（他のどの元と仮定しても容易に矛盾が生じます）．こうして群の構造が決定されてしまいます．3次の対称群 S_3 は位数6で巡回群ではないので[*32]位数6の群は巡回群か S_3 と同型であることが分かります．

問題 1.3

1. 任意の群 $(G, \circ)$ に対して，準同型写像 $\phi : (\mathbb{Z}, +) \longrightarrow (G, \circ)$ はどんな形か決定せよ．
2. 群 G に対して，写像 $\phi : G \longrightarrow G$ を $\phi(x) = x^2 \ (\forall x \in G)$ と定めるとき，ϕ が準同型 $\iff G$ はアーベル群を示せ．また，G がアーベル群のとき，任意の整数 n に対して，写像 $f : G \longrightarrow G$ を $f(x) = x^n (\forall x \in G)$ で定めると，f は準同型写像であることを示せ．
3. 群 G と $a \in G$ に対して，写像 $\phi_a : G \longrightarrow G, \phi(x) = axa^{-1}$ は群の同型写像であることを示せ．
4. 群 G の部分集合 S に対して，
$$Z(S) := \{a \in G \mid a \circ s = s \circ a \ (\forall s \in S)\}$$
と置くと，$Z(S)$ は G の部分群であることを示せ．
5. 準同型写像 $f : (\mathbb{Q}, +) \longrightarrow (\mathbb{Z}, +)$ は自明なもの（$f(a) = 0 (\forall a \in \mathbb{Q})$）しか存在しないことを示せ．
6. (1) $n\mathbb{Z} = \{nx \mid x \in \mathbb{Z}\}$ と置くとき，$n\mathbb{Z}$ は $\mathbb{Z}$ の部分群であることを示せ．
   (2) $\mathbb{Z}$ の部分群は，$n\mathbb{Z}$ の形のものに限ることを示せ．
   (3) $\mathbb{R}$ の部分群は，$a\mathbb{Z} = \{ax \mid x \in \mathbb{Z}\} \ (a \in R)$ の形か，そうでなければ，$\mathbb{R}$ の中で稠密（dense）であることを示せ．
7. (1) $S := \{z \in C \mid |z| = 1\}$ と置くとき，S は $(\mathbb{C}^\times, \cdot)$ の部分群であることを示せ．
   (2) 準同型写像 $f : (\mathbb{Z}, +) \longrightarrow S$ で $\mathrm{Ker}(f) = n\mathbb{Z}$ であるものを作れ．
8. $\mathbb{F}_2 = \{0, 1\}$ を例 1.24 で定義した体とする．$G = GL(n, \mathbb{F}_2)$ を $\mathbb{F}_2$ 係数の $n \times n$ 行列で行列式が0でないものの作る群とする．このとき，

[*31] x, x^2 の位数は 3, y の位数は 2 なので異なる元，例えば $x^2 = xy$ とすると左から x^{-1} をかけると $x = y$ となり矛盾．

[*32] 4章の§2参照．

(1) $n = 2, 3$ について G の位数を求めよ.
   (2) G の各元の位数を求めよ.
   (3) H を G の上半三角行列全体とすると, H は G の部分群になることを示せ. $n = 2, 3$ のとき, $|H|, [G : H]$ を求めよ.
9. $ab = ba$ を満たす群 G の元 a, b について, それぞれの位数 n, m が素であれば, ab の位数は nm である.
10. 位数が10の群は位数5の元を含むことを示せ. また一般に p を奇素数とするとき, 位数 $2p$ の群は位数 p の元を含む.
11. $H_n = \langle 1/n! \rangle \ (n = 1, 2, \ldots)$ を $1/n!$ で生成される加法群としての $\mathbb{Q}$ の部分群とすれば,
$$\mathbb{Q} = \bigcup_{n \geq 1} H_n$$
を示し, これより, $\mathbb{Q}$ が巡回群ではないことを示せ.

1.4 正規部分群, 剰余群, 同型定理

§2 で扱った準同型の概念に関連して正規部分群の概念が得られます. 正規部分群の剰余類の集合は自然に群の構造を持つので, 新しい群「剰余群」ができます. 部分群と剰余群の概念が群の性質を調べる際の基本的な道具になるのです.

命題 3.10 をもう一度見て下さい. 部分群 $K = \mathrm{Ker}\,(f)$ に対して, $xK = Kx$ と左右の剰余類が等しくなっていました. このような部分群は特に重要で, **正規部分群** と呼ばれます. 即ち,

定義 4.1 (正規部分群) 任意の $x \in G$ に対して $xK = Kx$ が成立している G の部分群 K を **正規部分群** と云い,

(4.1.1) $$K \triangleleft G$$

と書く.

例 4.2 正規部分群の例を挙げてみましょう.

1. 命題 3.10 より, 準同型写像 f に対して $\mathrm{Ker}\,(f)$ は G の正規部分群です.
2. G がアーベル群のとき, G の任意の部分群が正規部分群になることも明らかでしょう.

3. 自明な部分群 G 自身と $\{e\}$ も G の正規部分群です．
4. H を $[G:H] = 2$ である G の部分群とすると，$G = H \bigcup (G \setminus H)$ なので，どんな $x \in G, x \notin H$ に対しても，$xH = G \setminus H = xH$ です．従って，H が指数 2 の G の部分群ならば，$H \triangleleft G$ です．

正規部分群でない部分群も例 3.11 に示されています．ある意味で部分群の中で正規部分群の割合が高い群ほどアーベル群に近いわけです[33]．

正規部分群が重要である理由は，剰余類の集合に自然に「積」が定義されることです．まず，群の 2 つの部分集合の「積」を定義してみましょう．

定義 4.3 (部分集合の積) 群 G の部分集合 A, B に対して，$A \circ B, A^{-1}$ を次のように定義する．

(4.3.1) $\qquad\qquad A \circ B = \{a \circ b \mid a \in A, b \in B\}$

(4.3.2) $\qquad\qquad A^{-1} = \{a^{-1} \mid a \in A\}$

4.4 この記号を使って部分群の条件 (3.2.1) を書き直すと，

(4.4.1) $\qquad H$ が G の部分群 $\iff H \circ H = H$ かつ $H^{-1} = H$

となります．次に A, B として，ある部分群 H の剰余類を取ったときを考えましょう．$A = aH, B = bH$ と置いてみます．すると，

(4.4.2) $\qquad A \circ B = (aH) \circ (bH) \supseteq \{a \circ e \circ b \circ h \mid h \in H\} = (a \circ b)H$

が分かります．

この積に関して次が成立します．

命題 4.5 群 G の部分群 H に対して，
$$H \triangleleft G \iff \text{任意の } a, b \in G \text{ に対して } aH \circ bH = (a \circ b)H.$$

証明 H が正規部分群のとき，$bH = Hb$ ですから，$aH \circ bH = aH \circ Hb$ で，$HH = H$ ですから $a \circ HHb = a \circ Hb = (a \circ b)H$ となり，($\Rightarrow$) が示せました[34]．逆に $aH \circ bH = (a \circ b)H$ が成立すると，この式の両辺に左か

---

[33] 正規部分群が自明なもの (G と $\{e\}$) しかない群 G を**単純群**と云います．有限単純群をすべて分類しようというのが，最近までの有限群論の最大の課題でしたが，数年前に多数の数学者の共同作業により，膨大なページ数と膨大な計算結果を使って分類が完成したようです．

[34] この証明ではどの演算を先にするかを示す「かっこ」は省略しました．"∘" に関する結合法則 (1.7) と (G1) は何度も使っています．

1.4 正規部分群，剰余群，同型定理

ら a^{-1} をかけると $H \circ bH = bH$ が得られます．$Hb \subseteq H \circ bH$ ですから，$Hb \subseteq bH$ が任意の $b \in G$ に対し成立します．$(b^{-1}H)^{-1} = Hb$ ですから，$Hb^{-1} \subseteq b^{-1}H$ の両辺の ( )$^{-1}$ を取って $bH \subseteq Hb$ も示せるので，$bH = Hb$ となり H は正規部分群になります．■

H が G の正規部分群なら，G のどんな部分集合 S についても $HS = SH$ が云えるので，新しい部分群が考えられます．

命題 4.6 H が群 G の部分群，K が G の正規部分群のとき $HK = KH$ も G の部分群である．

証明 $(HK)(HK) = HKKH = HKH = HHK = HK, (HK)^{-1} = K^{-1}H^{-1} = KH = HK$ ですから，HK は G の部分群になります（(4.4.1) 参照）．■

命題 4.5 により，K が G の正規部分群のとき，剰余類 aK と bK の積が，また剰余類 $(a \circ b)K$ になります．つまり，剰余類の集合 G/K に演算 "$\circ$" が $aK \circ bK = (a \circ b)K$ で定義できます．この "$\circ$" が (G1)–(G3) を満たすことも容易に分かり，G/K は群になります（単位元が $eK = K, (xK)^{-1} = x^{-1}K$ です）．

定義 4.7 (剰余群) 群 G の正規部分群 K に対し，剰余類の集合 G/K は上に述べた演算で群になる．この群を G の K による**剰余群**と云う．また，$\pi(a) = aK$ で定義される写像 $\pi : G \longrightarrow G/K$ を[*35]**標準全射**[*36]と云う．

記号 4.8 剰余類 aK を剰余群 G/K の元と思うとき，$aK = \bar{a}$ という記号が便利なのでよく使われます．この記号を使うと，$\overline{(ab)} = \bar{a}\bar{b}, \overline{a^{-1}} = \bar{a}^{-1}$ が云えます．また，標準全射 π は次のように定義されます．

$$\pi : G \longrightarrow G/K \qquad \pi(a) = \bar{a} \ (a \in G).$$

準同型写像 $\pi : G \longrightarrow G/K$ に対して $\mathrm{Ker}(\pi) = K$ ですから命題 3.10 の逆が成立します．即ち，

命題 4.9 K が群 G の正規部分群 $\Longleftrightarrow$ ある準同型写像 $f : G \longrightarrow G'$ に対

[*35] この写像が群の準同型写像になるのは定義から明らかでしょう．
[*36] canonical surjection の訳で，よい言葉とは思わないのですが，他に適当な言葉が見当たらないので我慢して下さい．

して $K = \mathrm{Ker}(f)$.

剰余群と準同型写像からいくつかの**同型定理**が得られます．代数学で扱われる対象は（いろいろな数もありますが）いろいろな群，環，体などの代数系それ自体なので，丁度，学校の数学で数を扱ったように群を扱い，等式の代りに同型を扱うという気分です．

いろいろな同型定理の基本になるのは次の命題です．

命題 4.10 群 G の正規部分群 H に対して，剰余群 G/H への標準全射を $\pi : G \to G/H$ と置く．群の準同型写像 $f : G \to G'$ に対して，

$f = g \circ \pi$ となる準同型 $g : G/H \to G'$ が存在する $\iff \mathrm{Ker}(f) \subseteq H$.

証明 もし $f = g \circ \pi$ ならば $\mathrm{Ker}(f) \supseteq \mathrm{Ker}(\pi) = H$ ですから ($\Rightarrow$) は明らかです．

逆に $\mathrm{Ker}(f) \supseteq H$ のとき $g : G/H \longrightarrow G'$ を $g(\bar{a}) = f(a)$ と定めると $\bar{a} = \bar{b}$ なら $f(a) = f(b)$ ですから，写像 g は **well defined** です[*37]．また $f = g \circ \pi$ となるのも g の定義より明らかです． ∎

この命題から次の同型定理が得られます．

定理 4.11 (群の同型定理) 群の準同型写像 $f : G \to G'$ に対して，

$$G/\mathrm{Ker}(f) \cong \mathrm{Im}(f).$$

ここで $\mathrm{Im}(f) = \{f(x) \mid x \in G\}$ は f の像で，G' の部分群です．特に f が全射のとき，$G/\mathrm{Ker}(f) \cong G'$ となります（図 1.1 参照）．

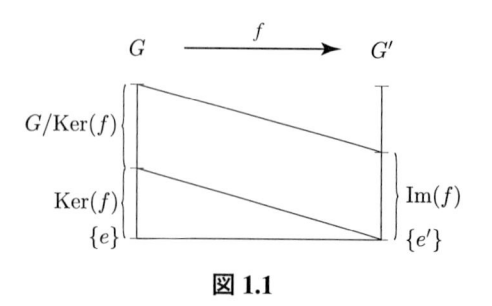

図 1.1

[*37] $\bar{a} = \bar{b}$ となる b に対しても同じ定義になる．つまり「$\bar{a}$ を代表する元 a によらない」という意味で "well defined" という言葉を使います．

1.4 正規部分群，剰余群，同型定理

証明 命題より，準同型写像 $g : G/\mathrm{Ker}(f) \to G'$ ができますが，$g(\bar{a}) \in \mathrm{Im}(f)$ なので，改めて，$g : G/\mathrm{Ker}(f) \to \mathrm{Im}(f)$ と思います．すると，$\mathrm{Ker}(g) = \mathrm{Ker}(f)/\mathrm{Ker}(f) = \bar{e}$ なので，g は単射，g が全射なのも定義から明らかですから，g は同型写像になります． ∎

この同型定理の例をいくつか見てみましょう．

例 4.12 §2 の例 2.2 を取上げましょう．どれもよく知っている写像ですから $\mathrm{Ker}(f)$ も容易に分かります．

(1) $f : \mathbb{C}^\times \to \mathbb{R}^\times$ を $f(z) = |z|$ とすると $\mathrm{Im}(f) = \mathbb{R}_+$, $\mathrm{Ker}(f) = \{z \in \mathbb{C} \mid |z| = 1\}$ です．$U := \mathrm{Ker}(f)$ と置くと，f から次の同型写像が得られます．

(4.12.1) $$\mathbb{C}^\times/U \cong \mathbb{R}_+$$

(2) $g : \mathbb{R} \to \mathbb{C}^\times$ を $g(x) = e^{2\pi i x}$ で定義すると $\mathrm{Im}(g)$ は (1) で定義した U, $\mathrm{Ker}(f) = \mathbb{Z}$ ですから

(4.12.2) $$\mathbb{R}/\mathbb{Z} \cong U$$

となります．

(3) $h : \boldsymbol{GL}(n, \mathbb{C}) \to \mathbb{C}^\times$ を $h(A) = \det A$ と定義すると $\mathrm{Ker}(f) = \boldsymbol{SL}(n, \mathbb{C})$, $\mathrm{Im}(f) = \mathbb{C}^\times$ ですから[*38]

(4.12.3) $$\boldsymbol{GL}(n, \mathbb{C})/\boldsymbol{SL}(n, \mathbb{C}) \cong \mathbb{C}^\times.$$

例 4.13 置換群の例を一つ挙げましょう．この例はガロワ理論によって 4 次方程式から「決定方程式」と呼ばれる 3 次方程式を導くことに対応しています．

S_4 を $\{1, 2, 3, 4\}$ の置換群と思うとき，4 を固定する元の全体は自然に S_3 と同一視できます．こうして $S_3 \subset S_4$ と思いましょう．次に $V = V_4 \subset S_4$ を「クラインの四元群」とします[*39]．$f : S_3 \hookrightarrow S_4 \to S_4/V$ を埋め込み写像と標準全射の合成写像とします．このとき $\mathrm{Ker}(f) = S_3 \cap V$ は単位元のみなので f は単射です．しかし $6 = |S_3| = |S_4/V| = 24/4$ ですから f は全

[*38] $\boldsymbol{SL}(n, \mathbb{C})$ は例 3.9 参照．
[*39] 4 章の (2.12) 参照．

射にもなってしまいます．従って次の同型が示せました．
(4.13.1) $$S_3 \cong S_4/V$$

同型定理はいくつかの形に表現されます．

群 G の 2 つの部分群 H, K を考えます．K は正規部分群と仮定します．このとき命題 4.6 で見たように HK も G の部分群です．埋め込み写像と標準全射の合成 $f: H \hookrightarrow HK \to HK/K$ を考えると $\mathrm{Ker}(f) = H \cap K$ ですから次の同型が得られます（なお，「K が正規部分群」という条件は「H の各元 h に対し $hK = Kh$」という条件に弱めることができます）．

命題 4.14 (第 2 同型定理) H, K が G の部分群，$K \triangleleft G$ のとき，$H/H \cap K \cong KH/K$ である（図 1.2 参照）．

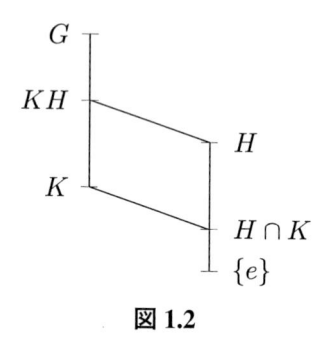

```
          G
         /
       KH
      /    \
     /       H
    K       /
     \     /
      H ∩ K
        |
       {e}
```

図 1.2

また $K \subset H$ が G の 2 つの正規部分群のとき，自然な全射 $f: G/K \to G/H$ ができますが，このとき $\mathrm{Ker}(f) = H/K$ ですから次の命題が成立します．

命題 4.15 (第 3 同型定理) $K \subset H$ が G の 2 つの正規部分群のとき，$G/H \cong (G/K)/(H/K)$．

問題 1.4

1. H, K を G の正規部分群とする．もし $H \cap K = \{e\}$ ならば，H の元と K の元は可換である．
2. 群 G の正規部分群の族を H_i $(i \in I)$ とするとき，これらの共通分 $H = \bigcap_{i \in I} H_i$ も正規部分群である．
3. H を G の位数 m の唯一の部分群とすると，これは正規部分群である．

4. H を有限群 G の部分群とする．集合 HaH に含まれる H の左剰余類が一つしかなければ，$a \in N(H)$ である．
5. (1) 群 G の中心 $Z_G := Z(G)$ は G の正規部分群であることを示せ．
   (2) G の部分群 H に対して，$N(H) := \{a \in G \mid aH = Ha\}$ と置くとき，$N(H)$ は H を含む G の部分群で，H は $N(H)$ の正規部分群であることを示せ．
6. $a^2 = b^2 = c^2$, $a^4 = e$, $ab = c$, $bc = a$, $ca = b$ を満たす3個の元 a, b, c のあらゆる結合で生じる群 G を四元数群と云うが，
$$G = \{e, a, a^2, a^3, ab, a^2b, a^3b, b\}$$
なる位数8の有限群であり，すべての部分群は正規であることを示せ．
7. p を奇素数とすれば，位数 $2p$ の有限群は同型を除いて2個しかないことを示せ．

1.5　N を法とする合同式

　私たちは年月日の他に曜日を用いています．日，月，火，水，木，金，土という名前は7日ごとに循環します．お正月が火曜日であれば，4月23日は正月から数えて，$31 + 28 + 31 + 23 = 113$ で，これを7で割った余りが1ですから，再び火曜日であることが分かります．このように，曜日は7で割った余りで決定されます．また，ある数が3で割れるかどうかも各桁の数字の和が3で割り切れるかどうかで決ることを知っている人も多いだろうと思います．

　このように，整数に関係した問題を考えるとき，ある整数 N で割った剰余を考えるとうまくいくことがしばしば起ります．このことを式で表したものを**合同式**と云いますが，実は合同式の概念は，次の章で扱う**環**の新しい例になっています．この節では，この見方を紹介し，かつ，ある数で割り切れるかどうかの問題や，循環小数などの面白い応用例も見てみましょう．

　本論に入る前に，整数に関する記号を復習しておきましょう．

記号 5.1 (1) 2つの整数 a, b の最大公約数を (a, b) と書きます．便宜上，(a, b) は必ず正の整数だとします．$(a, b) = 1$ のとき（a と b が公約数を持たないとき），a と b は**互いに素**であると云います．

(2) 2つの整数 a, b に対して，a が b の倍数のとき，$b \mid a$ と書きます．

この節では，一つの正の整数 N を固定して議論します．

定義 5.2 整数 a, b に対して，$N \mid (a - b)$ のとき，「$\boldsymbol{a}$ と $\boldsymbol{b}$ は $\boldsymbol{N}$ を法として合同である」と云い，
$$a \equiv b \pmod{N}$$
と書く．

例えば，$5 \equiv -1 \equiv 23 \pmod 3$ とか，$3 \equiv 25 \equiv -30 \pmod{11}$ という調子です．この式 "$\equiv$" を合同式と云います．

次の命題が合同式の基本的性質を記述しています．

命題 5.3 (1) $a \equiv b \pmod N$ かつ $b \equiv c \pmod N$ ならば，
$$a \equiv c \pmod N$$

(2) $a \equiv b \pmod N$ かつ $c \equiv d \pmod N$ ならば
$$\begin{cases} a + c \equiv b + d \pmod{N} & (5.3.1) \\ ac \equiv bd \pmod{N} & (5.3.2) \end{cases}$$

簡単な性質ですが，合同式の概念に慣れるために，証明してみましょう．

証明 $a \equiv b, b \equiv c \pmod N$ とすると，合同式の定義から，$b = a + kN, c = b + lN$ となる $k, l \in \mathbb{Z}$ が取れます．この両式から $c = a + (k + l)N$ ですから，$a \equiv c \pmod N$ が云えます．これで (1) が示せました．(5.3.1) は簡単ですから (5.3.2) をみましょう．$b = a + kN, d = c + lN$ と置くと，$bd - ac = alN + ckN + klN^2 = (al + ck + klN)N$ となり (5.3.2) が示せます．■

命題 5.3 は**合同式は普通の等式と同じように加法，乗法ができる**ということを示しています．このことを利用して，9 や 11 で割った余りを簡単に計算する方法を紹介しましょう．

例 5.4 (9, 11 で割った余り) まず $10 = 9 + 1$ ですから $10 \equiv 1 \pmod 9$ です．$N = 9, a = c = 10, b = d = 1$ と置いて (5.3.2) を使うと，$100 = 10^2 \equiv 1 \pmod 9$ が得られます．同様にすると，すべての $n > 0$ に対して $10^n \equiv 1 \pmod 9$ となります．私たちは 10 進法で数字を書いていますから，
$$a_n a_{n-1} \cdots a_1 a_0 = a_n 10^n + a_{n-1} 10^{n-1} + \cdots + 10 a_1 + a_0$$

1.5 N を法とする合同式

$$\equiv a_n + a_{n-1} + \cdots + a_1 + a_0 \pmod{9}.$$

要するに，9 で割った余りは，各桁の数字の和を 9 で割った余りに等しい．例えば，$4283065591 \equiv 4+2+8+3+6+5+5+9+1 = 43 \equiv 4+3 = 7 \pmod{9}$ となり，余りが 7 だと分かります．

次に，$10 = 11 - 1$ ですから，$10 \equiv -1 \pmod{11}$ です．従って，$n \geq 1$ に対して $10^n \equiv (-1)^n \pmod{11}$ ですから，

$$a_n a_{n-1} \cdots a_1 a_0 = a_n 10^n + a_{n-1} 10^{n-1} + \cdots + 10 a_1 + a_0$$
$$\equiv (-1)^n a_n + (-1)^{n-1} a_{n-1} + \cdots - a_1 + a_0 \pmod{11}$$

となり，11 で割った余りを求めるには，各桁の数字を 1 の位から，交互に符号を変えて加え合せればよいのです．例えば，$4283065591 \equiv 1 - 9 + 5 - 5 + 6 - 0 + 3 - 8 + 2 - 4 = -9 \equiv 2 \pmod{11}$ となり，11 で割った余りは 2 だと分かります．

次の計算法は，上の 2 つに較べると多少面倒ですが，桁数が多いときは有効です．

例 5.5 $999 = 27 \times 37$ ですから，$1000 \equiv 1 \pmod{37}$ です．これを使うと，37 で割った余りは，数字を 3 桁ごとに区切って和を取ったものと同じだと分かります．例えば，$4283065591 = 4\ 283\ 065\ 591 \equiv 4 + 283 + 65 + 591 = 943 \equiv 18 \pmod{37}$ となります．

また，$1001 = 7 \times 11 \times 13$ ですから，$1000 \equiv -1 \pmod{7}$ または $1000 \equiv -1 \pmod{13}$ となり，7 または 13 で割った余りは，数字を 3 桁ごとに区切って，符号を交互にして和を取ったものと同じだと分かります．例えば，$4283065591 = 4\ 283\ 065\ 591 \equiv 591 - 65 + 283 - 4 = 805 \equiv 0 \pmod{7}$，$4283065591 \equiv 805 \equiv 12 \pmod{13}$ となります．

さて，合同式を §1 で定義した**環**の言葉で見直してみましょう．任意の整数を N で割ると余り $0, 1, \ldots, N-1$ のどれかですし，2 つの整数が合同ということは，同じ余りを持つことと同じです．そこで，同じ余りを持つ数を集めて，$(\pmod{N})$ の）**合同類**と呼びましょう．合同類は，§3 で定義した剰余類の例にもなっています．即ち，N の倍数は，符号を変えても N の倍数ですし，2 つの N の倍数の和の N の倍数ですから，N の倍数の集

合は，加法群 $\mathbb{Z}$ の部分群になります．この部分群を $N\mathbb{Z}$ と書きます．
$$N\mathbb{Z} = \{\ldots, -2N, -N, 0, N, 2N, \ldots\}$$
$a \in \mathbb{Z}$ に対して，剰余類（a と同じ余りを持つ合同類といっても同じです）$a + N\mathbb{Z}$ を $\bar{a}$ と書きましょう[*40]．$a, b \in \mathbb{Z}$ に対して，
$$\bar{a} = \bar{b} \iff a \equiv b \pmod{N}$$
です．また，合同類から成る集合[*41]を $\mathbb{Z}/(N)$ と書きます．まとめると，

定義 5.6 整数 a, N に対して，
$$\bar{a} = a + N\mathbb{Z} = \{\ldots, a - 2N, a - N, a, a + N, a + 2N, \ldots\}$$
$$\mathbb{Z}/(N) = \{\bar{a} \mid a \in \mathbb{Z}\} = \{\bar{0}, \bar{1}, \ldots, \overline{N-1}\}.$$

さて，合同類の言葉で命題 5.3 を言い直すと，次のようになります．

5.7
(5.7.1) $\quad \bar{a} = \bar{b},\ \bar{b} = \bar{c} \Longrightarrow \bar{a} = \bar{c},$
(5.7.2) $\quad \bar{a} = \bar{c},\ \bar{b} = \bar{d} \Longrightarrow \overline{a+c} = \overline{b+d},\quad \overline{ac} = \overline{bd}.$

合同類から 1 個ずつ数を選ぶことを**代表元を選ぶ**と云います．例えば，$\bar{a} = \bar{c}$ は，$\bar{a}$ の代表元として c を選ぶことができることを意味します．つまり，(5.7.2) の意味は，代表元の選び方がどうであれ，足したり，かけた結果である合同類が一定であることを意味しているのです．

定義 5.8 (合同類の和と積) ですから，合同類と合同類の加法と乗法を $\bar{a} + \bar{b} = \overline{a+b},\quad \bar{a}\bar{b} = \overline{ab}$ で定めることができる[*42]．

即ち，合同類の集合 $\mathbb{Z}/(N)$ は (5.7.1), (5.7.2) の加法，乗法で**環**になる．もちろん，加法の単位元は $\bar{0}$ で，乗法の単位元は $\bar{1}$ である[*43]．

これからは $\mathbb{Z}/(N)$ を環と思って議論をしましょう．この環 $\mathbb{Z}/(N)$ は今まで知っていた環とは大分違う性質を持っています．すぐに分かるのは，

[*40] (3.4.1) では aH, Ha という記号を使いましたが，ここでは加法を使っているので $a + N\mathbb{Z}$ と書きます．

[*41] N 個の元を持つ集合になります．

[*42] このように，代表元の取りかたによらずに $+, \bullet$ が定まることを，$+, \bullet$ は "well defined である" と云います（日本語ではどうもうまい言葉がありません）．

[*43] なお，定義 1.18 の性質 (R1)–(R4) は $\mathbb{Z}$ で成り立っているので，$\mathbb{Z}/(N)$ でも成り立つことがすぐに分かります．

1.5 N を法とする合同式

元の個数が N 個ですから，有限だということです．ですから，$\bar{1}$ も N 回加えると $\bar{0}$ になります．次の例を見てみましょう．

例 5.9 $N = 12$ と置いて $\mathbb{Z}/(12)$ を考えると，$\mathbb{Z}/(12)$ では次が成り立ちます．
$$\bar{4}\,\bar{3} = \bar{8}\,\bar{9} = \bar{6}^2 = \bar{0}$$

上の計算では，どれも $\bar{0}$ でない元をかけあわせていますが，答はどれも $\bar{0}$ になっています．このように，(ある環 R の元 x が) ある $y \neq 0$ に対して $xy = 0$ となるとき，「x は**零因子**である」と云います．またある $n > 0$ に対して $x^n = 0$ となる $x \neq 0$ を**巾零元**と呼びます[*44]．零因子が存在することから，次のようなことが起きることも注意しておきましょう．
$$\bar{3}\,\bar{5} = \bar{3}\,\bar{9} = \bar{3} \quad \text{だが，} \quad \bar{5} \neq \bar{9}.$$

つまり，$a \neq 0, ab = ac \Longrightarrow b = c$ という簡約化ができないわけです．

では，$\mathbb{Z}/(N)$ の零因子はどうしてできるのでしょう．まず，$(a, N) = 1$ だと仮定してみましょう．このとき，もし $b \in \mathbb{Z}$，$\overline{ab} = \bar{0}$ とすると，$N \mid ab$ ですから，$(a, N) = 1$ なので，$N \mid b$，即ち，$\bar{b} = \bar{0}$ が云えます．従って $\bar{a}$ は零因子ではありません．逆に，もし $(a, N) = d > 1$ とすると，$b = \frac{N}{d}$ と置くと，$\bar{b} \neq 0, \overline{ab} = \bar{0}$ となり，$\bar{a}$ は零因子になります．まとめると，

命題 5.10 ($\mathbb{Z}/(N)$ **の零因子**) $\bar{a}$ が $\mathbb{Z}/(N)$ の零因子 $\iff (a, N) > 1$.

次に，$(a, N) = 1$ のとき，$\bar{b}$ に対して $\overline{ab}$ を対応させる写像は単射です (命題 2.11 を思い出しましょう)．$\mathbb{Z}/(N)$ は有限集合ですから単射は全単射になります．特に，

(5.10.1)　　$(a, N) = 1$ のとき，$\bar{a}\bar{b} = \bar{1}$ となる $b \in \mathbb{Z}$ が存在する．

言い換えれば，$\bar{a}$ は乗法に関する逆元を持ちます[*45]．

定義 5.11 (体 $\mathbb{F}_p$) 特別な場合として，$N = p$ が素数のときを考えましょう．このとき，p の倍数以外の元は，すべて p と互いに素です．$\mathbb{Z}/(N)$ の言葉で云うと，$\mathbb{Z}/(p)$ の 0 以外の元はすべて乗法に関して逆元を持つので

[*44] 巾零を "べきれい" と読んで下さい．本当は冪という字を書くのですが，余りにも難しい字なので巾で間に合わせています．

[*45] 第 2 章の用語では "$\bar{a}$ は環 $\mathbb{Z}/(N)$ の**単元**である" ということです．

すから，$\mathbb{Z}/(p)$ は**体**です．この体を「標数 p の**素体**」と呼びます．p が素数のとき，"体である" ことを強調して以後 $\mathbb{Z}/(p)$ を $\mathbb{F}_p$ と書くことにします．また，このとき $U(\mathbb{Z}/(p)) = \mathbb{Z}/(p)\setminus\{\bar{0}\} = \mathbb{F}_p\setminus\{\bar{0}\}$ なので，$U(\mathbb{Z}/(p)) = \mathbb{F}_p^\times$ とも書きます．

$\mathbb{Z}/(N)$ の単数を考えると，数論でよく知られたオイラーの関数 $\phi(N)$ が登場します．

定義 5.12 (1) $U(\mathbb{Z}/(N)) = \{\bar{a} \mid (a, N) = 1\}$ を $\mathbb{Z}/(N)$ の**単数群**と云う[*46]．

(2) $U(\mathbb{Z}/(N))$ の位数を**オイラー数**と呼び，$\phi(N)$ と書く．

言い換えれば，

(5.12.1) $\qquad \phi(N) = \#\{a \in \mathbb{Z} \mid 0 < a < N, (a, N) = 1\}$

です．

命題 5.13 ($\phi(N)$ の計算) $N = p$ が素数のとき，$U(\mathbb{Z}/(p)) = \mathbb{F}_p\setminus\{\bar{0}\}$ なので，$\phi(p) = p - 1$ ですし，$N = p^n$ のとき，$(a, p^n) = 1 \iff p \nmid a$ ですから，$\phi(p^n) = p^n - p^{n-1} = p^n(1 - 1/p)$ です．

また，一般に

(5.13.1) $\qquad (n, m) = 1$ のとき $\phi(mn) = \phi(m)\phi(n)$

が成立するので[*47]，N を割り切る素数の全部が $\{p_1, \ldots, p_r\}$ のとき，$\phi(N)$ は次の公式で与えられます．

(5.13.2) $\qquad \phi(N) = N\left(1 - \dfrac{1}{p_1}\right)\cdots\left(1 - \dfrac{1}{p_r}\right).$

素数 p に対して式 (1.3.7) から，$\mathbb{F}_p^\times$ のすべての元の位数は $p - 1$ の約数です．この事実は「フェルマーの小定理」と呼ばれて，大きな数が素数かどうかを判定するのに役立っています[*48]．

定理 5.14 (フェルマーの小定理) p が素数のとき，p の倍数でない任意の整数 a に対して，

$$a^{p-1} \equiv 1 \pmod{p}.$$

[*46] この集合が乗法に関して群になることはもう明らかだと思います．
[*47] 証明は環論を使ってすると簡単です．2章の系 6.9 参照．
[*48] 例えば 100 桁くらいのとても大きな数 N の素因数がすぐには見つからない場合，$2^{N-1} \equiv 1 \pmod{N}$ なら，とても高い確率で N は素数です．

1.5 N を法とする合同式

乗法群 $U(\mathbb{Z}/(N))$ の応用として，循環小数を取り上げましょう．例えば，
$$\frac{3}{7} = 0.428571428571.... = 0.\dot{4}2857\dot{1}$$
ですが[*49]，なぜ 6 桁で循環するのか，また，例えば，5 桁で循環する分数はどのくらいあるか，を考えてみましょう[*50]．

5.15 (循環小数) 循環小数は無限等比数列の和と思えますから，無限等比数列の和の公式で分数に直せます．例えば，
$$\begin{aligned} 0.\dot{4}2857\dot{1} &= 0.428571(1 + 10^{-6} + 10^{-12} + \cdots) \\ &= 0.428571 \frac{1}{1 - 10^{-6}} = \frac{428571}{10^6 - 1} \end{aligned}$$
となります．$\frac{3}{7} = \frac{428571}{10^6 - 1}$ ですから，7 が $10^6 - 1$ の約数になります．もし，6 より小さい数 k に対して，$10^k - 1$ が 7 で割り切れたら，$10^k - 1 = 7m \ (m \in \mathbb{Z})$ より，$\frac{3}{7} = \frac{3m}{10^k - 1}$ となるので $\frac{3}{7}$ は k 桁で循環することになります．だから，$7 \mid (10^k - 1)$ となる最小の k が 6 です．$7 \mid (10^k - 1)$ と $10^k \equiv 1 \pmod{7}$ は同値ですから，群の元の位数の概念を思いだして一般的な命題にして述べると，

命題 5.16 (循環する桁数) N と m を互いに素な正整数，$m < N$，$(N, 10) = 1$ のとき，

$\frac{m}{N}$ が k 桁で循環する $\iff$ 乗法群 $U(\mathbb{Z}/(N))$ に於て 10 の位数が k．

例えば，N が素数のとき，$U(\mathbb{Z}/(N))$ の位数は $N - 1$ ですから，$\frac{m}{N}$ が k 桁で循環するとき，k は $N - 1$ の約数になります．例えば，$\frac{m}{13}$ は 6 桁で，$\frac{m}{17}$ は 16 桁で[*51]循環します．逆に，例えば，$999 = 3^3 \cdot 37$ ですから，3 桁で循環する循環小数の分母は，$27, 37, 111, 333, 999$ のどれかですし，$10^5 - 1 = 3^2 \cdot 41 \cdot 271$ ですから，5 桁で循環する循環小数の分母は，最小でも 41 です．

合同式の応用例をもう一つ見てみましょう．

[*49] 上に˙をつけた区間（この場合は 428571）が循環することを示しています．
[*50] この本の主題とは離れますが，循環小数は，大変面白い性質を沢山持っています．例えば，$\frac{2}{7}$ や $\frac{4}{7}$ を循環小数で書いたものを $\frac{3}{7}$ と比較してみてごらんなさい．
[*51] この場合，循環する桁数は 16 の約数ですから，桁数を求めるためには 2, 4, 8 だけを試して，8 桁で循環しなければ，16 桁になるわけです．

例 5.17 ($n^2 + 1$ の素因数) $n^2 + 1$ と $n^2 + n + 1$ の 2 つの式に，$n = 1, 2, \ldots$ を代入した数を素因数分解してみましょう．

表 1.5

n	$n^2 + 1$	$n^2 + n + 1$
1	2	3
2	5	7
3	$10 = 2 \times 5$	13
4	17	$21 = 3 \times 7$
5	$26 = 2 \times 13$	31
6	37	43
7	$50 = 2 \times 5^2$	$57 = 3 \times 19$
8	$65 = 5 \times 13$	73
9	$82 = 2 \times 41$	$91 = 7 \times 13$
10	101	$111 = 3 \times 37$

こうしてみると，$n^2 + 1$ の形の数の素因数としては，$2, 5, 13, 17, 37, 41, \ldots$ が，$n^2 + n + 1$ の形の数の素因数としては，$3, 7, 13, 19, 31, 37, 43, \ldots$ が現れています．では，逆に素数 p を任意に与えたとき，その p が，$n^2 + 1$ の形の数の素因数として現れるかどうかを判定できるでしょうか？ここで発想を転換させましょう．

$$p \mid n^2 + 1 \iff n^2 + 1 \equiv 0 \pmod{p}$$

ですから，このとき，$\mathbb{F}_p$ に於て $\bar{n}^2 = -1$ となります．従って，$p \neq 2$ のとき $\bar{1} \neq \overline{-1}$ ですから $U(\mathbb{F}_p)$ の元 $\bar{n}$ の位数は 4 です．系 3.15 から，群 $\mathbb{F}_p^\times$ の位数 $p - 1$ は 4 の倍数になり，

(5.17.1) $n^2 + 1$ の形の数の素因数 p は，$p \equiv 1 \pmod{4}$ となるか，または $p = 2$ である．

逆に，$p \equiv 1 \pmod{4}$ のとき，$\mathbb{F}_p^\times$ が位数 4 の元を持つ（従って，$p \mid n^2 + 1$ となる n が存在する）ことも証明できます．このことは，群 $\mathbb{F}_p^\times$ が巡回群であることから分かります（証明は 2 章の定理 1.12 を参照して下さい）．同様に，素数 $p \neq 3$ に対して，

(5.17.2)　　　　ある n に対して $p \mid n^2 + n + 1 \iff p \equiv 1 \pmod{3}$

も示すことができます．

1.5 N を法とする合同式

問題 1.5

1. $N=612345772$ が 8 進法で書いた数字のとき,N を 7 で割った余りを求めよ.また,N を 9 で割った余りを求めよ.(Hint: $8 \equiv 1 \pmod 7$),9 は 8 進法で 11.)
2. 8 進法の次の循環小数を(10 進法で)分数に直せ.
   (a) $0.\dot{3}$ (b) $0.\dot{1}\dot{4}$ (c) $0.\dot{1}2\dot{4}$
3. a, b, c が 2 つずつ互いに素な正整数のとき,$a^2 + b^2 + c^2 = abc$ は決して成立しないことを示せ.(Hint: mod 3 で考える.)
4. a, b, c が 2 つずつ互いに素な正整数のとき,$2a^2 + b^2 = 5c^2$ を満たす整数 (a, b, c) は $(0, 0, 0)$ のみであることを示せ.(Hint: mod 5 で考える.)
5. (1) $15x^2 - 7y^2 = 9$ は整数解を持たないことを示せ.
   (2) $5x^3 + 11y^3 + 13z^3 = 0$ は $(x, y, z) = (0, 0, 0)$ 以外に整数解を持たないことを示せ.(Hint: どちらも適当に mod を取って考える.)
6. $N > 0$, $N \equiv 7 \pmod 8$ のとき,N は 3 つの平方数の和にはならないことを示せ.(Hint: mod 8 で考える.)
7. d が m の約数であるとき,$fa \equiv fb \pmod m$ なら,$a \equiv b \pmod{m/f}$ であることを示せ.
8. 2 の属する法 5 に関する剰余類は,法 15 に関してどのような剰余類を含むか.
9. a と m が素であれば(最大公約数が 1 であるということ),$ax \equiv b \pmod m$ は任意の b に対して解を持つことを示せ.従って,$ax + my = 1$ は整数解 (x, y) を持つことを示せ.
10. 次の連立合同方程式を解け.
    $$\begin{cases} 3x \equiv 4 \pmod 5 & (1) \\ 2x \equiv 3 \pmod 7 & (2) \end{cases}$$
11. 3 で割ると 2 余り,5 で割ると 4 余り,7 で割ると 3 余る正の整数のうち 500 を越えないものをすべて求めよ.
12. p を奇素数,a が p で割り切れないとき,$x^2 \equiv a \pmod p$ が解を持てば,2 個の解があることを示せ.
13. $x^2 + 3x + 1 \equiv 5 \pmod 7$ を解け.
14. p を奇素数,a が p で割りきれないとき,$c^2 \equiv a \pmod p$ であれば,$c^2 - a = pk \ (\exists k \in \mathbb{Z})$ である.これを利用して,$(c + py)^2 \equiv a \pmod{p^2}$ を満たす整数 y が存在することを示せ.
15. $1/10 = 0.1$ であるが,3 進法では無限循環小数となる.循環節の長さを見てその根拠を考えてみよ.

16. (1) $2n$ 枚のカードの complete shuffle とは，まず $2n$ 枚を n 枚ずつの 2 つの山にわけ，次に下の山の 1 枚目が新しい 1 枚目，上の山の 1 枚目が新しい 2 枚目とし，以下 2 つの山から交互に混ぜあわせていくことをさす．（例えば，もとの $1,2,3$ 枚目がそれぞれ $2,4,6$ 枚目に，もとの $n+1, n+2, n+3$ 枚目が新しい $1,3,5$ 枚目になる．）このとき，この complete shuffle を $\mathbb{Z}/(2n+1)$ の言葉で記述せよ．

    (2) $6, 8, 10, 12, 14, 20, 52$ 枚の complete shuffle はそれぞれ何回繰り返すともとの状態に戻るか？

17. (1) $N = 1, \ldots, 10$ について $N^4 + 1$ の素因数を求めよ．どんな条件を満たす素数が $N^4 + 1$ の形の数の素因数として現れるかを考えよ．

    (2) 同じことを $N^4 + N^2 + 1$ について行え．

18. 正整数 N に対して $\sum_{d|N} \phi(d) = N$ を示せ．

第 2 章
環

2.1 倍数と約数，多項式環，環の拡大

　第1章で述べたように，加法，乗法が（分配律，結合法則などを満たして）定義されている代数系を環と云いました．（第1章の定義1.18で示しました．）環の例として，整数環 $\mathbb{Z}$，N を法とした合同式から得られる環 $\mathbb{Z}/(N)$，多項式の環等を見てきました．環の理論は，ある面に於ては，私たちが親しんできたいろいろな数の性質を新しく一般的な立場から見直すことですし，他方に於ては，古くからある問題に新しい概念と新しい理論によって手がかりを見出そうとするものです．（実際，問題がすぐに解けないとき，その問題を一般化することによって本質を探そうとするのが現在の数学の大きな特色だと云えます．）

　まず，一番親しみ深い整除性（倍数，約数の関係）について見てみましょう．

1.1 $\mathbb{Z}$ に於て，n が m の倍数であることは，$\frac{n}{m} \in \mathbb{Z}$，言い換えれば，$n = lm$ となる $l \in \mathbb{Z}$ が存在するということです．一般の環 A でも，これを倍数，約数の定義として採用します．即ち，$a, b \in A$ に対して，

(1.1.1)　　　　$a \mid b \iff b = ac$ となる $c \in A$ が存在する.

このとき a は b の**約元**，b は a の**倍元**であると云います（単に「数」を「元」と言い換えただけです）．

さて，今定義した "|" という関係はどういう性質を持つでしょうか？すぐ分かるのは，

(1.1.2) $\qquad a \mid b, b \mid c \implies a \mid c$

です．これは "順序" の基本的性質です．では，$a \mid b$ と $b \mid a$ 同時に成立するとどうなるでしょうか？$a \mid b$ で，$b = ua, b \mid a$ ですから，$a = vb$ となる $u, v \in A$ が存在します．第一式を第二式に代入すると，$a = vb = uva, a(uv - 1) = 0$ となります．もし a が**零因子**でなければ[*1]，$uv = 1$ となります．従って，A が零因子を持たないとき[*2]，

(1.1.3) $\qquad a \mid b$ かつ $b \mid a \implies b = ua, a = vb, u, v \in A, uv = 1$

ここで，次の定義をしておきましょう．

定義 1.2 (1) 0 以外に零因子を持たない環を**整域**と云う．

(2) $u \in A$ が乗法に関して逆元を持つとき，u を A の**単元**と云う．

(3) A の単元の集合は，乗法に関して群をなす．この群を $U(A)$ と書き，A の**単数群**と呼ぶ[*3]．

例 1.3 (1) 第1章の§5で，環 $\mathbb{Z}/(N)$ を定義しましたが，第1章の命題5.10で見たように，$\mathbb{Z}/(N)$ が整域 $\iff N$ が素数．

(2) F が体のとき，F の 0 でない元には乗法の逆元が存在するので，0以外の元はすべて単元です．すなわち，$U(F) = F^{\times} := F \setminus \{0\}$ です．

(3) $A = \mathbb{Z}[i]$ に於て $ab = 1$ とすると，$N(a) = |a|^2 = a\bar{a}$ と置くとき，$N(a)N(b) = N(1) = 1$ で，$N(a) \in \mathbb{Z}, N(a) > 0$ ですから，$N(a) = 1$ となります．$a = x + yi, x, y \in \mathbb{Z}$ とすると，$N(a) = x^2 + y^2 = 1$ より，x, y の一方が ± 1，他方が 0 になるので，$U(\mathbb{Z}[i]) = \{\pm 1, \pm i\}$ と位数 4 の巡回群になります．

(4) $A = \mathbb{Z}[\sqrt{2}] = \{a + b\sqrt{2} \mid a, b \in \mathbb{Z}\}$ のとき，$(1 + \sqrt{2})(-1 + \sqrt{2})$ 1 なので $1 + \sqrt{2}$ は A の単元です．両辺を n 乗して $1 = (1 + \sqrt{2})^n(-1 + \sqrt{2})^n$

[*1] ある $c \neq 0$ に対して $ac = 0$ となる a を零因子と云いました．

[*2] 実は「零因子を持たない」という仮定は不要なのですが，このときの証明はもう少し進んだ可換環論の知識を必要とします．

[*3] 二つの単元の積，単元の逆元も単元だから，$U(A)$ は群になります．第1章の§4で使った記号 $U(\mathbb{Z}/(N))$ は環 $\mathbb{Z}/(N)$ の単数群という意味になっています．

2.1 倍数と約数，多項式環，環の拡大　　　　　　　　　　　　　　　**41**

ですから，$(1+\sqrt{2})^n$ はすべての整数 n に対して，単元となることが分かります．そして実は $U(A) = \{\pm(1+\sqrt{2})^n \mid n \in \mathbb{Z}\}$ であることが分かります（これは，方程式 $x^2 - 2y^2 = \pm 1$ のすべての整数解を求める問題を解くことに帰着しますが，$x^2 - dy^2 = 1$ の形の方程式は**ペル方程式**と呼ばれ，双曲線上の整数座標を持つ点を求めることになります）．

　新しい環を既知の環から作る方法として，多項式環と巾級数環[*4]を紹介しましょう．

定義 1.4 環 A に対して $a_0 + a_1 X + \cdots + a_n X^n$ の形の形式和（有限項）を **A 係数の多項式**と云う．また，$a_0 + a_1 X + \cdots + a_n X^n + \cdots$ の形の形式和（無限項）を **A 係数の巾級数**と云う[*5]．A 係数の多項式全体の集合を **A 上の多項式環**と云い，$A[X]$ と書く．また A 係数の巾級数全体の集合を **A 上の形式的巾級数環**と云い，$A[[X]]$ と書く．即ち，

$$(1.4.1) \quad A[X] = \left\{ \sum_{0}^{n} a_i X^i \mid a_0, a_1, \ldots, a_n \in A, \ n \geq 0 \right\},$$

$$(1.4.2) \quad A[[X]] = \left\{ \sum_{0}^{\infty} a_i X^i \mid a_i \in A \ (i \geq 0) \right\}.$$

ここで，$A[X]$ に於ても $A[[X]]$ に於ても $\sum a_i X^i = \sum b_i X^i \iff \forall i, a_i = b_i$ と定義する．

　$A[X], A[[X]]$ は実際，次の加法，乗法で環になります．[*6]

$$(1.4.3) \quad \sum a_i X^i + \sum b_i X^i = \sum (a_i + b_i) X^i,$$

$$(1.4.4) \quad \left(\sum a_i X^i \right)\left(\sum b_i X^i \right) = \sum (a_0 b_j + \cdots + a_k b_{j-k} + \cdots + a_j b_0) X^j.$$

実は，この和，積は係数が A という一般の環に変っただけで，普通の多項式の計算と同じですから，今まで慣れ親しんだ多項式と同じだと思って

[*4] 第1章の§5でも云いましたが，「巾」はベキと読んで下さい．

[*5] 例えば実係数の多項式は，集合 $\mathbb{R}$ 上の関数とも考えられますが，ここでは多項式，巾級数ともに**関数とは考えません**．従って，巾級数の**収束性**は問題にしません．また，$a_0 + a_1 X + \cdots + a_n X^n + \cdots$ はこれで一つの元と思い，無限個の和とは考えません．

[*6] 巾級数は項が無限個あるので，我々の有限の人生では，一生かかっても計算できないのですが，どんな有限の項までも有限回の操作で求まるという意味で「巾級数が定まっている」と思うことにします．

下さい．巾級数に対しても，扱った経験のある方は今までと同じですし，初めての方は，項の数が無限になっただけだと思って下さい．多項式は（和，積の定義も含めて）先の方の無限項がすべて 0 の巾級数と見られますし，$a \in A$ は $a + 0X + \cdots$ と同一視できますから，A は $A[X]$ の，$A[X]$ は $A[[X]]$ の部分環と思えます．

また，$A[X]$ 上の多項式環として，2 変数多項式環 $A[X, Y]$ が定義され，同様に n 変数多項式環 $A[X_1, \ldots, X_n]$，巾級数環 $A[[X_1, \ldots, X_n]]$ も定義されます．

多項式，巾級数の次数，位数はそれぞれ重要な量です．

定義 1.5 $f = a_0 + \cdots + a_n X^n, a_n \neq 0$ のとき，f の**次数**は n であると云い，記号で $\deg(f) = n$ と書く．また，$f = \sum_0^\infty a_i X^i \in A[[X]]$ に対して $\mathrm{ord}\,(f) = \min\{i \mid a_i \neq 0\}$ と定義し，f の**位数**と云う．

多項式，巾級数の性質をいくつか挙げてみましょう．次の (3) で多項式環と巾級数環の違いがはっきり出ます．

命題 1.6 (1) $f, g \in A[X]$ に対して $\deg(fg) \leq \deg(f) + \deg(g)$, $f, g \in A[[X]]$ に対して $\mathrm{ord}\,(fg) \geq \mathrm{ord}\,(f) + \mathrm{ord}\,(g)$ [7]．A が整域のときは，上の不等号はどちらも等号になる．

(2) $f = a_0 + a_1 X + \cdots + a_n X^n \in A[X]$ と $\alpha \in A$ に対して $f(\alpha) = a_0 + a_1 \alpha + \cdots + a_n \alpha^n$ と**定義する**と，写像 $\phi_\alpha : A[X] \to A$, $\phi_\alpha(f) = f(\alpha)$ は環の準同型写像である[8]．

(3) $f = \sum_0^\infty a_i X^i \in A[[X]]$ に対して，$f \in U(A[[X]]) \iff a_0 \in U(A)$ [9]．

証明 (1), (2) は定義から明らかです．(3) を示します．$f \in U(A[[X]])$ とすると，f の逆元 $g = \sum_0^\infty b_i X^i \in A[[X]]$ が取れます．このとき $a_0 b_0 = 1$ ですから，$a_0 \in U(A)$ です．逆に，$a_0 \in U(A)$ とすると，$h := a_0^{-1} f = 1 - h_1$, $h_1 = -\sum_1^\infty a_0^{-1} a_i X^i \in A[[X]]$ と置くと，$1 + h_1 + h_1^2 + \cdots + h_1^n + \cdots$ は

---

[7] 元 0 に対しては $\deg(0) = -\infty$, $\mathrm{ord}\,(0) = \infty$ と置くとうまくいきます．

[8] $f(\alpha)$ を X に α を**代入した値**と云います．$A[[X]]$ に対しては項が無限個あるのでこの操作はできません（代数学で扱う和，積は普通有限のみです）．また，A がもっと大きい環 B の部分環のとき，$\beta \in B$ を代入した $f(\beta)$ も考えられます．

[9] これに対して $A[X]$ の単元は，ほとんど A の単元のみです．問題 2.5-7 参照．

$A[[X]]$ の中で定義され[*10], h の逆元になります.従って,f も逆元 $a_0^{-1}h^{-1}$ を持ちます. ∎

次に,多項式に関する倍数,約数の性質とその応用を見てみましょう.

1.7 (多項式の割り算) 2つの多項式
$$f = a_n X^n + a_{n-1} X^{n-1} + \cdots + a_1 X + a_0,$$
$$g = b_m X^m + b_{m-1} X^{m-1} + \cdots + b_1 X + b_0 \in A[X]$$
の「割り算」ができるか,即ち

(1.7.1) $\qquad f = qg + r, \quad \deg r < \deg g$

と表せるか?を考えてみます.もし $m \leq n$ で,$a_n = cb_m$ $(c \in A)$ とすると,$h = f - cX^{n-m}g$ は次数が $n = \deg f$ より小さくなりますが,一般には $b_m | a_n$ ではありませんから,一般には多項式の割り算はできません.しかし,もし b_m が単元なら,任意の $a \in A$ に対して $b_m | a$ ですから,(1.7.1) のような割り算ができます.特に,最高次の係数が 1 である多項式を**主多項式**と呼びます.g が主多項式のとき,(1.7.1) の割り算ができます.

1.8 特に $g = X - a$ と置きましょう.$f \in A[X]$ を g で割ると,(1.7.1) で $\deg(r) < \deg(g) = 1$ ですから $\deg(r) = 0$,即ち $r \in A$ です.

(1.8.1) $\qquad f = q.(X - a) + r, \ r \in A$

ここで,両辺の X に a を代入すると次が得られます.

命題 1.9 (剰余の定理) $f = q.(X - a) + f(a)$.従って,

(1.9.1) $\qquad A[X]$ に於て $X - a | f \iff f(a) = 0$.

$f(a) = 0$ となる $a \in A$ を f の**根**と云います.「代数学の基本定理」で $f \in \mathbb{C}[X], \deg(f) = n$ のとき,f は重複をこめて丁度 n 個の根を持つことが知られていますが,一般の環ではどうでしょうか.

異なる元 $a, b \in A$ に対して $f(a) = f(b) = 0$ としてみましょう.(1.9) より,$f = (X - a).q$ と書けます.両辺に $X = b$ を代入すると

(1.9.2) $\qquad 0 = f(b) = (b - a).q(b)$

[*10] $\operatorname{ord} h_1^n \geq n$ ですから,この「無限和」に於て,各 m に対して X^m の係数には h_1^m までしか関係しません.従ってすべての X^m の係数が有限個の和で決りますから,この「和」も定義されます.

となります．$b-a$ が零因子でなければ，$q(b) = 0$ となるので，(1.9.1) より $X-b|q$，従って，$(X-a)(X-b)|f$ が云えます．A が整域なら零因子を持ちませんから，次が成立します．

定理 1.10 $f \in A[X]$, A は整域，$a_1, \ldots, a_r$ が A の異なる元で，$f(a_i) = 0$ $(i = 1, \ldots, r)$ とすると，$(X-a_1)(X-a_2)\cdots(X-a_r)|f$．従って，特に f の異なる根の個数は $\deg f$ 以下である．

上の証明でも分かるように，A が整域でないと，この定理は成り立ちません．

例 1.11 $A = \mathbb{Z}/(6), f = X^2 - X$ としてみましょう．$X = \bar{0}, \bar{1}, \bar{2}, \bar{3}, \bar{4}, \bar{5}$ のときの f の値はそれぞれ $\bar{0}, \bar{0}, \bar{2}, \bar{0}, \bar{0}, \bar{2}$ ですから，f の根は $\bar{0}, \bar{1}, \bar{3}, \bar{4}$ の 4 つで，$\deg(f) = 2$ より沢山あります．

定理 1.10 の応用として，有限体の乗法群の構造が分かります．

定理 1.12 有限個の元を持つ体の乗法群は巡回群である．

証明 K を q 個の元を持つ体とします．このとき，乗法群 $K^\times$ は位数 $q-1$ の群です．$K^\times$ に位数 $q-1$ の元が一つでもあれば $K^\times$ は巡回群です．$K^\times$ の各元の位数は $q-1$ の約数ですが（1 章の系 3.15），位数 r の元は $f = X^r - 1$ の根ですから，定理 1.10 によりたかだか r 個しか存在しません．$X^r - 1$ の根の位数は r の約数ですから，1 章の定義 5.12 で示した $\phi(N)$ を使うと，$K^\times$ の位数 r の元の個数はたかだか $\phi(r)$ です．

$$\sum_{r|q-1} \phi(r) = q-1$$

ですから[*11]，位数 $q-1$ の元が存在しないと和が $q-1$ にならず矛盾するので，位数 $q-1$ の元は存在し，$K^\times$ は巡回群になります．∎

上の証明は，実は次の群論の定理を証明しています．

定理 1.13 位数 N の群に於て，N の任意の約数 r に対し，$x^r = e$ となる G の元がたかだか r 個しかなければ，G は巡回群である．

定理 1.13 を $K = \mathbb{F}_p$（p は素数）に使うと，次の結果が得られ，1 章の

[*11] 1 章の問題 1.5-18 参照．

2.1 倍数と約数，多項式環，環の拡大

例 5.17 にあげた命題の証明が完結します．

系 1.14 $\mathbb{F}_p^\times = U(\mathbb{F}_p)$ に位数 r の元が存在する．$\iff r \mid p - 1$．

多項式環を用いると，環の拡大がうまく記述できます．

定義 1.15 (環 $A[b]$) 環 A が環 B の部分環，$b \in B$ のとき，A と b を含む最小の環を A 上 b で**生成される** B の部分環 と云い，$A[b]$ と書く*12．同様に A と $\{b_1, \ldots, b_s\} \subset B$ を含む最小の B の部分環を $A[b_1, \ldots, b_s]$ と書く（これから，$B = \mathbb{C}$ の場合が非常によく使われます）．

1 章の例 1.23 は $a = \mathbb{Z}, B = \mathbb{C}, b = \sqrt{d}$ と置いたものです．

命題 1.16 環の準同型写像 $\phi: A[X] \to B$ を $\phi(f(X)) = f(b)$ と定義すると $A[b] = \text{Im}(\phi)$，$\Phi: A[X_1, \ldots, X_s] \to B$ を $\Phi(f) = f(b_1, \ldots, b_s)$ で定義すると $A[b_1, \ldots, b_s] = \text{Im}(\Phi)$．

証明 環の準同型写像による像はやはり環ですから，$\text{Im}(\phi)$ は A と b を含む B の部分環です．一方，$\text{Im}(\phi)$ の元は $f(b)$ ($f(X) \in A[X]$) の形ですが，A と b を含む環には $a_i b^i$ の形の元やそれらの和も含まれますから $A[b]$ は $\text{Im}(\phi)$ を含みます．これで $A[b] = \text{Im}(\phi)$ が示せました．$A[b_1, \ldots, b_s]$ の方も同様です． ∎

例 1.17 (1) $\mathbb{Z}$ と $i = \sqrt{-1}$ を含む最小の環 $\mathbb{Z}[i]$ を考えると，(1.7.1) より $\mathbb{Z}[i] = \{f(i) \mid f(X) \in \mathbb{Z}[X]\}$ が分かりますが，$i^2 = -1$ より，$f(X) \in \mathbb{Z}[X]$ に対して $f(i) = a + bi$ ($a, b \in \mathbb{Z}$) の形に書けます．したがって

$$\mathbb{Z}[i] = \{a + bi \mid a, b \in \mathbb{Z}\}$$

であることが分かります．一般に平方因子を持たない整数 d に対して $\mathbb{Z}[\alpha]$，但し

$$\alpha = \begin{cases} \sqrt{d} & (d \equiv 2 \text{ または } 3 \pmod 4) \\ \dfrac{-1 + \sqrt{d}}{2} & (d \equiv 1 \pmod 4) \end{cases}$$

と置くと $\alpha^2 - d = 0$ または $\alpha^2 + \alpha - \dfrac{d-1}{4} = 0$ が成立するので，上と同様にして $\mathbb{Z}[\alpha] = \{a + b\alpha \mid a, b \in \mathbb{Z}\}$ であることが分かります．この形の環の

---

*12 環の拡大には大カッコ [ ] を，体の拡大には小カッコ ( ) を使います．

元を **2 次の整数** と云います．この形の環は d の値によって環としての性質が変化して，いろいろの例を与えてくれるので，これからもよく登場します．この話は §7 で一般化して扱います．

(2) 一般に定義 1.15 の状況で，$b, c \in B$ に対して，$A[b] = A[c]$ を示すには $b \in A[c]$ かつ $c \in A[b]$ を示せば十分です．このことに注意すると，$x = \dfrac{a}{b} \in \mathbb{Q}, a, b$ が互いに素な整数のとき，$\mathbb{Q}$ の部分環として $\mathbb{Z}\left[\dfrac{a}{b}\right] = \mathbb{Z}\left[\dfrac{1}{b}\right]$ が示せます．

問題 2.1

1. 順序集合 P に於て P の元を頂点とし，$x < y$ かつ $x < z < y$ となる z がないときに x と y を y の方が上になるように線で結んでできる図形を P の **ハッセ図** と云う．
   (1) 正の整数の集合に順序を $x|y$ で定義するとき，24 の約数全体のハッセ図を書け．
   (2) $A = \mathbb{Z}[\sqrt{-5}]$ に於て順序を $x|y$ で定義するとき，12 の約数全体のハッセ図を書け（$\pm x$ の片方だけを書くこととする）．(1) のハッセ図では，任意の 2 つの元に上限，下限が存在するが，(2) ではそうでないことを確かめよ．
2. (1) $(1 + \sqrt{2})^n = a_n + b_n\sqrt{2}$ $(a, b \in \mathbb{Z})$ とするとき，
   (a) $a_n^2 - 2b_n^2$ の値を求めよ．
   (b) (a_{n+1}, b_{n+1}) を (a_n, b_n) で表し，(a_n, b_n) の一般式を求めよ．
   (2) $(2 + \sqrt{3})^n = a_n + b_n\sqrt{3}$ $(a, b \in \mathbb{Z})$ と置くとき，$a_n^2 - 3b_n^2$ の値を求めよ．
3. 平方因数を持たない整数 n に対して $A = \mathbb{Z}[\sqrt{n}]$ と置く．$\alpha = a + b\sqrt{n} \in A$ $(a, b \in \mathbb{Z})$ に対して，$N(\alpha) = a^2 - nb^2$ と置く．このとき，
   (1) α が A の単元 $\iff N(\alpha) = \pm 1$ を示せ．
   (2)* $n < 0$ のとき A の単元は有限個，$n > 0$ のとき，A の単元は無限個存在することを示せ．
4. $A = \mathbb{Z}[i]$ に於て $(1+i)|n$ となる $n \in \mathbb{Z}$ はどんな数か？また，$(2+3i)|n$ となる $n \in \mathbb{Z}$ はどんな数か？
5. 環 A の元の列 $\{a_n\}_{n=0}^{\infty}$ に対して，

   (∗) $$f = \sum_{i=0}^{\infty} a_i X^i \in A[[X]]$$

   を対応させる．$\{a_n\}_{n=0}^{\infty}$ が帰納的に定義されているとき，巾級数と 1 次分数

2.2 イデアルと剰余環

分解を利用して数列の一般項を求められる.
(1) $a_{n+2} = \alpha a_{n+1} + \beta a_n \ (\forall n \geq 0)$ のとき, $A[[X]]$ に於て

(**) $\quad (1 - \alpha X - \beta X^2)f = a_0 + (a_1 - \alpha a_0)X$ を示せ.

(2) $(a_0 + (a_1 - \alpha a_0)X)(1 - \alpha X - \beta X^2)^{-1} = c_1(1 - \gamma_1 X)^{-1} + c_2(1 - \gamma_2 X)^{-1}$ のとき, $a_n = c_1 \gamma_1^n + c_2 \gamma_2^n \ (n \geq 0)$ であることを示せ.

(3) 上記の方法で, 次の数列の一般項を求めよ.
   (a) $a_0 = a_1 = 1, a_{n+2} = a_{n+1} + a_n \ (\forall n \geq 0)$ (この数列は "フィボナッチ数列" と呼ばれている).
   (b) $a_0 = 4, a_1 = 1, a_2 = 7, a_{n+3} = 2a_{n+2} + a_{n+1} - 2a_n \ (\forall n \geq 0)$.

6. 環 A に於て 2 が単元と仮定する. $f = \sum_0^\infty a_i X^i \in U(A[[X]])$ に対して,
$$\exists g \in A[[X]], f = g^2 \iff \exists b \in A, a_0 = b^2 \quad \text{を示せ}.$$

7. (1) $N \in \mathbb{Z}, N > 1$ が素数でなく $N \neq 4$ のとき, $f \in \mathbb{Z}/(N)[X]$ で $\deg(f)$ より多くの根を持つものが必ず作れることを示せ.
(2) $n^3 - n$ は n がどんな整数でも 6 の倍数だが, どんな $n \in \mathbb{Z}$ を代入しても 30 の倍数となる主多項式 $f(n) \in \mathbb{Z}[X]$ を作れ. このような f の最低次数は何か? また, 30 を 42 にするとどうなるか?

8. 素数 p に対して, $\mathbb{F}_p[X]$ の 2 次, 3 次の主多項式 f で $\mathbb{F}_p$ に根を持たないものの個数を求めよ (この問題は 5 章の 3.7 でもう一度一般化して扱う).

9. 50 以下の素数 p に対して,
(1) $\mathbb{F}_p^\times$ の生成元を求めよ.
(2) $\mathbb{F}_p^\times$ での 2 の位数を求めよ.
(3) 10 進法で $\dfrac{1}{p}$ は何桁で循環する循環小数か.

10. (1) 有限個の元を持つ整域は体であることを示せ.
(2) ある環 A が, 体 k を部分環として含み, かつ k 上の線型空間として有限次元とする. このとき, もし A が整域なら, A は体であることを示せ.

11. (1) $G = U(\mathbb{Z}/(2^k))^* \ (k \geq 3)$ とするとき, G が位数 2 の元を 2 つ以上持つことを示すことにより, G が巡回群でないことを示せ. また, G は $\pm 5^h \ (1 \leq h \leq k - 2)$ の類で尽くされることを示せ.
(2) p が奇素数のとき, $G = (\mathbb{Z}/(p^k))^* \ (k \geq 1)$ は巡回群となることを示せ.

2.2 イデアルと剰余環

ある物を無視したり, ある性質だけに注目することで物事の本質が浮び上がるようにしようとするときに役立つ概念が, これから説明する剰余

環[*13]です．あるものを無視することで環の一つの構造を浮き上がらせるということは，余計なものを見えなくする鏡にその環を写して（写像して）見ることに他なりません．例えば，人の顔の中で目だけが写るようにした鏡があれば，顔の他の部分とのバランスに影響されずに目の美醜を判定できます．しかし鏡に写った像がとんでもないものになっては困ります．やはりもとの基本的な性質が保存されるようなものでないと役には立ちません．このような鏡に当たるものが，第1章で定義した**準同型写像**[*14]です．

また，準同型写像の核[*15]として**イデアル**[*16]という概念が登場します．環の研究に於てイデアルを調べることは大変重要で，実際「イデアル論」という名前の可換環論の本があるくらいです．

環 A から環 B への準同型写像 $f : A \to B$ を考えます．この準同型写像 f で無視されるもの，つまり環 B の 0 に写されるものを f の**核**と云い Ker f と表します．即ち，

(2.1.1) $\qquad\qquad$ Ker $f = \{a \in A \mid f(a) = 0\}$．

Ker f がどんな性質を持つか調べましょう．

2.1 (Ker f の性質) $a, b \in$ Ker f とすると，$f(a) = f(b) = 0$ なので，$f(a+b) = f(a) + f(b) = 0$ となりますから

(K-1) Ker f は加法で閉じている．

$\qquad$ また c を A の任意の元とすると，$f(ca) = f(c)f(a) = 0$ ですから $ca \in$ Ker f が分かります．つまり

(K-2) $A.$Ker $f = \{ca \mid c \in A, a \in$ Ker $f\} \subset$ Ker f．[*17]

$\qquad$ このように Ker f は (K-1), (K-2) の 2 つの性質を持ちます．

$\qquad$ さて B の元 b に写される A の元の一つを a としますと，$f(a') = b$ となる A のどんな元 a' についても，$f(a' - a) = f(a) - f(a') = 0$ で

[*13] 第1章 §3, §4 の剰余類，剰余群も同様です．
[*14] 第1章の定義 2.1.
[*15] 第1章の定義 2.10 参照．
[*16] 群の準同型の核は正規部分群です．第1章の命題 4.9 参照．
[*17] $A \ni 1$ だから $A.$Ker $f =$ Ker f となります．

2.2 イデアルと剰余環

すから，$a' - a \in \mathrm{Ker}\, f$ が分かります．つまり，$a' \in a + \mathrm{Ker}\, f$ となります[*18]．逆に $a + \mathrm{Ker}\, f$ の元はすべて $a' = a + c\ (c \in \mathrm{Ker}\, f)$ と書けて $f(a') = f(a+c) = f(a) + f(c) = f(a)$ ですから，

(K-3) $a + \mathrm{Ker}\, f$ は B の同じ元に写されるものからなる A の部分集合である．

このように $a + \mathrm{Ker}\, f$ という A の部分集合は $f(a)$ と一対一に対応します．この部分集合 $a + \mathrm{Ker}\, f$ を **$\mathrm{Ker}\, f$ を法とした a の剰余類**[*19] と云います．またこれら剰余類の集合を $A/\mathrm{Ker}\, f$ と表しますが，これは鏡に写った A の像 B を A の世界で表したものと云えます．

以上ではあらかじめ B という「鏡」があったわけですが，この鏡は A の部分集合 $\mathrm{Ker}\, f$ を無視するものでした．次に，B に当る環を A の中のデータから構成しましょう．$\mathrm{Ker}\, f$ は上に述べた性質 (K-1), (K-2) を持っていました．このような部分集合を**イデアル**と云います．即ち，

定義 2.2 (イデアル) 次の性質を持つ A の部分集合 I をイデアルと云う．

(2.2.1) $\quad\quad\quad a, b \in I \Rightarrow a + b \in I \quad$（加法で閉じている），

(2.2.2) $\quad\quad\quad c \in A, a \in I \Rightarrow ca \in I \quad$（$A$ 倍で閉じている）．

環の性質を調べるときには，このイデアルが主役になります．まず，イデアルの例をいくつか挙げてみましょう．

例 2.3 自明な例として，集合 $\{0\}$ はイデアルです．このイデアルを (0) と書きます．環 A 自身もイデアルです．$A = (1)$ とも書きます[*20]．

例 2.4 (単項イデアル，PID) (1) A の元 a に対し

(2.4.1) $\quad\quad\quad\quad\quad (a) = \{ax \mid x \in A\}$

がイデアルであることはすぐ分かります．この形のイデアルを**単項イデアル** (principal ideal) と云います．§1 で，$a \mid b$ という関係を定義しましたが，イデアルの言葉では次のように包含関係になります．

(2.4.2) $\quad\quad\quad\quad\quad a \mid b \iff (a) \supseteq (b)$

[*18] $a + \mathrm{Ker}\, f = \{a + x \mid x \in \mathrm{Ker}\, f\}$．
[*19] 第 1 章の定義 3.8 の群の剰余類と比較して下さい．
[*20] もちろん，次に述べる単項イデアルの記号と思うと話が合うわけです．

(2) 上の (2.4.2) から, $a \in A$ について $a \in U(A) \iff (a) = (1)$ がすぐ分かります.

(3) $\mathbb{Z}$ のイデアルを調べてみましょう. I が $\mathbb{Z}$ のイデアル, $I \neq (0)$ とすると, $n \in I$ となる $n \neq 0$ があります. $n < 0$ なら, $-n = (-1)n \in I$ ですから, $n > 0$ として, n を $n \in I$ である**最小**の正の数とします. このとき, $I = (n)$ であることを示しましょう.

任意に $a \in I$ を取ると, $a = bn + r$, $0 \leq r < n$ と割り算ができます. $a, n \in I$, $r = a - bn \in I$ ですから, $r > 0$ とすると, n の最小性に矛盾します. ゆえに $r = 0$, 即ち $a = bn \in (n)$ が云えました. まとめると,

(2.4.3)　　$\mathbb{Z}$ のイデアルは, (n) の形のものに限る　$(n \in \mathbb{Z})$.

このようにイデアルがすべて単項である整域を**単項イデアル整域**または **PID** と云います[*21]. 単項イデアル環という言葉は, いかにも長いので, 以下では PID の方を使います. PID については, §3 で詳しく見ます.

問題 2.1. (1) $(a) = \{ax \mid x \in A\}$ がイデアルであることを示せ.

(2) 「A が体 $\iff A$ のイデアルは (0) と (1) のみ」を示せ.

例 2.5 (単項でないイデアル) 環 A 上の多項式環 $B = A[X_1, \ldots, X_n]$ を考えます.

$a_1, \ldots, a_n \in A$ に対して, 写像 $\phi : B \to A$, $\phi(f) = f(a_1, \ldots, a_n)$ は環の準同型写像ですから,

$$\mathrm{Ker}\,\phi = \{f \in B \mid f(a_1, \ldots, a_n) = 0\}$$

は, B のイデアルです. $n \geq 2$ のときこのイデアルが単項イデアルでないことはすぐに確かめられます. 実際, $X_1 - a_1$ と $X_2 - a_2$ を同時に割り切る多項式はありません.

イデアルを表示するとき, 全部の元を書くのは大変ですから少し工夫が必要です. 最も普通に行われるのが, **生成元**を書くやりかたです.

定義 2.6 (イデアルの生成元) 環 A の部分集合 S を含む最小のイデアルを (S) と表す. $S = \{a_1, \ldots, a_n\}$ のとき, $(S) = (a_1, \ldots, a_n)$ のように書く[*22].

[*21] PID は principal ideal domain の頭文字から来ています.

[*22] $S = \{a\}$ のとき, $(\{a\}) = (a)$ と書いたわけです.

2.2 イデアルと剰余環

この定義はちょっと抽象的で分かりにくいですが,これは次のことを意味します.

$$(2.6.1) \qquad (a_1, \ldots, a_n) = \left\{ \sum_{i=1}^n a_i x_i \mid x_1, \ldots, x_n \in A \right\}$$

実際,上式の右辺は定義 2.2 の条件を満たしていますからイデアルです.また,一つの x_i を 1,他を 0 に選ぶと $\sum_{i=1}^n a_i x_i = a_i$ となりますから,$a_1, \ldots, a_n$ は右辺の集合に含まれています.逆に,$a_1, \ldots, a_n$ を含み,定義 2.2 の条件を満たす集合は右辺の集合を含みますから[*23],右辺は $a_1, \ldots, a_n$ を含む最小のイデアル,即ち $(a_1, \ldots, a_n)$ になります.$S = \{a_\lambda | \lambda \in \Lambda\}$ のとき,$(S) = (a_\lambda)_{\lambda \in \Lambda}$ と書き,(2.6.1) は

$$(2.6.2) \qquad (a_\lambda)_{\lambda \in \Lambda} = \left\{ \sum_{\lambda \in \Lambda} a_\lambda x_\lambda \mid x_\lambda \in A \right\}$$

となります.但し,右辺で x_λ のうち 0 でないものは有限個に限ることに注意して下さい.(無限個の和,積は定義されていない!)

イデアル I が,$I = (a_1, \ldots, a_n)$ と書けているとき,**I は $a_1, \ldots, a_n$ で生成される**と云います.また,このとき,"I は n 個の元で**生成される**" と云います.有限個の元で生成されるイデアルを**有限生成イデアル**,そうでないものを無限生成と云ったりもします.例えば,例 2.5 の $\mathrm{Ker}\,\phi$ は,$(X_1 - a_1, \ldots, X_n - a_n)$ と n 個の元で生成されます[*24].

定義 2.7 イデアルの演算をいくつか定義する.以下で,$I, J \subseteq A$ は環 A のイデアルとする.

1. まず $I \cap J$ がイデアルであるのはすぐに分かる.同様にイデアルの無限個の交わりもイデアルである.一方,和集合 $I \cup J$ は一般にはイデアルにならない.

2. **イデアルの和** $I + J$ を

    $$(2.7.1) \qquad I + J = \{a + b \mid a \in I, b \in J\}$$

    と定義すると,$I + J$ はイデアルになる.$I = (a_1, \ldots, a_n)$, $J =$

[*23] 右辺は定義 2.2 の条件を式に翻訳したようなものです.
[*24] 1 つの変数に関して命題 1.9 を使い,変数の数による帰納法で証明できます.

$(b_1, \ldots, b_m)$ のとき $I + J = (a_1, \ldots, a_n, b_1, \ldots, b_m)$ となる．

3. 集合 $\{ab \mid a \in I, b \in J\}$ はイデアルになるとは限らない．そこで，**イデアルの積** IJ を次のように定義する．

(2.7.2) IJ は $\{ab \mid a \in I, b \in J\}$ が**生成する**イデアル．

この和と積で，イデアルを数のように扱うといろいろなことがうまくいくというのが，イデアル（理想数）の起源だったようです[*25]．

問題 2.2. $A = \mathbb{Z}$ のとき，$(m) + (n) = (d)$, $(m)(n) = (mn)$, $(m) \cap (n) = (l)$．但し，$d = \text{GCD}(m, n)$, $l = \text{LCM}(m, n)$ であることを示せ．

問題 2.3. 環 A のイデアル I, J に対して，
(1) $I + J$ がイデアルであることを確かめよ．
(2) $I \cup J$ がイデアル $\iff I \subseteq J$ または $J \subseteq I$ を示せ．
(3) A のイデアルの集合 $\{J_\lambda\}_{\lambda \in \Lambda}$ に於てどの 2 つのイデアルにも包含関係があるとき，$J = \bigcup_{\lambda \in \Lambda} J_\lambda$ がイデアルであることを示せ．
(4) A のイデアルの集合 $\{I_\lambda\}_{\lambda \in \Lambda}$ に対し，その共通部分 $\bigcap_{\lambda \in \Lambda} I_\lambda$ も A のイデアルであることを示せ．

さて A のイデアル I をある準同型写像の核として表示しましょう．そのためには A と I から新しい環を作ることが必要です．(K-3) を参照すると，剰余類 $a + I$ を元とする集合 $A/I = \{a + I \mid a \in A\}$ に環の構造を以下のように入れてやればよいことになります．

定義 2.8 (剰余環 A/I の加法と乗法) 剰余類の集合 A/I に次のように加法，乗法を定義してできる環 $B = A/I$ を**イデアル I を法とする剰余環**と云う．
(2.8.1) $\qquad\qquad (a + I) + (b + I) = (a + b) + I$
(2.8.2) $\qquad\qquad (a + I)(b + I) = ab + I$

上の定義に関して大事なことは，この定義が **well defined**，（即ち，剰余類 $a + I$, $b + I$ からどの元を取っても上の演算の結果である剰余類 $(a + b) + I$, $ab + I$ が変らない）ということです．証明[*26]は簡単ですからやってみて下さい．

問題 2.4. A/I の加法，乗法の定義が well defined であることを示せ．

[*25] §9 参照．
[*26] $a' \in a + I, b' \in b + I \implies (a' + b') + I = (a + b) + I$ などを示すこと．

2.2 イデアルと剰余環

今 a に $a+I$ を対応させる A から B への写像を π と書きましょう[*27]. 上の定義の二式ははそれぞれ $\pi(a+b) = \pi(a) + \pi(b)$, $\pi(ab) = \pi(a)\pi(b)$ を意味していますから，π は準同型写像です．

定義 2.9 (標準全射) この準同型写像
$$\pi : A \longrightarrow A/I, \quad \pi(a) = a+I$$
を**標準全射**と云う．

$I = 0 + I$ ですから，I は剰余環 $B = A/I$ の零元 0_B です．言い換えると，$\operatorname{Ker} \pi = I$ となります．これで次の命題の証明が完成したことになります．

命題 2.10 I が A のイデアル $\iff$ ある準同型写像 $f : A \to B$ に対して $I = \operatorname{Ker} f$ となっている．

イデアル I が決められているとき，a の剰余類 $a+I$ を $\bar{a}$ で表すと，簡単で便利です．この記号を使って (2.8.1) と (2.8.2) の二式を書き直すと，

(2.10.1)
$$\overline{a+b} = \bar{a} + \bar{b}, \quad \overline{ab} = \bar{a}\bar{b}$$

となり，第 1 章の $(\bmod N)$ の演算と同じように計算ができます．

第 1 章 §4 で見た群の場合と同様に，環にも同型定理が成立します．やはり，一番基本的なのは次の定理です．

定理 2.11 (準同型写像の分解) 環 A のイデアル I に対して，剰余環 A/I への標準全射を $\pi : A \to A/I$ と置く．準同型写像 $f : A \to B$ に対して（図 2.1 参照），

$f = g \circ \pi$ となる準同型 $g : A/I \to B$ が存在する $\iff \operatorname{Ker} f \supseteq I$

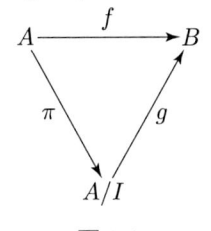

図 2.1

証明 もし $f = g \circ \pi$ ならば，$\operatorname{Ker} f \supseteq \operatorname{Ker} \pi = I$ ですから，$(\Rightarrow)$ は明らか

[*27] $A \ni a$ に対して，$\pi(a) = a+I$.

です．逆に，$\mathrm{Ker}\, f \supseteq I$ のとき，$g : A/I \longrightarrow B$ を $g(\bar{a}) = f(a)$ と定めると $\bar{a} = \bar{b}$ なら，$f(a) = f(b)$ ですから，写像 g は well defined で，$f = g \circ \pi$ となるのは g の定義より明らかです． ∎

これより，次の**同型定理**が出ます．このあたりの議論は群のときと全く同じです．

系 2.12 (同型定理) 環の準同型写像 $f : A \to B$ に対して
$$A/\mathrm{Ker}\, f \cong \mathrm{Im}\, f.$$

定理 2.11 を使って，A/I の形の環からの準同型写像の例をいくつか見てみましょう．

例 2.13 (1) $A = \mathbb{Z}[X]$ と置き，B を任意の環，$f : A \longrightarrow B$ を任意の準同型写像とします．このとき，$n \in \mathbb{Z}$ に対して，$f(n)$ は $f(1) = 1_B$ から決まりますから，f は X の像 $f(X)$ を決めれば決定されます．また，$f(X) = b$ となる元は任意の $b \in B$ を選べます．即ち，

(2.13.1) $\qquad\qquad \mathrm{Hom}(\mathbb{Z}[X], B) \cong B.$

(ここで $\mathrm{Hom}(A, B)$ は $A \to B$ の環の準同型写像の集合を考えています．また，$\cong$ を集合の自然な全単射の意味で使っています．)

(2) 次に，$\mathbb{Z}[X]$ をイデアル (F) で割った環 $A = \mathbb{Z}[X]/(F)$ を考えましょう．$f \in \mathrm{Hom}(A, B)$ に対し，標準全射 $\pi : \mathbb{Z}[X] \to A = \mathbb{Z}[X]/(F)$ との合成写像により，$g = f \circ \pi \in \mathrm{Hom}(\mathbb{Z}[X], B)$ ができます．

逆に，$g \in \mathrm{Hom}(\mathbb{Z}[X], B)$ に対して $f \in \mathrm{Hom}(A, B)$ で $g = f \circ \pi$ となるものが存在する必要十分条件は，定理 2.11 で見たように，$I \supseteq \mathrm{Ker}\, g$ です．今 $I = (F)$ ですから，$g(X) = b$ とすると $g(F) = F(b)$ なので，

$\qquad\qquad I \supseteq \mathrm{Ker}\,(g) \iff g(F) = 0 \iff F(b) = 0$

(2.13.1) と併せてまとめると，

(2.13.2) $\qquad\qquad \mathrm{Hom}(\mathbb{Z}[X]/(F), B) \cong \{b \in B \mid F(b) = 0\}$

となり，この場合には準同型写像と，方程式 $F(X) = 0$ の解が一対一に対応します．例えば，$\mathbb{Z}[X]/(X^2 + 1)$ から $\mathbb{R}$ への準同型写像は存在しませんし，$\mathbb{C}$ への準同型写像 $f : \mathbb{Z}[X]/(X^2 + 1) \to \mathbb{C}$ は，$f(\bar{X}) = \pm i$ となるちょうど二つがあります．この事実は，後の体の拡大の理論で大変重要になっ

2.2 イデアルと剰余環

てきます．また，多項式環の変数が多くても同じことが成立するのは容易に分かるでしょう．

実際に $\mathrm{Ker}\, f$ を求めてみる例をいくつか紹介しましょう．

例 2.14 平方因数を持たない整数 $d \in \mathbb{Z}$ に対して $\mathbb{Z}[\sqrt{d}] = \{a + b\sqrt{d} \mid a, b \in \mathbb{Z}\}$ を考えましょう．例 1.17 のように，準同型写像 $\phi : \mathbb{Z}[X] \longrightarrow \mathbb{Z}[\sqrt{d}]$ を $\phi(X) = \sqrt{d}$ で定義しましょう．このとき，ϕ の定義より，$X^2 - d \in \mathrm{Ker}\, \phi$ です．

$\mathrm{Ker}\, \phi = (X^2 - d)$ であることを示しましょう．$f \in \mathbb{Z}[X]$ に対して，多項式の割り算で，

(2.14.1) $\qquad f = (X^2 - d)g + aX + b \quad (g \in \mathbb{Z}[X],\, a, b \in \mathbb{Z})$

と書けます．$f \in \mathrm{Ker}\, \phi$ と仮定すると，(2.14.1) の両辺に $X = \sqrt{d}$ を代入すると，$a\sqrt{d} + b = 0$ となり，$\sqrt{d} \notin \mathbb{Q}$ ですから，$a = b = 0$ となり，$(X^2 - d) \mid f$ です．これより $\mathrm{Ker}\, \phi = (X^2 - d)$ が示せました．系 2.12 より次の同型も示せます．

(2.14.2) $\qquad \mathbb{Z}[X]/(X^2 - d) \cong \mathbb{Z}[\sqrt{d}]$.

単項イデアルは一つの方程式を考えるようで，分かりやすいのですが，単項でないイデアルの例もいくつか紹介しましょう．

例 2.15 $B = \mathbb{Z}[\sqrt{-6}]$ と置き，B のイデアル $I = (7 + \sqrt{-6}, 10)$ を考え，このイデアルが単項イデアルでないことを示します．

$I = (a + b\sqrt{-6})$ と仮定すると，$N(x) = |x|^2 \in \mathbb{Z}$ について $N(a + b\sqrt{-6}) = a^2 + 6b^2$ が $N(7 + \sqrt{-6}) = 55, N(10) = 100$ の約数のはずです．しかし $N(x)$ が 55 と 100 の公約数となる $x \in \mathbb{Z}[\sqrt{-6}]$ は ± 1 だけですから，I が単項イデアルなら $I = (1)$ です．しかし，任意の $x \in I$ に対して $N(x)$ は 5 の倍数なので $1 \notin I$ です．

さて，$f : \mathbb{Z} \longrightarrow B/I$ を，埋め込み写像 $\mathbb{Z} \hookrightarrow B$ と標準全射 $B \to B/I$ の合成写像とします．$\mathrm{Ker}\, f$ を求めましょう．まず，B に於て

$$5 = (7 - \sqrt{-6})(7 + \sqrt{-6}) - 5 \cdot 10 \in I$$

ですから，$5 \in \mathrm{Ker}\, f$ です．$\mathbb{Z}$ で 5 の真の約数は 1 だけで，$\mathrm{Ker}\, f \supset (5)$ ですから，$\mathrm{Ker}\, f = (5)$ または (1) です．しかし，B で $1 \notin I$ ですから，$\mathrm{Ker}\, f = (5)$

です．f が全射であるのはすぐ分かるので，これより $\mathbb{Z}/(5) \cong B/I$ が分かりました．

例 2.16 今度はちょっと"幾何的"な例を考えましょう．体 k 上の 3 変数多項式環 $A = k[X,Y,Z]$ を考えましょう．B が k を含む環のとき，準同型写像 $f : A \longrightarrow B$ は，$a \in k$ に対して $f(a) = a$ と定めるとき[*28]，f は $f(X), f(Y), f(Z)$ を与えれば $f(F(X,Y,Z)) = F(f(X), f(Y), f(Z))$ となり，決定されます．

A から $k[T]$ への 2 つの準同型写像 f, g を
$$f(X) = T^3, \quad f(Y) = T^4, \quad f(Z) = T^5$$
$$g(X) = T^4, \quad g(Y) = T^5, \quad g(Z) = T^6$$
で定義しましょう．まず $I = \mathrm{Ker}\, f$ を求めてみましょう．
$Y^2 - XZ,\ Z^2 - X^2Y,\ YZ - X^3 \in I$ はすぐ分かりますが，I がこの 3 個の式で生成されることを示しましょう．
一旦，$J = (Y^2 - XZ, Z^2 - X^2Y, YZ - X^3)$ と置いて $I = J$ を示します．
$$Y^2 \equiv XZ,\ Z^2 \equiv X^2Y,\ YZ \equiv X^3 \pmod{J}$$
ですから，$F \in A$ に対し，
$$F \equiv F_0(X) + F_1(X) \cdot Y + F_2(X) \cdot Z \pmod{J}$$
となる X だけの多項式 $F_0(X), F_1(X), F_2(X)$ が存在します．$F \in \mathrm{Ker}\, f$ のとき，f で写した像を取ると，
$$0 = f(F) = f(F_0(X) + F_1(X) \cdot Y + F_2(X) \cdot Z)$$
$$= F_0(T^3) + F_1(T^3) \cdot T^4 + F_2(T^3) \cdot T^5$$
となりますが，$F_0(T^3), F_1(T^3) \cdot T^4, F_2(T^3) \cdot T^5$ に現れる T の巾は 3 を法として $0, 1, 2$ と異なっているので，$f(F) = 0$ ならば $F_0 = F_1 = F_2 = 0$，即ち，$F \equiv 0 \pmod{J}$ が得られます．これで
$$\mathrm{Ker}\, f = (Y^2 - XZ, Z^2 - X^2Y, YZ - X^3)$$
が示せました．同様の方法で，$\mathrm{Ker}(g) = (Y^2 - XZ, Z^2 - X^2Y)$ も示せますが，こちらは読者にお任せしましょう．

[*28] このような準同型写像を，k 準同型写像と云います．

2.2 イデアルと剰余環

問題 2.2

1. (1) 環 A の 3 つのイデアル I, J, K に対して $(I+J) \cap K$ と $(I \cap K) + (J \cap K)$ は一般にどちらが大きいか？
   (2) A が PID のとき，どんな I, J, K についても $(I+J) \cap K = (I \cap K) + (J \cap K)$ が成立することを示せ．
   (3) (2) は $A = \mathbb{Z}[X]$，体 k 上の 2 変数多項式環 $k[X, Y]$ では不成立であることを例を挙げて示せ．
2. 体 k 上の 2×2 行列全体のなす環 $M_2(k)$ の部分環 A を
$$A = \left\{ \begin{pmatrix} a & b \\ 0 & a \end{pmatrix} \mid a, b \in k \right\}$$
と置くとき，
   (1) $A \cong k[X]/(X^2)$ を示せ．
   (2) A のイデアルをすべて決定せよ．
3. k が体，$A = k[[X]]$ のとき，A のイデアルは，(X^n) $(n \geq 0)$ と (0) のみであることを示せ．
4. $A = \mathbb{Z}[X], k[X, Y]$ (k は体) に於て，任意の $n > 0$ に対して，生成元を n 個以上必要なイデアルの例を作れ．
5. $A = \mathbb{Z}[X] \supset I = (X^2 + 2, X^4 + 4)$ と置く．このとき，剰余環 A/I は何個の元を持つか？また，A/I の単元，巾零元の個数を求めよ．
6. (1) 環 A の零因子の集合は一般にはイデアルにはならないことを例を挙げて示せ．また A の巾零元の集合はイデアルになることを示せ．
   (2) (1) の後半は A が可換環でないときは成立しないことを 2×2 行列を例に挙げて示せ（x, y が巾零で $x + y$ が可逆な例を作れ）．
7. $A = \mathbb{Z}[\sqrt{-5}]$ に於て $I = (2, 1 + \sqrt{-5})$ は単項イデアルではないことを示せ．また，$I^2 = I.I$（定義 2.7 参照）は単項イデアルであることを示せ．
8. (1) $A = \mathbb{Z}[X]$ に於て $I = (X^2 + 1, X^4 - X)$ とすると，$A/I \cong \mathbb{F}_2$ であることを示せ．
   (2) $A = \mathbb{Z}[\sqrt{5}]$ に於て $I = (1 + \sqrt{5})$ と置くと，$A/I \cong \mathbb{Z}/(4)$ であることを示せ．
   (3) d が平方因子を持たない整数のとき，$A = \mathbb{Z}[\sqrt{d}]$ に於て $I = (m + \sqrt{d})$ ($m \in \mathbb{Z}$) と置くと，$A/I \cong \mathbb{Z}/(N)$ となる $N \in \mathbb{Z}$ が存在することを示せ．N を d と m で表せ．
9. 環の準同型写像 $\mathbb{Z}[X, Y]/(X^2 + Y^2 - 1) \longrightarrow \mathbb{F}_p = \mathbb{Z}/(p)$ は何種類存在するか？ $p = 5, 7$ として答えよ．また，環の準同型写像

$\mathbb{Z}[X,Y,Z]/(X^2+Y^2-Z^2) \longrightarrow \mathbb{Z}$ はどんな形か？

2.3 ユークリッド整域と PID

整数環 $\mathbb{Z}$ が PID（単項イデアル環）であることを例 2.4 で見ました．この節ではその根拠となった事情をもう少し詳しく見ることにしましょう．例 2.4 の証明を見ると，$\mathbb{Z}$ のイデアル I の生成元 d は I に含まれる最小の正整数です．つまり，I の任意の元は d の倍数です．d 自身も I の元なので，これは d が I に含まれるすべての元の最大公約数であることを意味します．特に

$$I = (a_1, \ldots, a_k) = (d)$$

とすると，d は $a_1, \ldots, a_k$ の最大公約数です．$a, b \in \mathbb{Z}$ の最大公約数を表す記号は一般に (a,b) と a,b の生成するイデアルの記号と同じものを使うのは上の事実に基づいているのです．この最大公約数を計算する有効な方法を以下に説明しましょう．

3.1 $\mathbb{Z}$ では b が a で整除できるかどうかは割り算をして剰余が 0 かそうでないかによります．商を q，剰余を r とすると，この関係は

(3.1.1) $\qquad a = qb + r \quad (0 \leq r < |b|)$

という等式で表現できます．

これは当り前の等式ですが，整数論では種々の計算実行でこれほど重要な等式はないのです．

3.2 例えば 2 個の整数 a, b の最大公約数を求めるには次のように計算します．

(3.2.1)
$$\begin{array}{rcll} a &=& q_0 b + r_1 & (0 \leq r_1 < |b|) \\ b &=& q_1 r_1 + r_2 & (0 \leq r_2 < r_1) \\ r_1 &=& q_2 r_2 + r_3 & (0 \leq r_3 < r_2) \\ r_2 &=& q_3 r_3 + r_4 & (0 \leq r_4 < r_3) \end{array}$$

つまり，次々と除数を剰余で割っていくのです（だから互除法と云う）．そうすると

(3.2.2) $\qquad |b| > r_1 > r_2 > \cdots > r_{k-1} > r_k > \cdots \geq 0$

2.3 ユークリッド整域と PID

という剰余の正整数列 $r_1, r_2, \ldots$ が得られますが，これらはどんどん小さくなるのですから，何回目かの剰余 r_{k+1} が 0 になります．つまり，ある k で

$$r_{k-2} = q_{k-1}r_{k-1} + r_k \quad (0 \leq r_k < r_{k-1})$$
$$r_{k-1} = q_k r_k \quad (r_{k+1} = 0)$$

となります．

これらの式を下から上に見ていくと，r_k は r_{k-1} の約数，従って，その上の式より，

$$r_{k-2} = (q_{k-1}q_k + 1)r_k$$

ですから，r_k が r_{k-2} の約数であることが分かります．同様にその上から，

$$r_{k-3} = (q_{k-2}(q_{k-1}q_k + 1) + q_k)r_k$$

を得ます．このようにして結局 r_k が a, b の公約数であることが判明します．逆に上から下へ見ていくと，

$$r_1 = a - q_0 b$$
$$r_2 = b - q_1 r_1 = -q_1 a + (1 + q_0 q_1)b$$
$$\cdots\cdots\cdots\cdots\cdots\cdots\cdots\cdots\cdots\cdots\cdots\cdots\cdots\cdots$$

より，a, b の最大公約数 d が，出てくる剰余

$$r_1, r_2, \ldots$$

を，特に r_k を割り切ることが分かるので，実は $d = r_k$ であることが判明します．

最大公約数を求めるこの方法のことを**ユークリッドの互除法**と云います．また，

(3.2.3) $\quad \begin{aligned} r_1 &= a - q_0 b \\ r_2 &= b - q_1 r_0 = b - q_1(a - q_0 b) = -q_1 a + (1 + q_0 q_1)b \\ &\cdots\cdots\cdots\cdots\cdots\cdots\cdots\cdots\cdots\cdots\cdots\cdots\cdots\cdots \end{aligned}$

のように，上の式から下へどんどん剰余を消去して a, b で表していくと，ついには最大公約数 $d = r_k$ が a, b の 1 次式で表されます．

$$d = ax + by \quad (\exists x, \exists y \in \mathbb{Z}).$$

例として $a = 118559, b = 16555$ でやってみると次のようになります．
$$a = 118559 = 7 \cdot 16555 + 2674 = 7b + 2674,$$
$$b = 16555 = 6 \cdot 2674 + 511$$
$$2674 = 5 \cdot 511 + 119, 511 = 4 \cdot 119 + 35,$$
$$119 = 3 \cdot 35 + 14$$
$$35 = 2 \cdot 14 + 7,$$
$$14 = 2 \cdot 7 + 0.$$

従って，$d = 7$ が分かります．これを因数分解で求めるのはかなり面倒でしょう．また，上から順に
$$2674 = a - 7b$$
$$511 = b - 6(a - 7b) = -6a + 43b$$
$$119 = 31a - 222b$$
$$35 = -130a + 931b$$
$$14 = 421a - 3015b,$$
$$7 = -972a + 6961b$$

を得ます．これを次の定理にまとめましょう．

定理 3.3 (ユークリッドの互除法) 2 個の整数 a, b の最大公約数 d は
$$d = ax + by \quad (\exists x, \exists y \in \mathbb{Z})$$
と表される．また整数 x, y は a, b にユークリッドの互除法を適用して求めることができる．

系 3.4 (1 次不定方程式) 1 次不定方程式 $ax + by = c$ に整数解があるのは c が $d = (a, b)$ の倍数であるときに限られる．

証明 $I = (a, b) = \{ax + by \mid x, y \in \mathbb{Z}\} = (d)$ から明らかです． ∎

問題 3.1. 次の 2 つの数の最大公約数をユークリッドの互除法で求めよ．
(a) 1187319, 438987　　(b) 4152983, 298936　　(c) 71247614, 116138536

最大公約数について，
$$((a, b), c) = (a, (b, c)) = (a, b, c)$$
はよく知られたことです．もっと一般に
$$(a_1, \ldots, a_n) = ((a_1, a_2), a_3, \ldots, a_n) = \cdots = ((a_1, \ldots, a_{n-1}), a_n)$$

2.3 ユークリッド整域と PID

が帰納的に分かります．従って，実際の計算で，例えば 3 個の整数 a, b, c の最大公約数を求めるには，ユークリッドの互除法を，まず a, b に適用し，得られた最大公約数 d と c について互除法を用いて，$(a,b,c) = (d,c)$ が得られます．何個あっても同様です．

(3.1.1), (3.2.1) のようなものが成り立つための基本的なことが何かを考えて次の定義に到達します．

定義 3.5 ユークリッド整域 A とは任意の元 $a \in A$ に対して，$N(a) \in \mathbb{Z}$ を次の 2 条件を満たすように対応させることができるものを云う．

(E1) $N(a) \geq 0$ かつ $N(a) = 0 \iff a = 0$, $a|b$ のとき $N(a) \leq N(b)$．
(E2) すべての $a, b \in A$, $(b \neq 0)$ に対し，
$$a = qb + r \quad (N(r) < N(b))$$
を満たす $q, r \in A$ が存在する．

$\mathbb{Z}$ の場合には $N(a) = |a|$ とすればよかったわけです．ユークリッド整域 A では互除法の計算ができますから，$\mathbb{Z}$ のときと同様に，

$$a = q_0 b + r_1 \quad (N(r_1) < N(b))$$
$$b = q_1 r_1 + r_2 \quad (N(r_2) < N(r_1))$$
$$r_1 = q_2 r_2 + r_3 \quad (N(r_3) < N(r_2))$$
$$r_2 = q_3 r_3 + r_4 \quad (N(r_4) < N(r_3))$$

のような計算ができます．上の計算中に出てくる $r_1, r_2, \ldots, r_k$ が 0 でなくても，(3.2.2) と同様に

(3.6) $\quad N(b) > N(r_1) > N(r_2) > \cdots > N(r_{k-1}) > N(r_k) > \cdots \geq 0$

という減少整数列を得ますから，ある k で $N(r_k) = 0$（ゆえに (E1) より $r_k = 0$）となります．このようにして，a と b の最大公約元 $d = r_k$ を得ることができるのです[*29]

$\mathbb{Z}$ のときと同様にユークリッド整域も PID であることが分かります．

定理 3.7 ユークリッド整域は PID である．

[*29] a と b の最大公約元 d とは，$d|a, d|b$ を満たし，他の $d' \in A$ が $d'|a, d'|b$ を満たせば $d'|d$ となる $d \in A$ のことです．

証明 イデアル $I \neq 0$ の元 d が最小の $N(d) > 0$ を持つものとします．このとき，I の任意の元 a に対して，
$$a = qd + r \quad (N(r) < N(d))$$
ですが，$r = a - qd$ の右辺の各項は I の元ですから，r も I の元です．しかし，$N(d)$ の最小性から $N(r) = 0$，即ち，$r = 0$ でなくてはならないので，$a = qd$ となります．従って，$I = (d)$ が分かります．■

どのようなユークリッド整域の例があるかを見ましょう．

定理 3.8 体 F 上の多項式環 $F[x]$ はユークリッド整域である．従って PID である．

証明 $F[x]$ の各元 $f(x) \neq 0$ に対して $N(f(x)) = \deg f(x) + 1$ と置けば，$f(x)$ による割り算は[*30]，ユークリッド整域の公理 (E1), (E2) を満たします．■

問題 3.2. (1) $f := X^5 + X^4 + X^3 + X^2 + X + 1$ と $g := X^4 - X^3 - X + 1$ の最大公約数を
(a) $f, g \in \mathbb{Q}[X]$ と思って， (b) $f, g \in \mathbb{F}_2[X]$ と思って求めよ．
(2) $f := X^3 + 2X^2 - X + 1$ と $g := X^2 + X - 3$ の最大公約数を
(a) $f, g \in \mathbb{C}[X]$ と思って，(b) $f, g \in \mathbb{F}_3[X]$ と思って求めよ．

例 3.9 例 1.19 で定義した 2 次の整数の環を見てみましょう．

(1) $A = \mathbb{Z}[\sqrt{d}]$，$d = -1, -2$ のとき，A は $\alpha \in A$ に対して $N(\alpha) = |\alpha|^2 = \alpha\bar{\alpha}$ と置いてユークリッド整域です．

実際，$\alpha, \beta \in A$ に対して，$\alpha/\beta = a + b\sqrt{d}$ $(a, b \in \mathbb{Q})$ と置きます．このとき，有理数 a, b に対して，整数 x, y を
$$|a - x| \leq 1/2, \ |b - y| \leq 1/2$$
を満たすように取れます．従って，$2 \geq -d > 0$ に注意すれば，
$$0 < N((a-x) + (b-y)\sqrt{d}) = (a-x)^2 - d(b-y)^2 \leq \frac{1}{4}(1-d) \leq \frac{3}{4} < 1$$
だから，$\eta = x + y\sqrt{d}, \gamma = \alpha - \eta\beta \in A$ と置くと，
$$\alpha/\beta = \eta + \{a + b\sqrt{d} - \eta\} = \eta + \{\alpha/\beta - \eta\}$$
$$N(\gamma) = N(\beta)N((a-x) + (b-y)\sqrt{d}) < N(\beta)$$

[*30] F の 0 以外の元はすべて単元ですから，(1.7.1) の割り算ができます．

2.3 ユークリッド整域と PID

ですから，
$$\alpha = \eta\beta + \gamma \quad (N(\gamma) < N(\beta))$$
となって確かにユークリッド整域の定義を満たします．

(2) 例 1.17 で定義した $A = \mathbb{Z}[\xi]$
$$\xi = \begin{cases} \sqrt{d} & (d \equiv 2 \text{ または } 3 \pmod 4) \\ \frac{-1+\sqrt{d}}{2} & (\text{それ以外の場合}) \end{cases}$$
を見てみましょう[*31]．このとき，$a + b\xi$ $(a, b \in \mathbb{Q})$ に対して，
$$N(a + b\xi) = |(a + b\xi)(a + b\xi')|$$
と置きます[*32]．但し，
$$\xi' = \begin{cases} \sqrt{d} & (-d \equiv 2 \text{ または } 3 \pmod 4) \\ \frac{-1-\sqrt{d}}{2} & (\text{それ以外の場合}) \end{cases}.$$
このとき，この関数 N によって $d = -1, -2, -3, -7, -11, 2, 3, 5, 6, 7, 11, 13,$ $17, 19, 21, 29, 33, 37, 41, 57, 73$ に対応する A はユークリッド整域であることが分かっています．

例 3.10 $A = \mathbb{Z}[i]$ はユークリッド整域なので，最大公約数がユークリッド互除法で計算できます．実際，$\alpha = 11 - 10i, \beta = 5 - i \in A$ の最大公約数 (α, β) を計算してみましょう．
$$\alpha = (2 - i)\beta + (2 - 3i) \quad (N(2 - 3i) = 13 < 26 = N(\beta))$$
$$\beta = (1 - i)(2 - 3i)$$
これで $(\alpha, \beta) = 2 - 3i$ が計算できました．

問題 2.3

1. (1) 次の 2 つの数の最大公約数をユークリッドの互除法で求めよ．
   (a) 1187319, 438987　(b) 4152983, 298936　(c) 71247614, 116138536.
   (2) $f := X^5 + X^4 + X^3 + X^2 + X + 1$ と $g := X^4 - X^3 - X + 1$ の最大公約数を (a) $f, g \in \mathbb{Q}[X]$ と思って，(b) $f, g \in \mathbb{F}_2[X]$ と思って求めよ．
   (3) $f := X^3 + 2X^2 - X + 1$ と $g := X^2 + X - 3$ の最大公約数を (a) $f, g \in \mathbb{C}[X]$ と思って，(b) $f, g \in \mathbb{F}_3[X]$ と思って求めよ．

[*31] A は $\mathbb{Q}(\sqrt{d})$ の整数環であることを例 7.16 で見ます．
[*32] $N((a+b\xi)(a'+b'\xi)) = N(a+b\xi)N(a'+b'\xi)$ という積の公式が成立します．

2. $A = \mathbb{Z}[i]$ に於て次のイデアルの生成元を求めよ（A は PID より単項イデアル）．
   (1) $(3 + 4i, 4 + 2i)$ (2) $(3 + 5i, 9 - 2i)$ (3) $(4, 3 + 3i)$.
3. $m \in \mathbb{Z}$ は平方因子を持たない整数として，
$$A = \mathbb{Z}[\sqrt{m}] = \{a + b\sqrt{m} | a, b \in \mathbb{Z}\}$$
と置く．このとき，
   (1) $a + b\sqrt{m} \neq 0$ のとき，$c + d\sqrt{m} \in A$ に対して
$$\frac{c + d\sqrt{m}}{a + b\sqrt{m}} = k + l\sqrt{m} + p + q\sqrt{m}, \text{ ここで } k, l \in \mathbb{Z},\ p, q \in \mathbb{Q}, 0 \leq p, q \leq \frac{1}{2}$$
とできることを示せ．
   (2) $m = 2, 3$ のとき，$N(a + b\sqrt{m}) = |a^2 - mb^2|$ と定義する．この N を用いて A がユークリッド整域であることを示せ．
4. $\omega = \dfrac{-1 + \sqrt{-3}}{2}$ (1 の 3 乗根), $\alpha = \dfrac{-1 + \sqrt{-7}}{2}, \beta = \dfrac{-1 + \sqrt{-11}}{2}$ と置く．このとき，$\mathbb{Z}[\omega], \mathbb{Z}[\alpha], \mathbb{Z}[\beta]$ はどれも $N(x) = |x|^2$ を用いてユークリッド整域になることを示せ．
5. A が $N : A \to \mathbb{Z}$ によってユークリッド整域であるとき，
   (1) すべての $u \in U(A)$ に対し $N(u)$ は同じ値で，$\forall a \in A, \neq 0, N(u) \leq N(a)$ を示せ．
   (2) $a \in A$ を 0 と $U(A)$ の元以外で $N(a)$ が最小になるものとする．このとき，任意の $b \in A$ に対して，$b = xa + y,\ x, y \in A,\ y \in \{0\} \cup U(A)$ とできることを示せ．
6. (1) [デデキント–ハッセ] A は $\mathbb{C}$ の部分環，$N(a) = |a|^2\ (a \in A)$ と置く．$N(a) \in \mathbb{Z}\ (\forall a \in A)$ で，どんな $a, b \in A,\ N(a) \leq N(b)$ に対しても，$a | b$ か，又は $0 < N(ua - vb) < N(a)$ となる $u, v \in A$ が存在するとする．このとき，A は PID であることを示せ．
   (2)* 上の 5 と (1) を使って，$A = \mathbb{Z}[\delta], \delta = \dfrac{1 + \sqrt{-19}}{2}$ は PID だが，ユークリッド整域ではないことを示せ．
7. 素数 $p \in \mathbb{Z}$ に対して，
$$\mathbb{Z}_{(p)} = \{r \in \mathbb{Q} \mid \exists n,\ (n, p) = 1, nr \in \mathbb{Z}\}$$
と定義するとき（剰余環 $\mathbb{Z}/(p)$ と紛らわしいので注意！），
   (1) $\mathbb{Z}_{(p)}$ は PID であることを示せ．
   (2) $\mathbb{Z}_{(p)}$ のイデアルは (0) か $(p^n)\ (n \geq 0)$ の形であることを示せ．

2.4 素イデアル, 極大イデアル

環の理論でイデアルという概念が大事であることを §2 で述べましたが, イデアルの中で最も基本的なのが素イデアルです. これは, 普通の整数が素因数分解を持ち, どんな整数も素数の積に分解されることに対応しています[*33].

定義 4.1 環 A のイデアル $P \subsetneq A$ について[*34],

(1) P が素イデアル $\iff$ 剰余環 A/P が整域.
(2) P が極大イデアル $\iff$ A/P が体.

上の定義は大変簡潔でよいのですが, 多少分かりにくいかもしれません. ちょっと言い換えてみましょう.

命題 4.2 A のイデアル $P \subsetneq A$ について

1. P が A の素イデアルとなるのは, 次の条件と同値である.
$$a, b \in A, \ ab \in P \implies a \ \text{または} \ b \in P.$$
2. P が A の極大イデアルであるのは, P が A の真のイデアルの集合で極大, 即ち, $P \subsetneq I$ となるイデアルは $I = A$ のみであることと同値である.

証明 (1) P が素イデアルだとします. $ab \in P$ とすると, 剰余環 A/P では $\bar{a}\bar{b} = \bar{0}$ です. A/P は整域ですから, このとき $\bar{a}$ または $\bar{b} = 0$. 即ち, $a \in P$ または $b \in P$ が云えます. 逆は明らかでしょう.

(2) の証明は A/P が体 $\iff$ A/P のイデアルは (0) と (1) のみであることと, 次の命題より得られます. ∎

A のイデアルと A/I のイデアルの関係を調べましょう.

[*33] ただ, 一般の環では, すべてのイデアルが素イデアルの積に分解するというよりもう少し複雑になっています. 定理 9.6 参照.
[*34] A 自身は素イデアルでも極大イデアルでもありません.（そう決めた方がいろいろ便利なのです.）

命題 4.3 剰余環 A/I のイデアルの集合と A の I を含むイデアルの集合は一対一に対応する．$\pi: A \longrightarrow A/I$ を標準全射とするとき，A/I のイデアル $\bar{J}$ に対して，$\pi^{-1}(\bar{J})$ は I を含む A のイデアルであり，逆に J が I を含む A のイデアルのとき，$\bar{J} := J/I = \{a+I | a \in J\} \subseteq A/I$ と置けば，$\bar{J}$ は A/I のイデアルで $\pi^{-1}(\bar{J}) = J$ である．

命題 4.3 の証明は上に与えた対応を二回繰り返すと元に戻ることだけ示せばよいので，読者にお任せします．

問題 4.1. 環 $A = \mathbb{Z}/(24), B = \mathbb{Z}/(30)$ は何個のイデアルを持つか．

帰納的順序集合に対する**ツォルンの補題**[*35]を使うと，どんなイデアルも極大イデアルに含まれることが示せます．

命題 4.4 環 A のイデアル $I \subsetneq A$ に対して，I を含む極大イデアルが存在する

証明 イデアルの集合 $\mathcal{I} = \{J \subsetneq A \mid I \subseteq J\}$ で集合の包含関係を順序と考えたとき，帰納的順序集合になることが示せればツォルンの補題により極大元が存在します．$\mathcal{I}$ の全順序部分集合とは，互いに包含関係を持つ I を含むイデアルの集合 $\{J_\lambda\}_{\lambda \in \Lambda}$ のことになります．このとき，$J = \bigcup_{\lambda \in \Lambda} J_\lambda$ はイデアルです．また，$J \subsetneq A$ は $1 \notin J$ と同値ですから，$J \subsetneq A$ で[*36]，J は $\{J_\lambda\}_{\lambda \in \Lambda}$ の上界です．ゆえに $\mathcal{I}$ が帰納的順序集合になり，極大元，即ち I を含む極大イデアルの存在が云えました．■

この命題の応用例を挙げてみましょう．

系 4.5 (1) $u \in A$ が A の単元 $\iff u$ は A のどの極大イデアルにも含まれない．

(2) A のイデアル I, J に対して $a + b = 1$ となる $a \in I, b \in J$ が存在する $\iff I, J$ を共に含む極大イデアルは存在しない．

[*35] 「帰納的順序集合は極大元を持つ」というのがツォルンの補題です．順序集合 Γ は，任意の全順序部分集合 Δ が Γ の中に上界（Δ のどの元よりも大きい元）を持つとき「帰納的順序集合」と呼ばれます．ツォルンの補題は選択公理と同値であることが知られています．

[*36] A に単位元 1 が存在することがここで必要になります．単位元を持たない環で極大イデアルを持たないものが存在します．

2.4 素イデアル,極大イデアル

証明 (1) は u が単元 $\iff (u) = (1)$ から明らかです.(2) は $1 \in I + J \iff I + J = A$ と[*37],極大イデアル M に対して $M \supseteq I, J \iff M \supseteq I + J$ から得られます. ∎

いくつかの環の素イデアル,極大イデアルを見てみましょう.

命題 4.6 A が PID のとき,単元でない $a \in A, a \neq 0$ に対して次の条件は同値.
 (1) a は既約 ($a = bc$ ($b, c \in A$) なら b または c が単元).
 (2) イデアル (a) は素イデアル.
 (3) イデアル (a) は極大イデアル.

証明 (1)⇒(3) $(a) \subseteq (b)$ とすると $a = bc$ となります.b, c のどちらかが単元でなので,$(a) = (b)$ または $(b) = (1)$ となり,(a) は極大イデアルです.(3)⇒(2) は明らかですから (2)⇒(1) を示します.(a) が素イデアルで $a = bc$ とすると,b, c のどちらかが (a) の元です.$b \in (a), b = ax$ とすると $a = axc$ となり,両辺を a で割ると $1 = xc$ で c は単元です.これで「a が既約」が示せました. ∎

例 4.7 体 k 上の多項式環 $k[X]$ が PID であることは §3 で見ました.$k = \mathbb{C}$ のとき,「代数学の基本定理」で $\mathbb{C}[X]$ の既約多項式は 1 次式です.$a \in \mathbb{C}$ とイデアル $(X - a)$ を対応させると,$\mathbb{C}[X]$ の極大イデアルの集合と $\mathbb{C}$ が一対一に対応します.命題 1.9 により,$(X - a) = \{f(X) \in \mathbb{C}[X] \mid f(a) = 0\}$ とも書けます[*38].

$k = \mathbb{R}$ のときは,$\mathbb{R}[X]$ の既約多項式は 1 次式か虚根を持つ 2 次式です.既約 2 次式は $(X - \alpha)(X - \bar{\alpha})$ の形ですから,2 つの複素数 α と $\bar{\alpha}$ が重なったものと思えます.こう思うと,$\mathbb{R}[X]$ の極大イデアルの集合は複素平面を実軸を対称に折重ねたような集合[*39]と一対一に対応します.

[*37] $I + J$ の定義は (2.7.1) 参照.
[*38] $\mathbb{C}$ 上の n 変数の多項式環 $\mathbb{C}[X_1, \ldots, X_n]$ の極大イデアルも $(X_1 - a_1, \ldots, X_n - a_n)$ の形のものに限ることが分かっています.この事実はヒルベルトの弱零点定理とよばれ,代数幾何学の基本的な定理の一つになっています.
[*39] $\mathbb{C}$ の共役写像による軌道の集合.

例 4.8 もっと一般に，k を任意の $\mathbb{C}$ の部分体，$f \in k[X]$ を既約な多項式としましょう．命題 4.6 により (f) は極大イデアルですから，$k[X]/(f)$ は体です．f の根 $\alpha \in \mathbb{C}$ を取り，
$$\phi : k[X] \longrightarrow \mathbb{C}, \quad \phi(f) = f(\alpha)$$
と定義すると，明らかに $(f) \subseteq \mathrm{Ker}(\phi)$ ですから，命題 2.10 で見たように，準同型写像 $\bar{\phi} : k[X]/(f) \longrightarrow \mathbb{C}$ が自然に ϕ から定義されます．この写像の像 $\mathrm{Im}(\phi) = \mathrm{Im}(\bar{\phi})$ は $k[\alpha]$ ですが[*40]，$\bar{\phi}$ により $k[X]/(f) \cong k[\alpha]$ ですから，$k[\alpha]$ は体です．

今の議論で，α は f のどの根を取っても同じであることに注意しましょう．つまり，α, β を任意の f の二つの根とするとき，$k[\alpha] \cong k[\beta]$ が $k[X]/(f)$ を間に挟むことで示せるのです．

例えば，$k = \mathbb{Q}, f = X^4 - 2$ としてみましょう．$\alpha = \sqrt[4]{2}, \beta = \sqrt[4]{2}i$ と置くと，$\alpha \in \mathbb{R}, \beta \notin \mathbb{R}$ ですから $\mathbb{Q}[\alpha]$ と $\mathbb{Q}[\beta]$ は異なる体ですが，この二つの体は同型なのです．このことが後で登場するガロワ理論の基礎になっています．

問題 4.2. $\mathbb{Q}[\sqrt[3]{2} + \sqrt[3]{2}] \cong \mathbb{Q}[\sqrt[3]{2}\omega + \sqrt[3]{4}\omega^2]$ を示せ．但し，ω は 1 の虚数 3 乗根とする．

次に，素イデアルの性質の応用として，巾零元を調べてみましょう．

定義 4.9 $x \in A$ のある巾（べき）が 0 $(x^n = 0(\exists n > 0))$ のとき，x を**巾零元**と呼ぶ．A の巾零元の集合を $\mathfrak{N}(A)$ と書き，**巾零核**[*41]と云う．$x, y \in \mathfrak{N}(A), a \in A \Longrightarrow x + y, ax \in \mathfrak{N}(A)$ は容易に分かるので[*42]，$\mathfrak{N}(A)$ は A のイデアルである．

巾零元の性質を少し挙げてみましょう．

命題 4.10 (1) A のすべての素イデアル P に対して，$\mathfrak{N}(A) \subseteq P$．

(2) $u \in U(A), x \in \mathfrak{N}(A) \Longrightarrow u + x \in U(A)$．

証明 (1) $x^n = 0$ とすると，$x^n = x.x^{n-1} \in P$ で P が素イデアルだから

[*40] $k[\alpha]$ の定義は命題 1.16 参照．
[*41] 英語では nilradical，今までの教科書では巾零根基と呼ばれています．
[*42] 問題 2.2-6 参照．イデアルであることは，以下の議論からも出てきます．

2.4 素イデアル, 極大イデアル

$x^{n-1} \in P$, この操作を繰り返すと $x \in P$ が得られます.

次に (2) を二通りのやりかたで証明してみましょう. 最初は「構成的」証明です. $u + x = u(1 - u^{-1}(-x))$ で $u^{-1}(-x)$ も巾零ですから, $1 - x \in U(A)$ を示せば十分です. $x^n = 0$ とすると, $1 = 1 - x^n = (1-x)(1 + x + x^2 + \cdots x^{n-1})$ と分解できますから, $1 - x \in U(A)$ が云えました.

次に「存在保証的」証明を紹介しましょう. $u \in U(A)$ ですから, すべての極大イデアル M に対して $u \notin M$ です. 一方 (1) により, どんな極大イデアルに対しても $x \in M$ ですから, $u + x \notin M$ が示せて, 系 4.5 から $u + x \in U(A)$ が示せました. ∎

上の二つの証明を較べてみると, この場合は具体的に逆元が書けますから最初の証明の方がよいようです. でも, もっと複雑な議論になると, 具体的な計算が非常に面倒だったり, 具体的な計算は全くやりようがないという場合も沢山出てきます. そういうときには後の証明が威力を発揮します. また, 単元, 巾零元という概念を理解しやすいのは後の証明だとも云えるでしょう.

実は命題 4.10 の (1) の逆も成立します.

定理 4.11 $\mathfrak{N}(A)$ は A のすべての素イデアルの共通部分に等しい.

証明 命題 4.10 より, $x \in A$ が巾零でないとき $x \notin P$ となる素イデアル P が存在することを示せばよいわけです. $S = \{x^n | n \geq 0\}$ と置きます. 素イデアル P が $P \cap S = \phi$ を満たせば $x \notin P$ ですから目標の命題が示せます. 今 $0 \notin S$ ですから, 証明は次の補題に帰着します. ∎

補題 4.12 A の部分集合 S が 2 つの条件

$$(1)\ 0 \notin S, \quad (2)\ s, s' \in S \implies ss' \in S$$

を満たすとき, $S \cap P = \phi$ である素イデアル P が存在する.

この補題の証明は, イデアルの集合

(4.12.1) $\qquad \mathcal{J} = \{I \mid I \text{ は } A \text{ のイデアルで } I \cap S = \phi\}$

にツォルンの補題を使って極大元の存在を示し, その極大元が素イデアルであることを示します. 命題 4.4 の証明に似ているので後は読者にお任せしましょう.

問題 4.3. (4.12.1) の $\mathcal{J}$ の極大元が素イデアルであることを示せ.

一つの A のイデアル I に着目して考えるとき, A/I のイデアル (素イデアル) と, I を含む A のイデアル (素イデアル) は一対一に対応していますから, 次が成立します.

命題・定義 4.13 イデアル I の**ラディカル**を

(4.13.1) $$\sqrt{I} = \{x \in A \mid x^n \in I \ (\exists n > 0)\}$$

と置くとき,

(4.13.2) $$\sqrt{I} = \bigcap_{P \supseteq I \,;\, P \text{ は素イデアル}} P.$$

問題 2.4

1. 環 $A = \mathbb{Z}/(24), B = \mathbb{Z}/(30)$ は何個のイデアルを持つか (命題 4.3 参照).
2. (1) 環 A のイデアル I, J, P に対して, P が素イデアルで $I \cap J$ が P に含まれるなら I, J のどちらかが P に含まれることを示せ.
   (2) (1) の逆は成立するか?
3. $f : A \to B$ が環の準同型のとき, 素イデアル $Q \subset B$ の逆像 $f^{-1}(Q) = \{x \in A \mid f(x) \in Q\}$ も素イデアルであることを示せ. 極大イデアルの逆像は極大イデアルか?
4. 位相空間 X に対して, $C^0(X)$ を X 上の実数値連続関数全体の集合とする. $A = C^0(X)$ は, $(f+g)(x) = f(x) + g(x), (fg)(x) = f(x)g(x) \, \forall x \in X$ と定義して環になる. このとき次を示せ.
   (1) f が A の単元 $\iff f(x) \neq 0 (\forall x \in X)$.
   (2) $a \in X$ に対して $\mathfrak{m}_a := \{f \in A \mid f(a) = 0\}$ と置くと, $\mathfrak{m}_a$ は A の極大イデアル.
   (3)* X がコンパクトのとき, A の極大イデアルは $\mathfrak{m}_a$ の形のものに限る.
   (4) $X = \mathbb{R}$ のとき, A の極大イデアル I で, I の元は共通の零点を持たないものが存在する. この I は有限個の元では生成されない.
5. 環 A のすべての極大イデアルの共通部分を $\text{Rad}(A)$ と書き, **Jacobson 根基**と云う.
   (1) $a \in A$ に対し, $a \in \text{Rad}(A) \iff \forall x \in A, 1 - ax \in U(A)$ を示せ.
   (2) $A = \mathbb{Z}, k[X]$ (k は体) に対し, $\text{Rad}(A) = (0)$ を示せ.
   (3) どんな環 A に対しても, $X \in \text{Rad}(A[[X]])$ を示せ. これを用いて, A の極大イデアルと $A[[X]]$ の極大イデアルが一対一に対応することを示せ.
6. 唯一つの極大イデアルを持つ環を**局所環** (local ring) と云う.

2.4 素イデアル, 極大イデアル

(1) A の真のイデアル $\mathfrak{m}$ に対して, $A \setminus \mathfrak{m}$ の各元が単元なら, A は局所環で $\mathfrak{m}$ が極大イデアルであることを示せ.
(2) A が局所環 $\iff$ $A[[X]]$ が局所環を示せ.
(3) 体 k と $a \in k$ に対して,

$$A = \left\{ \frac{f(X)}{g(X)} \mid f(X), g(X) \in k[X], g(a) \neq 0 \right\}$$

と置くと A は $k[X]$ を含む $k(X)$ の部分環で, 局所環であることを示せ. また, A は $k[[X-a]]$ の部分環とも思えることを示せ.
後者は a に於ける有理関数の巾級数展開である. 点 a の近傍での「正則」関数の環 という意味で「局所環」の名がつけられている.
(4) $O = \{f \in \mathbb{C}[[X]] \mid f$ の収束半径 $> 0\}$ と置くと, O は局所環で, (X) が O の極大イデアルであることを示せ.

7. $\mathbb{Z}[X]$ の素イデアルは次のどれかの形であることを示せ. 但し, $p \in \mathbb{Z}$ は素数, $f \in \mathbb{Z}[X]$ は既約で, $\deg f > 0$ とする.
(a) (0) (b) (p) (c) (f) (d) (p, f), 但し f の像 $\bar{f} \in \mathbb{F}_p$ も既約.
この中で, 極大イデアルは (d) の形のもののみである.

8. 体 K に対して, 関数 $v: K^\times \to \mathbb{Z}$ が全射で,

$$(V1) \quad v(xy) = v(x) + v(y) \quad (\forall x, y \in K^\times),$$
$$(V2) \quad v(x+y) \geq \min\{v(x), v(y)\} \quad (\forall x, y \in K^\times)$$

を満たすとき, v を K 上の**付値** (valuation) と云う (一般には付値の値としてもっと一般のアーベル群を考えるので, この場合を離散的付値 –discrete valuation– と云う). このとき,
(1) $V := \{x \in K^\times \mid v(x) \geq 0\} \cup \{0\}$ は局所環で, $v(\pi) = 1$ なる π を取ると, V のイデアルは (π^n) $(n \geq 0)$ と (0) のみであることを示せ. このような V を離散的付値環 (**DVR**–discrete valuation ring) と云う.
(2) 逆に, 環 A と単元でも巾零でもない $\pi \in A$ について A のイデアルが (π^n) $(n \geq 0)$ と (0) のみとすると A は DVR であることを示せ.
(3) 問題 6-(3), (4) の $A, O, k[[X]]$ (k は体), $\mathbb{Z}_{(p)}$ はすべて DVR であることを示せ.
(4)* $K = \mathbb{C}(X)$ ($\mathbb{C}$ 上の一変数有理関数体) の付値の集合と $\mathbb{P}^1_\mathbb{C} := \mathbb{C} \cup \{\infty\}$ (リーマン球面) と一対一対応があることを示せ.

2.5 素元分解，既約性の判定

整数や多項式の議論をするとき，素因数分解の概念は大変基本的です．しかし，一般の整域に於て同じ議論をしようとすると，どうもうまくいかなくなることに気が付きます．つまり，ある元を既約なものの積として表すとき，本質的に異なる分解があったりするのです．われわれは，素数の定義を「その数と 1 以外に約数を持たない数」とするのが普通ですが，この性質を持つ元を一般の環では「**既約元**」と呼ぶことにし，「**素元**」という言葉を，素イデアルを生成する元に使います．すると，素因数分解の一意性は「既約元」が「素元」になるかどうかに問題の本質があることが分かります．

また，整数や多項式に対して，最大公約数，最小公倍数の概念がありますが，これらもこれらが素元分解と深く関っていることが分かります．

一般の整域に於てこのような議論をするとき，その環を含む体を考えると議論が分かりやすくなります．これは，整数環 $\mathbb{Z}$ から有理数体 $\mathbb{Q}$ を作ったり，体 k 上の多項式環 $k[X]$ から有理関数体 $k(X)$ を作る操作を一般に行うもので，こうしてできる体をもとの環の**商体**と云います．有理数体の性質が整数環の性質で述べられることが多いように，商体の性質も環の性質で決ることが多いのです．ここでは多項式の既約性を取り上げ，体上の多項式の既約性を環の性質を使って示すいろいろな方法を紹介します．

この節では環は整域のみを扱うことにします．

定義 5.1 (1) 環 A の元 a が単元でなく，自明でない分解を持たないとき，つまり $a = bc$ $(b, c \in A)$ とすると b, c のどちらかが単元になるとき，**既約元**と云う．

(2) (p) が素イデアルのとき，$p \in A$ を**素元**と云う[*43]．

A が PID のとき，(a) が素イデアル $\iff$ a が既約を命題 4.6 で見ました．ゆえに PID に於ては既約元 = 素元ですが，一般にはそうではないと

[*43] 素元は既約元になります．証明は命題 4.6 の (2)$\Rightarrow$ (1) がそのまま使えます．一般には逆は成立しません．

2.5 素元分解，既約性の判定

いう例を挙げてみましょう．

例 5.2 $A = \mathbb{Z}[\sqrt{-5}]$ を考えましょう．A の元 $2, 3, 1+\sqrt{-5}, 1-\sqrt{-5}$ は，どれも既約元です．実際，$N(a) = a\bar{a} = |a|^2$ と置くと，$N(2) = 4, N(3) = 9$, $N(1+\sqrt{-5}) = N(1-\sqrt{-5}) = 6$ です．$a \in A$ に対して $N(a) \in \mathbb{Z}$ ですし，$N(a) = 2$ または 3 となる $a \in A$ は存在しないので，これらの元が既約元であることが示せます．

一方，$2 \cdot 3 = 6 = (1+\sqrt{-5})(1-\sqrt{-5})$ で，$1 \pm \sqrt{-5} \notin (2)$ または (3) ですから，$2, 3$ が素元でないことが分かります．同様に $1 \pm \sqrt{-5}$ がどちらも素元でないことも示せます．

A が PID なら，上で述べたようにこのようなことは起りません．従って，A は PID でないのですが，実際，A のイデアル $(2, 1+\sqrt{-5})$ は単項イデアルでないことが確かめられます．

問題 5.1. k を体，$A = k[X^2, X^3] \subset k[X]$ とする．このとき X^n $(n \in \mathbb{Z}, n \geq 2)$ が A の既約元 $\iff n = 2$ または 3 を示せ．また，X^2, X^3 は素元ではないことを示せ．

一般の環でも素元への分解は（存在すれば）次の意味で一通りです．

命題 5.3 $a \in A$ の素元の積への分解は一通りである．即ち，
$$a = up_1 \cdots p_n = vq_1 \cdots q_m,$$
$(u, v \in U(A)$, $p_1, \ldots, p_n, q_1, \ldots q_m$ は A の素元) とすると $n = m$ で，必要なら番号を付け替えて $(p_i) = (q_i)$ $(i = 1, \ldots n)$ とできる．

証明 n に関する帰納法で示しましょう．$n = 1$ のとき $(p_1) = (a) \ni q_1 \cdots q_m$ で，(p_1) は素イデアルですからある $q_i \in (p_1)$ です．番号を付け替えて $q_1 \in (p_1)$ とすると，$q_1 = v'p_1$ と書けます．q_1 は素元，従って既約元ですから，v' は単元です．両辺を p_1 で割ると $u = vv'q_2 \cdots q_m$ となるので，$m = 1$ が示せました．

$n > 1$ のときも，上と同様に，$p_1 = v'q_1$ とできます．両辺を p_1 で割ると n が 1 つ減りますから帰納法の仮定により証明が終ります．∎

次に，最大公約元，最小公倍元の議論をしたいのですが，その前に，A の**商体**を定義しましょう．

定義 5.4 集合

(5.4.1) $\qquad\qquad \{(a,b) \mid a,b \in A, b \neq 0\}$

に同値関係 $\sim$ を

(5.4.2) $\qquad\qquad (a,b) \sim (c,d) \iff ad = bc$

で定義し，(a,b) を含む同値類を $\dfrac{a}{b}$ と書きます．この同値類の集合を K と書きましょう．

　正確さを大事にして上のように書きましたが，

(5.4.3) $\qquad\qquad K = \left\{ \dfrac{a}{b} \mid a,b \in A, b \neq 0 \right\}$

と思ってもかまいません．もちろん (5.4.2) は

$$\frac{a}{b} = \frac{c}{d} \iff ad = bc$$

を表しているわけです．K に加法，乗法を普通の分数と同じように

(5.4.4) $\qquad\qquad \dfrac{a}{b} + \dfrac{c}{d} = \dfrac{ad+bc}{bd}, \quad \dfrac{a}{b}\dfrac{c}{d} = \dfrac{ac}{bd}$

で定義します．すると，この和，積の定義は well defined で[*44]，K は環になります．もちろん $0/b = 0/1$ が 0，$b/b = 1/1$ が単位元です（ここで $b \neq 0$ は何でもよい）．明らかに a/b $(a,b \neq 0)$ の逆元は b/a ですから K は体です．こうしてできた体 K を A の**商体**と云います．$a \in A$ と $a/1 \in K$ を同一視することにより，A は K の**部分環**と思います．

　例えば $\mathbb{Z}$ の商体は $\mathbb{Q}$ ですし，体 k 上の多項式環 $k[X]$ の商体は有理関数体

(5.4.5) $\qquad\qquad k(X) = \left\{ \dfrac{f}{g} \mid f,g \in k[X], g \neq 0 \right\}$

です．A が整域で商体が K のとき $A[X]$ の商体も $K(X)$ になります．

問題 5.2. $\mathbb{Z}[\sqrt{2}], \mathbb{Z}[i]$ の商体がそれぞれ $\mathbb{Q}[\sqrt{2}], \mathbb{Q}[i]$ であることを示せ．

定義 5.5 (GCD, LCM) 整域 A の商体を K と書く．$x, y \in K$ に対して，(1.1.1) と同様に

(5.5.1) $\qquad\qquad x \mid y \iff y = ax \ (\exists a \in A) \iff \dfrac{y}{x} \in A$

と定義する．

[*44] 第 1 章の脚注 37 参照．

2.5 素元分解,既約性の判定

$x \in A$ に対して $(x) = \{xa \mid a \in A\}$ だったが,$x \in K$ に対しても,$(x) = \{xa \mid a \in A\}$ と置く.すると,やはり $x \mid y \iff (x) \supseteq (y)$ で,$(x) = (y) \iff x = uy\ (\exists u \in U(A))$ である.

$x, y \in K$ の最大公約元(GCD),最小公倍元(LCM)を,

(5.5.2) $\qquad z = \mathrm{GCD}(x, y) \iff (z) = \inf\{(z') \mid (z') \supset (x), (y)\}$

(5.5.3) $\qquad z = \mathrm{LCM}(x, y) \iff (z) = \sup\{(z') \mid (z') \subset (x), (y)\}$

と定義する.但し,ここでの順序は (x) の間の包含関係で定める[*45].

定義から分かりますが,GCD, LCM は $U(A)$ の元だけの自由度があります.つまり,例えば $z = \mathrm{GCD}(x, y), z' = uz, u \in U(A)$ なら,$z' = \mathrm{GCD}(x, y)$ も云えます.定義からすぐ分かりますが,

(5.5.4) $\qquad\qquad z = \mathrm{LCM}(x, y) \iff (z) = (x) \cap (y)$

ですし,$z = \mathrm{GCD}(x, y)$ は二つの条件 (1) $z \mid x, y$, (2) $z' \in K, z' \mid x, y$ ならば $z' \mid z$ を満たすことと同値です.

素元分解の存在と GCD, LCM の存在は同値な条件です.

問題 5.3 (1) $A = \mathbb{Z}$ のとき $\mathrm{GCD}\left(\dfrac{9}{8}, \dfrac{18}{5}\right)$ を求めよ.

(2) $A = \mathbb{Z}[i]$ に置いて $\mathrm{LCM}\left(\dfrac{2+3i}{3-2i}, \dfrac{13}{1+i}\right)$ を求めよ.

問題 5.4 A が PID, $d = \mathrm{GCD}(a, b)$ のとき,$(a, b) = (d)$ を示せ.A が PID でないとき(例えば $A = \mathbb{Z}[X]$),(a, b) が (d) より真に小さい例を示せ.)

定理・定義 5.6 A は次の条件 # を満たす整域とする.

(#) $\quad \begin{cases} a_1, a_2, \ldots, a_n, \ldots \in A \text{ に対して,} \\ (a_1) \subseteq (a_2) \subseteq \cdots \subseteq (a_n) \subseteq \cdots \implies \exists n, (a_n) = (a_{n+1}) = \cdots \end{cases}$

このとき,次の条件 (1) − (5) は同値で,これらの同値な条件を満たす整域を**素元分解整域(UFD)**と呼ぶ[*46].

(1) 任意の $a \in A$ は素元の積に分解する.

(2) A の既約元は素元である.

[*45] 一般に $\geq$ を順序に持つ順序集合 Δ に於て,$c = \sup(a, b)$ とは,二つの条件 (1) $c \geq a, b$, (2) $c' \geq a, b$ ならば $c' \geq c$ を満たすことと定義されます.$\inf(a, b)$ は不等号を逆向きにして下さい.

[*46] UFD は Unique Factorization Domain の略.これからは UFD の方を使います.

(3) 任意の $a, b \in A$ に対して GCD(a, b) が存在する．
(3′) 任意の $x, y \in K$ に対して GCD(x, y) が存在する．
(4) 任意の $a, b \in A$ に対して LCM (a, b) が存在する．
(4′) 任意の $x, y \in K$ に対して LCM (x, y) が存在する．
(5) 任意の $a \in A$ を既約元の積に分解する仕方は命題 5.3 の意味でただ一通りである．

証明 まず (1) を仮定して他の条件を導きましょう．$a \in A$ に対して，
(5.6.1) $\quad a = u p_1^{n_1} p_2^{n_2} \cdots p_s^{n_s} \quad$ (u は単元, $p_1, \ldots, p_m$ は異なる素元)
と分解します．もし a が既約なら $a = up$ (u は単元, p は素元) となりますから (2) が云えます．また，
(5.6.2) $\qquad\qquad b = u' p_1^{m_1} p_2^{m_2} \cdots p_s^{m_s} \quad$ (u' は単元)
とするとき[*47]整数に対してやっているように，
(5.6.3) $\qquad\qquad$ GCD$(a, b) = p_1^{min(n_1, m_1)} \cdots p_s^{min(n_s, m_s)}$
(5.6.4) $\qquad\qquad$ LCM $(a, b) = p_1^{max(n_1, m_1)} \cdots p_s^{max(n_s, m_s)}$
としてよいのは容易に確かめられるので (3), (4) が得られます（(3), (4) では $n_i, m_i \geq 0$ ですが，負の整数も許すと (3′), (4′) が云えます）．(5) は命題 5.3 で見ました．

次に，(2)⇒(1) を示しましょう．まず，条件 (♯) より任意の A の元は既約元の積に分解します．実際，$a \in A$ が既約でないとすると，$a = a_1 b_1$ と分解します．このとき $(a) \subset (a_1)$ です．もし a_1 が既約でなければ $a_1 = a_2 b_2$ となり $(a_1) \subset (a_2)$ となります．条件 (♯) よりこのような操作は有限回で終わりますから，$a = a_1 \cdots a_n$ と既約元の積に分解します．これで (2)⇒(1) が云えました．

(5)⇒(2). a が A の既約元とします．(5) を仮定して，$ax = bc$ となったとすると，$ax = bc$ の既約元への分解の一意性から b または c の分解の中に a が現れます．b の方に現れたとすると $b \in (a)$ ですから，(2) が示せました．

[*47] ここでは $p_1, \ldots, p_s$ を a と b で共通に取りたいので，n_i, m_i の中に 0 も許すことにします．

2.5 素元分解，既約性の判定

(3) − (4′) の 4 つの条件の同値性は形式論なので省略して[*48]，(3′) ⇒(2) を示します．a を A の既約元，$ax = bc$ とします．$b \notin (a)$ とすると $\mathrm{GCD}(a,b) = 1$ です．一方，$\frac{a}{c}x = b$ ですから，$\frac{a}{c} \mid b$，$\frac{a}{c} \mid a$ より，$\frac{a}{c} \mid 1 = \mathrm{GCD}(a,b)$，即ち $a \mid c$ です．ゆえに a は素元で，証明が終わります． ∎

例 5.7 GCD, LCM が存在しない状態を見るために，もう一度 $A = \mathbb{Z}[\sqrt{-5}]$ を考えましょう．A の元 $6, 2 + 2\sqrt{-5}$ は，どちらも $2, 1 + \sqrt{-5}$ の倍数ですが，どちらも他の倍数でありませんし，例 5.2 で見たように，$6/2, (2+2\sqrt{-5})/2, 6/(1+\sqrt{-5}), (2+2\sqrt{-5})/(1+\sqrt{-5})$ はすべて既約ですから，間には A の元はなく，2 と $1 + \sqrt{-5}$ の LCM は存在しませんし，同じ理由によって 6 と $2 + 2\sqrt{-5}$ の GCD も存在しません．（問題 2.1-1 参照）

注意 5.8 A が PID のとき，A は UFD です．実際 (2) を示すことは例 4.7 で見たので，条件 (♮) を確かめます．(♮) のイデアルの列に対して，$\cup_{n \geq 1}(a_n) = (a)$ とすると，$a \in (a_m)$ となる m がありますから，$(a_m) = (a)$，即ち，$(a_m) = (a_{m+1}) = \cdots$ です．

次に，環 A の上の多項式環 $A[X]$ に於ける素元分解を見ましょう．目標の定理は「A が UFD なら $A[X]$ も UFD」で，多項式の既約性を示すときなどに役に立ちます．まず**原始多項式**の概念が必要です．要は $A[X]$ における分解に於て係数である A の元の分解と本質的な多項式の部分の分解に分けようという趣旨です．

以下しばらくの間 A は UFD と仮定し，A の商体を K と置きます．

定義 5.9 (1) $f = \sum_{i=0}^{n} a_i X^i \in K[X]$ に対して，
$$c(f) = \mathrm{GCD}(a_0, \ldots, a_n)$$
と置く[*49]．$c(f) = 1$ のとき，f を**原始多項式**と云う[*50]．

(2) $f \in K[X]$ に対し，$f^* = c(f)^{-1} f$ と置く（$f^* \in A[X]$ は原始多項式）．

[*48] 例えば $c \in A, c \neq 0$ に対して $z = \mathrm{GCD}(x,y) \iff cz = \mathrm{GCD}(cx, cy)$ です．
[*49] $c(f)$ も GCD と同様に $U(A)$ だけの自由度があります．
[*50] GCD の定義から，原始多項式は $A[X]$ の元です．

例えば，$A = \mathbb{Z}, f = 4/3X^3 - 5/2X^2 + 7X + 4/5$ のとき，$c(f) = 1/30, f^* = 40X^3 - 75X^2 + 210X + 24$ です．

命題 5.10 0 でない $f, g \in K[X]$ に対し，
 (1) ある $a \in K$ に対して $a^{-1}f$ が原始多項式なら，$(a) = (c(f))$．
 (2) $c(fg) = c(f)c(g)$．従って，原始多項式の積は原始多項式．
 (3) $(fg)^* = f^*g^*$．

証明 (1) $a, b \in A, \mathrm{GCD}(a, b) = 1$, 原始多項式 f, g に対し，$af = bg$ が成立すれば，$a, b \in U(A)$ はすぐ分かりますから (1) が云えます．

 f, g が原始多項式だと仮定して fg も原始多項式となることを示しましょう．$fg \in A[X]$ ですから，fg のすべての係数を割り切る素元が存在しないことを示せば十分です．p を A の素元とし，$f = \sum_{i=0}^{n} a_i X^i, g = \sum_{i=0}^{m} b_i X^i$ と置きます．$c(f) = c(g) = 1$ ですから，f, g の係数で p の倍元でないものが存在します．その中で次数が最も小さいものをそれぞれ a_i, b_j とすると，fg の X^{i+j} の係数が p で割れないことがすぐに分かります．これで fg が原始多項式であることが示せました．これから (2), (3) を導くのは簡単ですから確かめて下さい．■

 これから次の定理が得られます．

定理 5.11 A が UFD のとき，$A[X]$ も UFD である．

証明 定理・定義 5.6 の同値条件から，$A[X]$ の既約元が素元であれば十分です[*51]．$f \in A[X]$ を $A[X]$ の既約元とします．$f \in A$ のとき A は UFD ですから f は A の素元です．このとき，$A[X]/fA[X] \cong (A/(f))[X]$ ですので，$fA[X]$ は素イデアルです[*52]．

 $f \notin A$ のとき，$f = c(f)f^*$ ですから，f が既約なら原始多項式です．また，$K[X]$ で $f = gh$ と分解したと仮定すると命題 5.10 より $f = f^* = g^*h^*$ となり g^* または f^* が $A[X]$ の単元になります．これで f は $K[X]$ の既約元，従って素元であることが分かりました．最後に f が $A[X]$ の素元であ

[*51] 定理・定義 5.6 の条件♯は $A[X]$ に於て $g \mid f$ なら $\deg(g) \leq \deg(f)$ と，それぞれの最高次の係数を比較すればすぐに示せます．

[*52] 次の命題 5.12 参照．

2.5 素元分解，既約性の判定

ることを示します．$g, h \in A[X], gh \in (f)$ とすると，f は $K[X]$ で g または h を割り切ります．$g = qf, q \in K[X]$ とすると，両辺の $(\ )^*$ を取ると $g^* = q^* f^*$ となり，$f \mid g$ が分かりました． ∎

多項式の既約性の判定は体の理論などで大変重要です．次に $f \in A[X]$ が既約がどうかを判定する2つの方法を紹介しますが，そのまえにイデアル $I \subset A$ の $A[X]$ への拡張について述べておきます．

命題 5.12 A のイデアル I が $A[X]$ で生成するイデアルを $IA[X]$ と置くと

(1) $IA[X] = \{\sum a_i X^i \mid \forall a_i \in I\}$,

(2) $A[X]/IA[X] \cong (A/I)[X]$.

(3) I が A の素イデアル $\iff IA[X]$ が $A[X]$ の素イデアル．

証明 $a \in I, f \in A[X]$ のとき，$af \in A[X]$ の係数はすべて I の元です．逆に $f \in A[X]$ の係数がすべて I の元なら，f の各単項式は $IA[X]$ の元ですから，$f \in IA[X]$ となり (1) が示せます．

$A[X]$ の各元を mod I で考えることにより，準同型写像 $\phi : A[X] \longrightarrow A/I[X]$ ができます．ϕ が全射であることと $\mathrm{Ker}(\phi) = IA[X]$ は明らかですから，系 2.12 により $A[X]/IA[X] \cong (A/I)[X]$ です．A/I が整域 $\iff (A/I)[X]$ が整域ですから，(2) より (3) も云えます． ∎

P を A の素イデアルとします．$f \in A[X]$ の $(A/P)[X]$ への像を簡単に $\bar{f}$ と書きましょう．もし $A[X]$ に於て $f = gh$ と分解していれば，$\pi : A[X] \to (A/P)[X]$ は準同型ですから $\bar{f} = \bar{g}\bar{h}$ となります．従って，次の判定法ができます．

命題 5.13 $f \in A[X]$，ある素イデアル P に対して f の最高次の係数が P に属さず，かつ $\bar{f} \in A/P[X]$ が既約とする．このとき，$f \in A[X]$ も既約である[*53]．

体を係数とする多項式の既約性の判定に，環の理論を使うことが頻繁に出てきますが，そのとき次の定理が基本的です．

[*53] この命題の逆は成立しませんから間違えないようにしましょう．

定理 5.14 A が UFD で[*54]，商体を K とする．

(1) $f \in A[X]$ が $A[X]$ で既約なら f は $K[X]$ でも既約である[*55]．

(2) $f, g \in K[X]$ が主多項式，$fg \in A[X]$ なら $f, g \in A[X]$．

証明 (1) $K[X]$ で $f = gh$ とすると，f は原始多項式ですから $f = f^* = g^* h^*$ となります．$g^*, h^* \in A[X]$ ですから f は A でも可約です．

(2) f, g が主多項式なので $c(f), c(g) \mid 1$ です．$fg \in A[X]$ より $c(fg) \in A$ ですから，(5.14) (2) より $f, g \in A[X]$ です． ∎

次の**アイゼンシュタインの既約性の判定法**は，大変便利でよく使われます．

定理 5.15 整域 A の素元 p と，$A[X]$ の主多項式
$$f = X^n + a_1 X^{n-1} + \cdots + a_{n-1} X + a_n$$
に対し，条件

(E) $\qquad\qquad p \mid a_i \ (\forall i)$ かつ $p^2 \nmid a_n$

が成立すれば，f は $A[X]$ で既約である[*56]．

証明 仮定から $(A/(p))[X]$ に於て $\bar{f} = X^n$ です．$(A/(p))[X]$ に於て X^n の分解は $X^n = X^m X^{n-m}$ の形に限ることを注意しましょう．さて，$f = gh$ と $A[X]$ で分解したとすると，$(A/(p))[X]$ で $\bar{f} = X^n = \bar{g}\bar{h}$ ですから $\bar{g} = X^m, \bar{h} = X^{n-m}$ の形でなければいけません．特に g, h の定数項は (p) の元です．従って，a_n はその積ですから，(p^2) の元です．今 $a_n \notin (p^2)$ ですから f は既約です． ∎

上に述べた理論を使って，いくつかの多項式の既約性を判定してみましょう．以下の例は $\mathbb{Z}[X]$ の主多項式を考えます．$\mathbb{Z}$ は UFD ですから定理 5.14 より主多項式 $f \in \mathbb{Z}[X]$ が $\mathbb{Z}[X]$ で既約であることと $\mathbb{Q}[X]$ で既約であることは同値です．

[*54] 実は "A が UFD" という仮定は "K の元で A 上整であるものは A の元のみ" という，より弱い仮定で置き換えることができます．

[*55] この命題の逆は明らかですから，結局同値な命題です．

[*56] 証明を見れば分かるように，素元 p の代りに（単項ではない）素イデアル P に対して条件 **(E)** $a_n \notin P^2$ が成立しても f は既約になります．

2.5 素元分解，既約性の判定

例 5.16 (1) $f = X^3 + 135X^2 + 144X - 225$ と置いてみます．f を $\mathbb{F}_2[X] = (\mathbb{Z}/(2))[X]$ へ写像すると，$\bar{f} = X^3 + X^2 + 1$ となり，$\bar{f}$ は $\mathbb{F}_2[X]$ で既約ですから f は $\mathbb{Z}[X]$ で既約です．

(2) $f = X^4 + 210X^2 + 210X + 1220$, $g = X^5 - 4X + 2 \in \mathbb{Z}[X]$ は[*57]それぞれ $p=5, 2$ として定理 5.15 を使うと既約であることが分かります．

例 5.17 (円分多項式) 素数 p に対して

(5.17.1) $$\Phi_p(X) = \frac{X^p - 1}{X - 1}$$

と置きます．この根は 1 以外の 1 の p 乗根ですから，$\Phi_p(X)$ は円分多項式と呼ばれています．$\Phi_p(X)$ の既約性を証明しましょう．$X = Y + 1$ と変数変換して，$f(Y) = \Phi_p(X) = \Phi_p(Y + 1)$ と置くと f が既約 $\iff \Phi_p(X)$ が既約です．

さて，定義より，$f(Y) = ((Y+1)^p - 1)/Y$ ですが，$(Y+1)^p$ を二項係数を使って書くと，Y^p と定数以外はすべて p の倍数です．また，$f(Y)$ の定数項は p ですから定理 5.15 が p に対して使え，f．従って Φ_p も既約です．

問題 2.5

この節の問題に於て A は整域とする．

1. $l = LCM(a, b), d = GCD(a, b)$ のとき，
   (1) $(a) \cap (b) = (l)$ を示せ．
   (2) A が PID のとき，$(a, b) = (d)$ を示せ．A が PID でないとき（例えば $A = \mathbb{Z}[X]$），(a, b) が (d) より真に小さい例を示せ．
2. $\mathbb{Z}[\sqrt{2}], \mathbb{Z}[i]$ の商体がそれぞれ $\mathbb{Q}[\sqrt{2}], \mathbb{Q}[i]$ であることを示せ．
3. (1) $A = \mathbb{Z}[\sqrt{2}]$ で，$13 + 2\sqrt{2}$ と 7 の GCD，17 と $8 + 7\sqrt{2}$ の GCD を求めよ．また，上の 4 つの数を既約な数の積に分解せよ．
   (2) $B = \mathbb{Z}[\sqrt{3}]$ で 13 と $8 + 11\sqrt{3}$ の GCD を求めよ．
4. UFD A の (0) 以外の素イデアルが極大イデアルなら（(9.11) の言葉を使うと，A が 1 次元のとき）A が PID であることを示せ．
5. (1) k が体のとき，$f \in k[X]$ に対して $k[X, f^{-1}] = \{g/f^n | g \in k[X], n \geq 0\}$ は PID であることを示せ．

[*57] 後にこの g の根は四則とべき根のみを使っては表示できない（即ち $g = 0$ は「代数的」には解けない）ことが分かります．

(2) $\mathbb{Q}[X,Y]/(X^2+Y^2-1), \mathbb{R}[X,Y]/(X^2+Y^2-1)$ は UFD ではないことを示せ.

(3) $\mathbb{Q}(\sqrt{-1})[X,Y]/(X^2+Y^2-1), \mathbb{C}[X,Y]/(X^2+Y^2-1)$ は PID であることを示せ.

6. $f = a_0 + a_1 X + \cdots + a_n X^n \in A[X]$ に対し, $f \in U(A[X]) \iff a_0 \in U(A)$ かつ $a_1, \ldots, a_n \in \mathfrak{N}(A)$ を各素イデアル $P \subset A$ に対して f の $A/P[X]$ での像 $\bar{f}$ を考えることにより示せ.

7. (1) 次の多項式が $\mathbb{Q}[X]$ で既約であることを示せ.

(a) $X^9 - 6X^6 + 9X^3 - 3$　(b) $8X^3 - 6X + 1$　(c) $X^4 + 3X^3 + X^2 - 2X + 1$

(2) 次の多項式は $k[X,Y]$ で既約なことを示せ (k は体).

(d) $X^3 + Y^2 - 1$　(e) $Y^2 - X^2 + X^3$

8. A が商体 K を持つ整域とする. 素イデアル $P \subset A$ に対して,

$$A_P := \{a/b \in K \mid a, b \in A, b \notin P\}$$

と置くと, A_P は $\{a/b \in K \mid a, b \in A, a \in P, b \notin P\}$ を極大イデアルに持つ局所環であることを示せ. Q が A_P の素イデアルのとき, $Q \cap A$ も素イデアルで, Q は $Q \cap A$ で生成されることを示せ.

9. (1) a, b, c が互いに素な正整数で, 直角三角形の三辺をなすとする ($a^2 + b^2 = c^2$). このとき, $\mathbb{Z}[i]$ が UFD であることから, $a = m^2 - n^2, b = 2mn, c = m^2 + n^2$ となる正整数 m, n, $m > n$ が取れることを示せ (但し, a, b の片方が奇数, 他方が偶数なので, a を奇数とせよ).

(2) 同様に, $\mathbb{Z}[\omega]$ が UFD であることを用いて, 互いに素な正整数 a, b, c で, $\angle C = 60°$ であるものを (1) と同様にすべて求めよ.

10. (1)[*58] k が体, a, b, c が 2 つずつ互いに素な正整数のとき, $k[X,Y,Z]/(X^a + Y^b + Z^c)$ は UFD である. 逆に k が代数閉体で, $f \in k[X,Y,Z]$ が X, Y, Z に適当な次数を与えて斉次にできるとき, $k[X,Y,Z]/(f)$ が UFD ならば $k[X,Y,Z]/(f) \cong k[X,Y,Z]/(X^a + Y^b + Z^c)$.

(2) k が体のとき, $k[[X_1, \ldots, X_n]]$ は任意の n に対して UFD.

(3) $A = \mathbb{C}[[X,Y,Z]]/(f)$ が UFD であり, $f \in (X,Y,Z)^2$ のとき, $A \cong \mathbb{C}[[X,Y,Z]]/(X^2 + Y^3 + Z^5)$.

[*58] UFD という性質は "次元" が高いとき, とても不思議な挙動を示しますので, 一例として紹介します. (1), (3) の証明にはいろいろの (特に代数幾何学の) 知識が必要になります.

2.6 中国式剰余定理

6.0 整数 n は 3 で割って 1 余り，5 で割って 2 余り 7 で割って 3 余る．このとき n はどんな数か？という問題が中国の「晋」の時代に出た「孫子算経」（4 世紀ごろ）という本に出ているそうです．それでこの形の問題を「中国式剰余定理」と云います．この問題を解くのに環の直積を用いるので，この節は環の直積を扱います．

定義 6.1 A_1, A_2 を環とするとき，直積集合
$$A_1 \times A_2 = \{(a_1, a_2) \mid a_1 \in A_1,\ a_2 \in A_2\}$$
に次のように環の構造を入れることができる．
$$(a_1, a_2) + (b_1, b_2) = (a_1 + b_1, a_2 + b_2) \quad (a_1, a_2)(b_1, b_2) = (a_1 b_1, a_2 b_2)$$
これを**環の直積**と云い，やはり $A_1 \times A_2$ で表す．

同様に添字集合を Λ としたとき，A_λ ($\lambda \in \Lambda$) の直積 $A^\Lambda = \{(a_\lambda)_{\lambda \in \Lambda}\}$ に演算を

1. $(a_\lambda)_{\lambda \in \Lambda} + (b_\lambda)_{\lambda \in \Lambda} = (a_\lambda + b_\lambda)_{\lambda \in \Lambda}$
2. $(a_\lambda)_{\lambda \in \Lambda} (b_\lambda)_{\lambda \in \Lambda} = (a_\lambda b_\lambda)_{\lambda \in \Lambda}$

で定義します．これらの演算が，環の定義を満たすことはすぐに分かるでしょう．この直積を $\prod_{\lambda \in \Lambda} A_\lambda$ と表します．A_λ の零元と単位元をはそれぞれ $0_\lambda, 1_\lambda$ で表すと，$(0_\lambda)_{\lambda \in \Lambda}$，$(1_\lambda)_{\lambda \in \Lambda}$ が直積の零元と単位元です．$\Lambda = \{1, 2\}$ のときが二つの環の直積です．

I_λ ($\lambda \in \Lambda$) を A_λ ($\lambda \in \Lambda$) のイデアルとすると，$I^\Lambda = \prod_{\lambda \in \Lambda} I_\lambda$ は A^Λ のイデアルです．このとき，A^Λ の I^Λ による剰余環について，

(6.1.1) $$A^\Lambda / I^\Lambda \cong \prod_{\lambda \in \Lambda} A_\lambda / I_\lambda$$

という環の同型があります[*59]．

[*59] 問題 2.6-1 参照．

また，「$(a_\lambda)_{\lambda \in \Lambda}$ が A^Λ の単元 $\iff$ 各 a_λ が A_λ の単元」が成立することも定義よりすぐ分かりますから，次の式が云えます．
(6.1.2) $$U(A^\Lambda) = \prod_{\lambda \in \Lambda} U(A_\lambda/I_\lambda).$$

問題 6.1. (1) 環の直積 $A_1 \times A_2$ の素イデアルは $P_1 \times A_2, A_1 \times P_2$ のどちらかの形であることを示せ（P_1, P_2 はそれぞれ A_1, A_2 の素イデアル）．

(2) 自然な全射 $\pi : A^\Lambda \to \prod_{\lambda \in \Lambda} A_\lambda/I_\lambda$ に対し，$\mathrm{Ker}\,\pi = I^\Lambda$ であることを示して，(6.1.1) を証明せよ．

例 6.2 (1) $A = \mathbb{Z} \times \mathbb{Z} \supset I = 3\mathbb{Z} \times 7\mathbb{Z}$ とするとき，剰余環 A/I の各元の意味を調べてみましょう．$I = \{(3a, 7b) \mid a, b \in \mathbb{Z}\}$ ですから I は $(3, 7)$ で生成される A の単項イデアルです．剰余環の定義に戻れば分かるように，A の二つの元 $(a, b), (c, d)$ が I を法として同じ類に入る条件は
(6.2.1) $(a, b) - (c, d) = (a - c, b - d) \in I \iff 3 \mid a - b$ かつ $7 \mid c - d$
です．この条件は各項ごとに独立しているので，
$$(\mathbb{Z} \times \mathbb{Z})/(3\mathbb{Z} \times 7\mathbb{Z}) \cong \mathbb{Z}/3\mathbb{Z} \times \mathbb{Z}/7\mathbb{Z}$$
が成立します．

(2) 環の直積は幾何的な意味を持っています．位相空間 X 上の実数値連続関数全体の環を A とします．$f, g \in A, x \in X$ に対して $(f + g)(x) = f(x) + g(x), (fg)(x) = f(x)g(x)$ で $f + g, fg \in A$ を定義して A は環になります．

さて，$X = X_1 \cup X_2$ と 2 つの連結成分に分かれている場合を考えましょう．f_1, f_2 がそれぞれ X_1, X_2 上の連続関数のとき，X 上の関数 f を X_1 上では f_1，X_2 上では f_2 と一致すると定めると f は X 上連続になり，$f \in A$ ができます．このように，X_1, X_2 上の実数値連続関数全体の環をそれぞれ A_1, A_2 とすると，$A \cong A_1 \times A_2$ であることが分かります．

このように，ある位相空間上の連続関数の環に対しては，環が直積に分解することは空間が連結成分に分解することと同値になるのです．

例 6.3 直積の概念の応用例として以下に述べる**中国式剰余定理**（Chinese Remainder Theorem）があります．この定理によると，例えば
$$\mathbb{Z}/21\mathbb{Z} \cong \mathbb{Z}/3\mathbb{Z} \times \mathbb{Z}/7\mathbb{Z}$$

2.6 中国式剰余定理

が成り立ちます．この同型の意味は 3 で割った剰余を a, 7 で割った剰余を b とするような整数が必ず存在して，そのような整数の集合は 21 を法として一つの類を成すということなのです．

例 6.4 3 で割った剰余を a, 7 で割った剰余を b とするような整数 x は次の二つの合同式を満たすものです．

$$\begin{cases} x \equiv a \pmod{3} \\ x \equiv b \pmod{7} \end{cases}$$

最初の式から，$x = a + 3y \ (\exists y \in \mathbb{Z})$ の形ですから，これを第二の式に代入すると，

$$a + 3y \equiv b \pmod{7} \Rightarrow a + 3y = b + 7z \ (\exists z \in \mathbb{Z}) \Rightarrow 3y - 7z = b - a$$

ところで，3 と 7 の最大公約数は 1 ですから，**ユークリッドの互除法**から，上の最後の式を満たす整数の組 $(y, z) = (c, d)$ が必ず存在します．そして，これ以外のすべての解は

$$(y, z) = (c + 7k, d + 3k) \quad (\forall k \in \mathbb{Z})$$

であることが分かります．これより，

$$x = a + 3(c + 7k) = a + 3c + 21k \ (\forall k \in \mathbb{Z}) \Rightarrow x \equiv a + 3c \pmod{21}$$

となって，解 x は 21 を法として一つの類を成すことが分かります．例えば，$(a, b) = (2, 4)$ であれば，$3y - 7z = b - a = 4 - 2 = 2$ の一つの解として，$(y, z) = (3, 1)$ がありますから，$x = 2 + 3(3 + 7k) = 11 + 21k \ (\forall k \in \mathbb{Z})$ となります．

上の例で最も重要なポイントは 3 と 7 が素で最大公約数が 1 であるということです．この事実から，ユークリッドの互除法が使え，任意の整数 a に対して，$3x + 7y = a$ が解けるということが分かります．

問題 6.2.

$$\begin{cases} n \equiv 2 \pmod{3}, \\ n \equiv 3 \pmod{5}, \\ n \equiv 2 \pmod{7} \end{cases}$$

を満たす最小の n を求めよ．

$\mathbb{Z}$ に於て $(a,b) = 1$ をイデアルの言葉で述べると，$(a) + (b) = \mathbb{Z}$ でした[*60]．この事実を一般の環 A の二つのイデアル I, J に対して，述べると次の定理になります．

定理 6.5 環 A の二つのイデアル I, J が条件 $I + J = A$ を満たすとき，次の同型が成立する．

(6.5.1) $$A/(I \cap J) \cong A/I \times A/J$$

証明 A の元 x に対して，$(x \bmod I, x \bmod J) \in A/I \times A/J$ を対応させる写像を f とすると，f は環の準同型になります．この準同型が全射であることを示しましょう．今，$(a \bmod I, b \bmod J) \in A/I \times A/J$ とします．仮定より，$I + J = A$ ですから，$u + v = 1$ ($\exists u \in I, \exists v \in J$) です．$u \equiv 1 \pmod{J}$, $v \equiv 1 \pmod{I}$ ですから，$x = av + bu \in A$ と置くと $x \equiv a \pmod{I}$, $x \equiv b \pmod{J}$, 即ち $f(x) = (a \bmod I, b \bmod J)$ となって，f が全射であることが分かります．また

$$x \in \mathrm{Ker}\, f \iff x \in I \text{ かつ } x \in J \iff x \in I \cap J$$

ですから，同型定理（系 2.12）より，

$$A/\mathrm{Ker}\, f = A/(I \cap J) \cong A/I \times A/J$$

となります． ■

例 6.4 は $I = (3), J = (7), I \cap J = (21)$ の場合に当たります．この定理は有限個のイデアルについても拡張できます．証明のために次の事実を思い出しておきましょう．

1. どのイデアルに対してもそれを含む極大イデアルが存在する（命題 4.4）．
2. 複数のイデアルの共通部分を含む素イデアルはそれらの内どれか一つを含む（問題 2.4-2）．

定理 6.6 (中国式剰余定理) 環 A のイデアル $I_1, \ldots, I_n$ ($n \geq 2$) について，こ

[*60] 一般に，A が PID のとき，$(a,b) = 1$ と $(a) + (b) = A$ が同値です．

2.6 中国式剰余定理

れらのイデアルが,どの二つの i, j についても $I_i + I_j = A$ を満たせば,
$$A/\cap_{k=1}^{n} I_k \cong A/I_1 \times \cdots \times A/I_n.$$

証明 n 個のイデアルから一つを除いたイデアルの共通部分を
$$J_k = \cap_{l \neq k} I_l \quad (k = 1, \ldots, n)$$
としますと,これらは全体で素になります.即ち,
$$J_1 + J_2 + \cdots + J_n = A.$$
なぜなら,$J_1, \ldots, J_n$ のすべてを含む極大イデアル $M \subsetneq A$ がもし存在すると,これは素イデアルですから,上の注意より,相異なる $k \neq l$ があって,$I_k, I_l \subset M$ となります[*61]. そうすると,仮定から,$I_k + I_l = A \subset M$ となって M の取り方に矛盾してしまいます.従って,$J_1 + J_2 + \cdots + J_n = A$ でなくてはなりません.

よって,$t_1 \in J_1, \ldots, t_n \in J_n$ で

(6.6.1) $$t_1 + t_2 + \cdots + t_n = 1$$

となるものがあります.$t_k \equiv 0 \pmod{I_l}$ $(k \neq l)$ ですから,この式から,$t_k \equiv 1 \pmod{I_k}$ $(k = 1, \ldots, n)$ を得ます.このとき,任意の
$$(a_1 + I_1, \ldots, a_n + I_n) \in A/I_1 \times \cdots \times A/I_n$$
に対して,

(6.6.2) $$x = a_1 t_1 + a_2 t_2 + \cdots + a_n t_n$$

と置くと,$x \equiv a_k \pmod{I_k}$ $(k = 1, \ldots, n)$ となります.だから,
$$f(x) = (x \bmod I_1, \ldots, x \bmod I_n)$$
で定義される A から $A/I_1 \times \cdots \times A/I_n$ への写像は環の全射準同型になります.この写像の核 $\mathrm{Ker}\, f$ は明らかに $\cap_{k=1}^{n} I_k$ ですから,同型定理(系 2.12)から定理が成立します. ∎

系 6.7 $m_1, \ldots, m_n$ を二つずつ互いに素である整数とすると,任意の整数

[*61] $J_1 \subset M$ より, $I_k \subset M$ $(\exists k \geq 2)$ ですが,このとき $J_k \subset M$ より, $I_l \subset M$ $(l \neq k)$ だからです.

$a_1, \ldots, a_n$ に対して，次の合同式を満たす整数 x が存在する．
$$\begin{cases} x \equiv a_1 \pmod{m_1} \\ x \equiv a_2 \pmod{m_2} \\ \cdots\cdots\cdots\cdots\cdots\cdots \\ x \equiv a_n \pmod{m_n} \end{cases}$$
そしてこのような整数は $M = m_1 m_2 \cdots m_n$ を法とする類を成す．

証明 $\mathbb{Z}$ の単項イデアル $(m_1), \ldots, (m_n)$ は二つずつ互いに素で，$(M) = (m_1) \cap \cdots \cap (m_n)$ だからです． ∎

例 6.8 この節の最初 (6.0) に挙げた問題を定理 6.6 の一般的な方法を用いて解いてみましょう．まず $3 \cdot 5 = 15, 3 \cdot 7 = 21, 5 \cdot 7 = 35$ ですから
$$15a + 21b + 35c = 1$$
を満たす a, b, c を求めます．$a = 7m + a'$ と置いて mod 7 で考えると $15a' \equiv 1 \pmod 7$ ですから $a' = 1, 105m + 15 + 21b + 35c = 1$ より，7 で割って $15m + 3b + 5c = -2$ を得ます．mod 5 で考えて $b = 1$，$15m + 5c = -5$ より $m = 0, c = -1$．$a = b = 1, c = -1$ を得ます．これより $n = 3a \cdot 15 + 2b \cdot 21 + 1c \cdot 35 = 45 + 42 - 35 = 52$（正確には $52 + 105m$ の形の数）が求める答えになります．

問題 6.3. 次の条件を満たす n を求めよ．
1. $n \equiv 1 \pmod 4$, $n \equiv 4 \pmod 5$, $n \equiv 2 \pmod 7$.
2. $n \equiv 3 \pmod 5$, $n \equiv 2 \pmod 6$, $n \equiv 7 \pmod{11}$.

正整数 n, a に対して $(n, a) = 1$ と $\bar{a} \in U(\mathbb{Z}/(n))$ が同値だから，(6.1.2) を用いて $\phi(n)$ に関する次の計算法が得られる．

系 6.9 正整数 n の素因数分解を $n = p_1^{e_1} \cdots p_k^{e_k}$ ($p_i \neq p_j;\ i \neq j$) とすると，

1. $\mathbb{Z}/(n) \cong \mathbb{Z}/(p_1^{e_1}) \times \cdots \times \mathbb{Z}/(p_k^{e_k})$.
2. $U(\mathbb{Z}/(n)) \cong U(\mathbb{Z}/p_1^{e_1}) \times \cdots \times U(\mathbb{Z}/p_k^{e_k})$.
3. $\phi(n) = \phi(p_1^{e_1}) \cdots \phi(p_k^{e_k}) = n\left(1 - \dfrac{1}{p_1}\right) \cdots \left(1 - \dfrac{1}{p_k}\right)$.

証明 定理 6.5 を $I_j = (p_j^{e_j})$ ($i = 1, \ldots, k$) として使うと (1) が得られます．(2) は (6.1.2) から，(3) は (2) と $\phi(p_i^{e_i}) = p_i^{e_i} - p_i^{e_i - 1} = p_i^{e_i}(1 - \frac{1}{p_i})$ より従います． ∎

2.7 環上の加群 (module)

問題 2.6

1. 環 A の元 e が $e^2 = e$ を満たすとき，**巾等元**（idempotent）と云う．このとき，$eA := \{ea | a \in A\}, (1-e)A := \{(1-e)a | a \in A\}$ は環で，$A \cong eA \times (1-e)A$ であることを示せ．
2. $\phi(n) \leq 20$ を満たす最大の n を求めよ．20 の代りに 50, 100 とするとどうなるか？
3. $A = k[X]$ (k は体) と置く．
   (1) 相異なる k の元 $a_1, \ldots, a_n$ に対して，
   $$\Phi : A \to k^n := k \times \cdots \times k \quad (n\text{ 個の直積}), \Phi(f) = (f(a_1), \ldots, f(a_n))$$
   は $A/((X-a_1)\cdots(X-a_n)) \cong k^n$ を与えることを示せ．
   (2) [**ラグランジュの補間法**] $f_j = (\prod_{i \neq j}(X-a_i))/(\prod_{i \neq j}(a_i-a_j))$ を用いて $f(a_i) = b_i$ $(1 \leq i \leq n)$ を満たす f を作れ．
4. (1) $\mathbb{Z}/(8)$ と $\mathbb{Z}/(4) \times \mathbb{Z}/(2)$ は，どちらも 8 個の元を持つが，環として (加法群としても) 同型でないことを示せ．
   (2) $\mathbb{F}_2[X]/(X^2)$ と $\mathbb{F}_2 \times \mathbb{F}_2$ は加法群としては同型だが，環としては同型でないことを示せ．
   (3) $\Phi : A[X, Y] \to A[X] \times A[Y], \Phi(f(X, Y)) = (f(X, 0), f(0, Y))$ は環の準同型写像であることを示せ．これを用いて $A[X, Y]/(XY)$ が $A[X] \times A[Y]$ の部分環と同型であることを示せ．

2.7 環上の加群 (module)

簡単な群というと，二項演算が可換であるような群，つまり加群です．加群では元 x について，$1x, 2x, 3x, \ldots$ などと整数倍ができます．つまり，加群は環 $\mathbb{Z}$ を作用域に持っているのです[*62]．$\mathbb{Z}$ だけでなく一般の環を作用域に持つ加群が数学のいろいろの場面で役に立ちます．例えば，体 K 上の多項式環 $K[x]$ や線型空間は環 K を作用域に持っていますし，環 A の任意のイデアル I は A の部分加群であり，しかも A を作用域に持っています．いろいろの局面で作用域の影響を考えることが非常に大切なのです．

[*62] $\mathbb{Z}$ の元をかけることができるということを，「$\mathbb{Z}$ を作用域に持つ」と云います．

定義 7.1 (環上の加群) 加群 M が環 A 上の加群あるいは **A 加群** (A module) というのは、任意の組 (a, x) $(a \in A, x \in M)$ に対して、M の元が定まり、それを ax または $a.x$ と表すと、$a, b \in A$, $x, y \in M$ に対して、

(7.1.1) $\qquad (a+b).x = a.x + b.x, \ a.(x+y) = a.x + a.y$

(7.1.2) $\qquad (ab).x = a.(b.x)$

(7.1.3) $\qquad 1_A.x = x$ (1_A は A の単位元).

という演算規則が成り立つことを云う.

上の三つの性質から、例えば、次の常識的な性質がすぐに分かります. 下付きの添字でどこの元かを表すことにしますと

(7.1.4) $\qquad 0_A.x = 0_M \quad (\forall x \in M)$.

(7.1.5) $\qquad a.0_M = 0_M \quad (\forall a \in A)$.

(7.1.6) $\qquad (-a).x = -(a.x) \quad (\forall a \in A, \forall x \in M)$.

(7.1.7) $\qquad a.(-x) = -(a.x) \quad (\forall a \in A, \forall x \in M)$.

証明 (7.1.4) と (7.1.6) だけ証明します. あとは同様ですから定義に慣れるためにやってみて下さい. $x = 1_A.x = (1_A + 0_A).x = 1_A.x + 0_A.x = x + 0_A.x$ より $0_A.x = 0_M$ が云え、(7.1.4) が示せます. また $0_M = a.0_M = a.(x+(-x)) = a.x + a.(-x)$ から $a.(-x) = -(a.x)$ で、(7.1.6) が云えます. ∎

これからは $a.x$ を ax, $-(a.x)$ を $-ax$ と表します.

定義 7.2 (部分加群) M の部分集合 N が **A 部分加群** であるとは、N が普通の意味の部分加群で、しかも A の作用で閉じていることを云う[63]. 前後の関係で明らかなときには単に「部分加群」とも云う. また、このとき剰余加群 M/N も $a(x+N) = ax + N$ $(a \in A, x \in M)$ と定めて A 加群になる.

線型代数での定義と同様に A 線型写像を定義します.

定義 7.3 (A 線型写像) M と N を A 加群とするとき、M から N への写像 f が **A 線型写像** (または **A 準同型**) であるとは

(7.3.1) $\quad x, y \in M, a, b \in A$ に対して $f(ax + by) = af(x) + bf(y)$

の成り立つことで、さらに、f が全単射のとき、**A 同型** と云う.

A 同型写像の逆写像も A 同型であることも容易に分かる.

---

[63] $a \in A$ に対して、$aN \subset N$ の成り立つこと.

2.7 環上の加群 (module)

A 線型写像の集合を

(7.3.2) $$\mathrm{Hom}_A(M, N)$$

で表します。$N = A$ のとき,$\mathrm{Hom}_A(M, A)$ は **M 上の線型関数** の全体です。$u, v \in \mathrm{Hom}_A(M, N), a, b \in A$ に対して,

(7.3.3) $$(a.u + b.v)(x) = a.u(x) + b.v(x)$$

で決る写像 $a.u + b.v$ も $\mathrm{Hom}_A(M, N)$ の元であることが分かるので $\mathrm{Hom}_A(M, N)$ は A 加群となります。この A 加群は二つの加群の関係を調べるのに役に立ちます。$u \in \mathrm{Hom}_A(M, N)$ に対して,u の**像** $\mathrm{Im}\, u$ と**核** $\mathrm{Ker}\, u$

(7.3.4) $$\mathrm{Im}\, u = u(M) = \{u(x) \mid x \in M\},$$
(7.3.5) $$\mathrm{Ker}\, u = \{x \in M \mid u(x) = 0_N\}$$

もそれぞれ N, M の A 部分加群です。

加群としての**同型定理**(1章の定理4.11)から

(7.3.6) $$M/\mathrm{Ker}\, u \cong \mathrm{Im}\, u$$

が成立しますが,この同型写像は **A 同型**でもあることが分かります。

例 7.4 (1) 最も簡単な A 加群は加群としての A に A の作用を積演算で定義されたと考えたものです。同様に,A が環 B の部分環のとき,B も A 加群と思えます。また,A のイデアルもすべて A 加群です。

(2) K が体のとき K 加群 V は K 上の線型空間に他なりません。

(3) A 加群 M の部分集合 $E = \{x_\lambda \mid \lambda \in \Lambda\}$ に対し,E の元の A 上の線型結合全体

(7.4.1) $$AE := (x_\lambda \mid \lambda \in \Lambda) = \left\{ \sum_{\lambda \in \Lambda} a_\lambda x_\lambda \mid a_\lambda \in A \right\}$$

は部分加群になります。これを **E が生成する部分加群**と云います。

(4) 環 A のイデアルは A 加群。A のイデアル I と A 加群 M に対して,IM を $\{ax \mid a \in I, x \in M\}$ で生成される M の A 部分加群とします。特に,$I = (a)$ のとき,$IM = aM := \{ax \mid x \in M\}$ です。

例 7.5 [*64]V を体 K 上の n 次元線型空間, u を V の線型写像[*65] とします. このとき, 多項式環 $A = K[T]$ の元 $f(T)$ に対して, V への作用を

(7.5.1) $\qquad f(T).v := f(u)(v) \quad (\forall v \in V)$ [*66]

で定義することによって, V は A 加群とみなすことができます. これを V_u と書くことにしましょう. 集合としては, $V_u = V$ で, V に u を作用させることは V_u で T 倍することに当たります. §8 で述べるように, 行列のジョルダンの標準形はこの加群の構造を調べることで分かるのです.

定義 7.6 (直和・直積) いくつかの (無限個の場合も含む) A 加群 M_λ ($\lambda \in \Lambda$) から, 直積と直和で新しく A 加群を構成することができる.

直積: 直積集合 $M = \prod_{\lambda \in \Lambda} M_\lambda$ に成分ごとの演算で加法と A の元 a によるスカラー倍を定めることができる.

(7.6.1) $\qquad (x_\lambda)_{\lambda \in \Lambda} + (y_\lambda)_{\lambda \in \Lambda} = (x_\lambda + y_\lambda)_{\lambda \in \Lambda}$
(7.6.2) $\qquad a.(x_\lambda)_{\lambda \in \Lambda} \ = (a.x_\lambda)_{\lambda \in \Lambda}$

こうして A 加群になった M を M_λ ($\lambda \in \Lambda$) の **直積** と云い, $M = \prod_{\lambda \in \Lambda} M_\lambda$ と表す. 各 M_λ を M の **直積因子** と云う.

直和: 直積 $\prod_{\lambda \in \Lambda} M_\lambda$ の **有限個以外の成分が 0 である** 元から成る部分集合は上の加法とスカラー倍でやはり A 加群である. これを M_λ ($\lambda \in \Lambda$) の **直和** と云い, $\oplus_{\lambda \in \Lambda} M_\lambda$ で表す[*67]. このとき, 各 M_λ を M の **直和因子** と云う.

加群が部分加群の直和になっているときは, 演算が各項ごとに決るのですから, 直和因子の性質が分かればよいことになります. ですから, 加群をできるだけ簡単な直和因子の直和に分解することが大切です.

線型代数学 (体の上の加群) では線型独立, 線型従属の概念が基本的ですが, 環上の加群ではその中間的な場合があります. 例えば,

---

[*64] この例は (7.17), 例 8.6, 例 8.7 に続きます.
[*65] V の基底を定めると, u は n 次正方行列で表現されます.
[*66] 帰納的に $u^2(v) = u(u(v)), \ldots, u^k(v) = u(u^{k-1}(v)), \ldots$ と定めます. 特に $T.v = u(v)$.
[*67] この定義から, Λ が有限集合のときは, 直和=直積です. Λ が有限集合のときは, 直和と直積には大きな差が出ます. 例えば, $\mathbb{Z}$ 加群 $\mathbb{Z}$ の可算個の直和はやはり可算濃度を持ちますが, 可算個の直積は連続濃度を持ちます.

2.7 環上の加群 (module)

例 7.7 $A = \mathbb{Z}$, $M = \mathbb{Z}/12\mathbb{Z}$ とします. $a = 4, x = 3 \bmod 12 \ (= 3 + 12\mathbb{Z})$ とすると, $a \neq 0, x \neq 0$ ですが $ax = 0 \bmod 12$ となります. このような元を**ねじれ元**と云います[*68].

定義 7.8 一般に A 加群 M の元 x に対して,

(7.8.1) $$\mathrm{Ann}_A(x) := \{a \in A \mid ax = 0\}$$

と置く[*69]. 一般に M の部分集合 H に対して,

(7.8.2) $$\mathrm{Ann}_A(H) := \{a \in A \mid ax = 0, \forall x \in H\}$$

を H の**零化イデアル**と云う.

$\mathrm{Ann}_A(x) \neq (0)$ のとき x を**ねじれ元**と云います. 0_M は自明なねじれ元です. また, A **が整域のとき**, M のねじれ元全体の集合 $t(M)$ は M の部分加群になりますが, これを M の**ねじれ部分加群** (torsion part of M) と云います. また, ねじれ部分が 0 のみのとき, この加群 M を**ねじれがない** (torsion free) と云います.

問題 7.1. (1) $\mathrm{Ann}_A(x)$ が A のイデアルであることを示せ. (これを x の**零化イデアル**と云います.)

(2) $t(M)$ が M の部分加群になることを示せ.

例 7.9 正整数 $n \geq 2$ に対して, $M = \mathbb{Z}/n\mathbb{Z}$ は $\mathbb{Z}$ 加群として考えると, どの元もねじれ元です. M の零化イデアル $\mathrm{Ann}_{\mathbb{Z}}(M) = (n)$ もすぐに分かるでしょう.

例 7.10 M を整域 A 上の加群, $t(M)$ をねじれ部分加群とすると, $\bar{M} := M/t(M)$ のねじれ部分 $t(\bar{M})$ は $\{\bar{0}\}$ となります. つまり $\bar{M}$ はねじれを持ちません. なぜなら, $t(\bar{M})$ で $a\bar{x} = \bar{0}$ $(a \neq 0 \in A)$ は, もとの加群 M で $ax \in t(M)$ を意味します. よって, ある元 $b \neq 0 \in A$ に対して $b(ax) = (ba)x = 0$ です. $ba \neq 0$ ですから, $x \in t(M)$. ゆえに $\bar{x} = \bar{0} \in \bar{M}$ です. $M/t(M)$ を考えるのは, ねじれのない加群を作る一般的な手法です.

定義 7.11 (加群の生成元) A 加群 M の部分集合 $E = \{e_\mathfrak{l} \mid \mathfrak{l} \in \Lambda\}$ で, M の

[*68] 英語では torsion と云います. この名前は位相幾何学でホモロジー群のねじれ元が空間のねじれに対応していることからきています.

[*69] 英語では annihilator.

すべての元 x が
$$x = \sum_{l \in \Lambda} a_l e_l$$
と表されるとき[*70]，E を M の**生成系**と云う[*71]．特に有限個の元より成る生成系を持つとき，M は**有限生成**（または**有限型**）であると云う．

例えば，A のイデアル I に対して，剰余加群 A/I は $1 \bmod I$ のスカラー倍全体です．つまり，一つの元で生成されます．このような加群を**単項加群**と云います．また，逆に M が一つの元 x で生成されているとき，$\mathrm{Ann}_A(x) = I$ と置くと，A 準同型 $f : A \to M, f(a) = ax$ は同型写像 $A/I \cong M$ をひきおこします．

A 加群の応用として，環の**整拡大**を取り上げましょう．環の拡大の中で，次に述べる**整拡大**（integral extension）は特に数論で重要です．有理数体 $\mathbb{Q}$ に対して整数環 $\mathbb{Z}$ があり，約数倍数，素数などの「整数論的」概念は，上で見たように環 $\mathbb{Z}$ の性質なのですが，では有理数を含む例えば $\mathbb{Q}(\sqrt{d})$ などの体に，$\mathbb{Z}$ に当たるものをどう定義するかということから次の整拡大の概念が生まれます．

以下では，環 A は環 B の部分環とします（$A = \mathbb{Z}, B = \mathbb{C}$ が典型的な例です）．

定義 7.12 (整拡大) (1) $b \in B$ がある**主多項式** $f \in A[X]$ に対して $f(b) = 0$ となるとき，即ち，

(7.12.1) $\qquad b^n + a_1 b^{n-1} + \cdots + a_{n-1} b + a_n = 0 \quad (a_1, \ldots, a_n \in A)$

の形の式を満たすとき，b は A **上整である**[*72]と云う．B の各元が A 上整のとき B は A **上整である**と云う．

(2) $\mathbb{Z}$ 上整である $\mathbb{C}$ の元を**代数的整数**と云う．

(7.12.1) の重要な点は，この式より b^n が $1, b, b^2, \ldots, b^{n-1}$ の A 係数の 1 次結合で書けることです．b^m ($m > n$) も b に関する次数が $n - 1$ まで下ろ

[*70] いつもの通り，a_l の中で 0 でないものは有限個です．

[*71] M 自身は M の一つの生成系ですから，一応どのような A 加群も生成系を持っていることになりますが，こういう自明な生成系は何の足しにもなりません．

[*72] 英語では b is **integral** over A．

2.7 環上の加群（module）

せますから，
(7.12.2)　$A[b]$ のどんな元も $a_0 + a_1 b + \cdots + a_{n-1} b^{n-1}$ の形に表せる．

例 7.13　(1) $\sqrt{d}$ $(d \in \mathbb{Z})$ は $X^2 - d = 0$ の根ですから代数的整数です．また，1 の n 乗根は $X^n - 1 = 0$ の根ですから，代数的整数です．

(2) $\mathbb{Q}$ の元で $\mathbb{Z}$ 上整なものは $\mathbb{Z}$ の元しかありません．実際，(7.12.1) で $A = \mathbb{Z}, b = \frac{s}{t} \in \mathbb{Q}$ $s, t \in \mathbb{Z}, (s, t) = 1$ と仮定して，両辺の分母を払うと
(7.13.1)　　　　　　$s^n + a_1 s^{n-1} t + \cdots + a_{n-1} s t^{n-1} + a_n t^n$

となり，第 1 項以外はすべて t の倍数ですから，$t > 1$ とすると $(s, t) = 1$ に反してしまいます．

(3) A が UFD で，商体が K のとき，K の元で A 上整なものは A の元しかありません．説明は (2) と同じにできます．

環 A が環 B の部分環のとき，$b, b' \in B$ がどちらも A 上整ならば，$b + b', bb'$ も A 上整であることが分かります．即ち，

命題 7.14　環 A が環 B の部分環のとき，B の部分集合
(7.14.1)　　　　　　　　$\{b \in B \mid b \text{ は } A \text{ 上整}\}$
は B の部分環である[*73]．

それを見るために，まず次の定理を示しましょう．

定理 7.15　環 B の部分環 A と $b \in B$ に対して次の条件は同値である．
(1) b は A 上整である．
(2) b が A 上生成する環 $A[b]$ は有限生成 A 加群である．
(3) 1 を含む B の有限生成部分 A 加群 M で，$bM \subseteq M$ であるものが存在する．

証明　(1)$\Longrightarrow$(2) は上で見ました．また，(2)$\Longrightarrow$(3) は $M = A[b]$ とすれば明らかです．

(3)$\Longrightarrow$(1)　M が A 加群として $x_1 = 1, \ldots, x_n$ で生成されているとしま

[*73] この環を **B 内での A の整閉包**（integral closure of A in B）と云います．

しょう． $bx_i \in M$ $(i = 1, \ldots, n)$ ですから，
$$\begin{aligned} b \cdot x_1 &= a_{11}x_1 + \cdots + a_{1n}x_n \\ b \cdot x_2 &= a_{21}x_1 + \cdots + a_{2n}x_n \\ &\vdots \\ b \cdot x_n &= a_{n1}x_1 + \cdots + a_{nn}x_n \quad (a_{ij} \in A) \end{aligned}$$

と表せます．右辺を移項して整頓すると，行列表示で次の連立 1 次方程式ができます．

(7.15.1)
$$\begin{pmatrix} b-a_{11} & -a_{12} & \cdots & -a_{1n} \\ -a_{21} & b-a_{22} & \cdots & -a_{2n} \\ \multicolumn{4}{c}{\dotfill} \\ -a_{n1} & \cdots & \cdots & b-a_{nn} \end{pmatrix} \begin{pmatrix} x_1 \\ x_2 \\ \vdots \\ x_n \end{pmatrix} = \begin{pmatrix} 0 \\ 0 \\ \vdots \\ 0 \end{pmatrix}$$

左の行列は I_n を n 次の単位行列，$U = (a_{ij}) \in M(n, A)$ として，$bI_n - U$ と表せます．$(bI_n - A)$ の余因子行列を (7.15.1) に左からかけて，第一成分を見ると，$\det(bI_n - A)x_1 = \det(bI_n - A) = 0$ が分かります．$\det(bI_n - A) = \Phi_U(b)$．$\Phi_U(X)$ は A 係数の n 次の主多項式ですから (1) が示せました．∎

(7.14) の証明 $b, c \in B$ が A 上整なら $b + c, bc$ も A 上整であることを示します．$A[b], A[c]$ が A 加群として，それぞれ $1, b, \ldots, b^{n-1}, 1, c, \ldots, c^{m-1}$ で生成されるとき，$A[b, c]$ は A 加群として $\{b^i c^j\}_{0 \leq i \leq n-1, 0 \leq j \leq m-1}$ で生成されることは容易に分かります．$b + c, bc \in A[b, c]$ で $A[b, c]$ は環ですから，定理 7.15 の (3) で $M = A[b, c]$ と置けば $b + c, bc$ も A 上整であることが分かります．∎

例 7.16 整係数 2 次式 $X^2 - aX + b = 0$ $(a, b \in \mathbb{Z})$ の根を α と置くと $\alpha = \frac{-a \pm \sqrt{a^2 - 4b}}{2}$ です．a が偶数のとき $a = 2a', d = a'^2 - b$ と置いて $\alpha = -a' \pm \sqrt{d}$，$a$ が奇数のとき $a = 2a' + 1, d = a^2 - 4b$ と置くと $d \equiv 1 \pmod{4}$ で $\alpha = -a' + \frac{-1 \pm \sqrt{d}}{2}$ です．もちろん，このような α は代数的整数です．この計算より，$\mathbb{Z}$ の $\mathbb{Q}(\sqrt{d})$ 内での整閉包は $\mathbb{Z}[\alpha]$，但し

$$\alpha = \begin{cases} \sqrt{d} & (d \equiv 2 \text{ または } 3 \pmod 4) \\ \frac{-1 + \sqrt{d}}{2} & (d \equiv 1 \pmod 4) \end{cases}$$

と表せます．この $\mathbb{Z}[\alpha]$ は既に (1.19) に出てきましたが，こういうわけで **2 次体 $\mathbb{Q}(\sqrt{d})$ の整数環**と云うのです．

2.7 環上の加群（module）

7.17 (自由加群) M の任意の元 x が $\{e_\lambda | \lambda \in \Lambda\}$ によって**一意的に** $x = \sum_{\lambda \in \Lambda} a_\lambda e_\lambda$ と表されているとき，$\{e_\lambda | \lambda \in \Lambda\}$ を M の**基底**であると云う．

この定義は線型代数（体上の加群）の場合と全く同じですが，違うのは一般の環の上の加群では，基底が存在するとは限らないということです．基底を持つ加群を**自由加群**と呼びます．

最も簡単な A 上の自由加群は加群として考えた A そのものです．このとき，A の基底として乗法の単位元 1_A を考えればよいわけです．さらに，A の集合 Λ 上の直和

(7.17.1) $\qquad A^{(\Lambda)} = \oplus_{\lambda \in \Lambda} A_\lambda \quad$ (任意の λ に対して，$A_\lambda = A$)

も自由加群です[*74]．基底が有限集合のとき，その個数を自由加群 M の**階数**[*75]と云い rank M で表します．

例 7.18 (1) 有理数体 $\mathbb{Q}$ を $\mathbb{Z}$ 加群と考えたとき，$\mathbb{Q}$ はねじれを持ちませんが，$\mathbb{Q}$ は自由加群ではありません．なぜなら，0 でない二つの有理数 a, b を既約分数表示して，$a = p/q, b = r/s$ とすると，$(qr)a - (sp)b = 0$ が成立しますから，もし基底があるとすれば，1 個の元しかありません．しかしすべての有理数をある $c \in \mathbb{Q}$ の整数倍では表せません．つまり $\mathbb{Q}$ はねじれがないけれども自由加群ではない一つの例です．

(2) 例 7.9 の $M = \mathbb{Z}/n\mathbb{Z}$ は $A = \mathbb{Z}/n\mathbb{Z}$ 上の加群として自由加群ですが，n が合成数であれば，0 でないねじれ元があります．例えば，$n = 12$ のとき，3 mod 12 はねじれ元です．また $\bar{i} = i$ mod 12 とするとき，$\mathrm{Ann}_A(\bar{3}) = \{\bar{0}, \bar{4}, \bar{8}\}$ です．

自由加群を考える利点として，次の定理が成立します．

定理 7.19 任意の A 加群 M は自由加群の剰余加群に同型である．

証明 M の生成系を $(x_\lambda)_{\lambda \in \Lambda}$ とするとき，A の Λ 上の直和

$$A^{(\Lambda)} = \oplus_{\lambda \in \Lambda} A_\lambda \quad (\forall A_\lambda = A)$$

は自由加群です．1_λ を A_λ の基底とするとき，λ 成分だけが 1_λ で他の成

[*74] 二つの自由加群 $A^{(\Lambda)}$ と $A^{(\Gamma)}$ が同型であることと，は，集合 Λ と Γ の間に全単射が存在することが同値です．また，A の無限個の直積は自由加群ではありません．

[*75] A が体のときは階数と次元は同じものです．

分が 0 であるような元 $e_\lambda \in A^{(\Lambda)}$ の集合が $A^{(\Lambda)}$ の基底となります．この自由加群から M への全射準同型写像 f を

$$(7.19.1) \qquad f\left(\sum_{\lambda \in \Lambda} a_\lambda e_\lambda\right) = \sum_{\lambda \in \Lambda} a_\lambda x_\lambda$$

で定義することができます．このとき，準同型定理によって，$M \cong A^{(\Lambda)}/\mathrm{Ker}\, f$ です． ∎

線型代数で，ヴェクトル空間の間の写像は，基底を定めることにより行列と一対一に対応することを見ましたが，自由加群に対しては同様の結果が成立します．

定理 7.20 (1) 自由加群 $A^{(\Lambda)}$ の基底を $e_\lambda \in A^{(\Lambda)}$ とするとき，任意の A 加群 M に対して A 線型写像

$$(7.20.1) \qquad \Phi : \mathrm{Hom}_A(A^{(\Lambda)}, M) \to \prod_{\lambda \in \Lambda} M_\lambda,$$

$$\Phi(f) = (f(e_\lambda))_{\lambda \in \Lambda} \ (f \in \mathrm{Hom}_A(A^{(\Lambda)}, M))$$

は同型写像である．特に，A^n, A^m の基底をそれぞれ $(e_i)_{i=1}^n, (e'_j)_{j=1}^m$, $M(m, n; A)$ を A 係数の $m \times n$ 行列の集合とするとき，

$$(7.20.2) \qquad \Phi : \mathrm{Hom}_A(A^n, A^m) \cong M(m, n; A),$$

$$\Phi(f) = (a_{ij}) \quad \left(f(e_j) = \sum_{i=1}^m a_{ij} e'_i\right).$$

問題 2.7

1. $A = M = \mathbb{Z}/(12)$ のとき，M のねじれ元をすべて決定し，部分加群でないことを示せ．
2. M を A 加群，I を A のイデアルとする．$f \in \mathrm{Hom}_A(A/I, M)$ に対して，標準全射 $\pi : A \to A/I$ との合成写像を考えることにより，A 加群の同型

   $$\mathrm{Hom}_A(A/I, M) \cong \mathrm{Ann}_M(I) := \{x \in M \mid ax = 0 \ (\forall a \in I)\}$$

   を示せ．
3. A 加群 M の各元 x に対して $\mathrm{Ann}_A(x)$ を考えるとき，$\mathrm{Ann}_A(x)$ の形のイデアルの中で極大なものは素イデアルであることを示せ．
4. (1) 自由加群 $M \cong A^n, N \cong A^m$ の基底を決めて，A 準同型 $f : M \to N$ を行列で表示したとき，M, N の基底を換えると，この行列はどう変わるか．

(2) 自由 A 加群 $V \cong A^n$ と自己準同型写像 $f : V \to V$ に対して $\det f$ は V の基底の取り方によらずに定まることを示せ．このとき，f が同型写像 $\iff \det(f) \in U(A)$ を示せ．
(3) f に対するケーリー–ハミルトンの定理を述べ，証明せよ．
5. (1) $\alpha : \mathrm{Hom}_{\mathbb{Z}}(\mathbb{Q}, \mathbb{Q}) \to \mathbb{Q}$, $\alpha(f) = f(1)$ は同型写像であることを示せ．
(2) A が整域，商体が K のとき，$\mathrm{Hom}_A(K, K) \cong K$ を示せ．
(3) 任意の K の A 部分加群 M, N に対して，$\mathrm{Hom}_A(M, N)$ は K の A 部分加群と同型であることを示せ．

2.8 PID 上の加群，可換群の基本定理

この節では，定理 7.19 を A が PID（単項イデアル環）であるときに適用して有限生成 A 加群の構造をもっと詳しく調べることにします．まず，

定理 8.1 A が PID のとき，A 上の自由加群 L の任意の部分加群 M はまた自由加群である[*76]

証明 簡単のために，L が有限生成の場合を考えましょう．$(e_i)_{i=1}^n$ を L の基底とします．ここで，$\{e_1, \ldots, e_k\}$ で生成される L の部分加群を L_k とし，M の部分加群 $M_k = L_k \cap M$ $(k = 1, \ldots, n)$ を考えます．そうすると，この部分加群の任意の元 x は

$$x = a_1 e_1 + \cdots + a_k e_k \quad (a_1, \ldots, a_k \in A)$$

と表せますが，k 番目の係数 a_k の集合 I_k は A のイデアルになることが分かります．

何故なら，$a_k, b_k \in I_k$ であれば，ある $x, y \in M_k$ が存在して，

$$x = a_1 e_1 + \cdots + a_k e_k \quad (a_1, \ldots, a_k \in A)$$
$$y = b_1 e_1 + \cdots + b_k e_k \quad (b_1, \ldots, b_k \in A)$$

と表現されます．しかし，M_k は A 加群ですから，

$$x - y = (a_1 - b_1)e_1 + \cdots + (a_k - b_k)e_k \in M_k$$
$$ax = (aa_1)e_1 + \cdots + (aa_k)e_k \in M_k \quad (\forall a \in A)$$

これより $a_k - b_k, aa_k \in I_k$ となるからです．ところが，A は PID ですから，

[*76] 逆に，A がこの性質を持てば，A は PID です．

$I_k = (\alpha_k)$ $(\alpha_k \in A)$ と表せます．$I_k \neq 0$ のときには，α_k を k 番目の係数とする M_k の元がありますから，それを

$$m_k = a_{1k}e_1 + \cdots + a_{1\,k-1}e_{k-1} + \alpha_k e_k \in M_k$$

とすると，下に説明するように，$m_1, \ldots, m_n$（0 であるものは省く）が M の基底になります．

$$x = a_{1\,n}e_1 + \cdots + a_{n\,n}e_n \in M = M_n$$

に対して，$a_{nn} = \beta_n \alpha_n$ ($\exists \beta_n \in A$) ですから，

$$x_{n-1} = x - \beta_n m_n = a_{1\,n-1}e_1 + \cdots + a_{n-1\,n-1}e_{n-1} \in M_{n-1}$$

となります．同様に，$a_{n-1\,n-1} = \beta_{n-1}\alpha_{n-1}$ ($\exists \beta_{n-1} \in A$) より

$$x_{n-2} = x_{n-1} - \beta_{n-1}m_{n-1} \in M_{n-2}$$

で以下同様にしていくと，

$$x_1 = x_2 - \beta_2 m_2 \in M_1$$
$$0 = x_1 - \beta_1 m_1 \in M_0 = \{0\}$$

ですから，逆算して，

$$x = x_{n-1} + \beta_n m_n = \cdots = \sum_{k=1}^{n} \beta_k m_k$$

ここで，$m_1, \ldots, m_n$ のうち 0 でないものが線型独立であることと M の基底になることは明らかでしょう． ∎

定理 7.19 より，任意の A 加群は自由加群の，ある部分加群による剰余加群です．従って，自由加群とその部分加群の構造の相対的な関係がもっとよく分かればすべての A 加群の構造がよく分かります．

定理 8.2 L を PID である環 A 上の有限階数 n の自由加群，M をその有限階数 m の部分加群とすると，L の基底 $e_1, \ldots, e_n$ および，0 でない A の m 個の元 α_i ($1 \leq i \leq m$) が存在して，次の性質を満たす．

(8.2.1) $\qquad\qquad\quad (\alpha_1) \supseteq (\alpha_2) \supseteq \cdots \supseteq (\alpha_m)$
(8.2.2) $\qquad\qquad\quad \alpha_1 e_1, \ldots, \alpha_m e_m$ は M の基底である．

さらに，単項イデアル $(\alpha_1), (\alpha_2), \ldots, (\alpha_m)$ は上の条件で一意的に定まる．これらの単項イデアルを**部分加群 M の単因子**と云う．

2.8 PID 上の加群，可換群の基本定理

証明 $M = \{0\}$ なら自明ですから，rank $M = 0$ で成立します．以下階数に関する帰納法を用います．$m := \text{rank } M \geq 1$ とし，階数が $m - 1$ 以下の部分加群については定理が成立するものとしましょう．L の線型関数 $f \in \text{Hom}_A(L, A)$ に対して M の像 $f(M)$ は A のイデアルです．これらの中で極大なものが存在します[*77]．それを $(\alpha_1) = A\alpha_1 = f_1(M)$ とすると，$u \in M$ で $\alpha_1 = f_1(u)$ となるものがあります．このとき，次が成立します．

(a) 任意の線型関数 $h \in \text{Hom}_A(L, A)$ に対して，$h(u) \in (\alpha_1)$．

［証明］$\beta = h(u)$ とすると，A は PID だから $(\alpha_1) + (\beta) = (\gamma)$ となる $\gamma \in A$ が取れます．このとき，$(\gamma) \supseteq (\alpha_1)$ に注意しましょう．$\gamma = \lambda\alpha_1 + \mu\beta$ ($\exists \lambda, \exists \mu \in A$) として，$g = \lambda f_1 + \mu h$ という線型関数を取ると，
$$g(u) = \lambda f_1(u) + \mu h(u) = \gamma \in g(M)$$
ですから，
$$g(M) \supseteq (\gamma) \supseteq (\alpha_1) = f_1(M)$$
となります．しかし $f_1(M)$ は極大ですから，$(\gamma) = (\alpha_1)$ でなくてはなりません．これで $h(u) = \beta \in (\alpha_1)$ が示せました．

さて，L の任意に選んだ基底 $(v_i)_{i=1}^n$ の線型結合で L の元 x を $x = \sum_{i=1}^n a_i v_i$ と表したとき，$g_i(x) = a_i$ を**座標関数**と云います[*78]．座標関数も $\text{Hom}_A(L, A)$ の元で，$g_i(u) \in (\alpha_1)$ ですから，$u = \alpha_1 e_1$ となるような L の元 e_1 が存在します．このとき，$\alpha_1 = f_1(u) = \alpha_1 f_1(e_1)$ より，$f_1(e_1) = 1$ となります．この e_1 に関して次が成立します．

(b) $L_1 := \text{Ker } f_1$ と置くとき，$L = Ae_1 \oplus L_1$ と直和に分解する．

［証明］任意の $x \in L$ に対して $y = x - f_1(x) e_1$ とすると，$f_1(y) = 0$ となるので，$y \in L_1$．ゆえに $x = f_1(x) e_1 + y \in Ae_1 + L_1$．また，$(\alpha_1) e_1 \cap \text{Ker } f_1 = \{0\}$ もすぐに分かります．

特に，$\forall x \in M$, $f_1(x) \in (\alpha_1)$ だから，$M_1 = \text{Ker } f_1 \cap M$ とすると，
$$(8.2.3) \qquad M = (\alpha_1) e_1 \oplus M_1$$
が分かります．帰納法を進めるために次を示します．

[*77] 命題・定義 9.1，例 9.2 参照．
[*78] 正確に述べると，基底 $(v_i)_{i=1}^n$ に関する第 i 座標関数．

(c) L の任意の線型関数 h に対して,$h(M_1) \subset (\alpha_1)$.

もしも $h(M_1) \not\subset (\alpha_1)$ だとすると,L の線型関数で,Ae_1 上では f_1 に一致し,L_1 上では h に一致するものを g とすると[*79],
$$(\alpha_1) \subsetneq g(M) = f_1((\alpha_1)e_1) + h(M_1) = (\alpha_1) + h(M_1)$$
だから,(α_1) の極大性に矛盾することになります.

(d) このことからイデアル (α_1) が実は L のすべての線型関数 h に対して得るイデアル $h(M)$ をすべて含むことが分かります.
(8.2.4) $\qquad (\alpha_1) = \max\{h(M) \mid \forall h \in \operatorname{Hom}_A(L, A)\}$
これより,イデアル (α_1) は M から一意的に定まることが分かります.

さて,M_1 は rank $M_1 = m - 1$ で自由加群 L_1 (rank $L_1 = n - 1$) の部分加群ですから,帰納法の仮定より L_1 の基底 $e_2, \ldots, e_n$ と A の元 $\alpha_2, \ldots, \alpha_m$ が存在して,$\alpha_2 e_2, \ldots, \alpha_m e_m$ が M_1 の基底となり,しかも $m - 1$ 個のイデアル $(\alpha_2) \supset \cdots \supset (\alpha_m)$ は M_1 に対して一意的に決まります.

$e_1, \ldots, e_n$ は L の基底ですが,今 $f(e_2) = 1, f(e_i) = 0$ ($i \neq 2$) で L の線型関数 f を定めると,上に見たように $f(M_1) = (\alpha_2) \subset (\alpha_1)$ で,
$$(\alpha_1) \supseteq (\alpha_2) \cdots \supseteq (\alpha_m)$$
となり,定理の条件を満たすことが分かります.

(e) 次にイデアル $(\alpha_1), \ldots, (\alpha_m)$ の**一意性**を示しましょう[*80].

(8.2.1), (8.2.2) の条件を満たすもう一つの L の基底 $e'_1, \ldots, e'_n$ と,0 でない A の m 個の元 β_i ($1 \leq i \leq m$) で,
(8.2.1′) $\qquad (\beta_1) \supseteq (\beta_2) \supseteq \cdots \supseteq (\beta_m)$
(8.2.2′) $\qquad \beta_1 e'_1, \ldots, \beta_m e'_m$ は M の基底である.

を満たしているとき,$(\alpha_1) = (\beta_1), \ldots, (\alpha_m) = (\beta_m)$ を示せばよいわけです[*81].A は PID ですから,各元が素因数分解を持ちますが,α_m に含まれる素因数の個数に関する帰納法で示しましょう.

剰余加群 L/M を考えると,L/M は一方で $A/(\alpha_1) \oplus \cdots \oplus A/(\alpha_m) \oplus A^{n-m}$

[*79] $g = f_1|_{Ae_1} \oplus h|_{L_1}$.
[*80] f_1 は一意的とは限りませんから,$M_1 = \operatorname{Ker} f_1 \cap M$ も一意的ではありません.
[*81] 基底 $e_1, \ldots, e_n$ の取り方には,かなり自由度があります.

2.8 PID 上の加群, 可換群の基本定理

と, 他方で $A/(\beta_1) \oplus \cdots \oplus A/(\beta_m) \oplus A^{n-m}$ と同型ですから,

(8.2.5) $\quad N := A/(\alpha_1) \oplus \cdots \oplus A/(\alpha_m) \cong A/(\beta_1) \oplus \cdots \oplus A/(\beta_m)$

が云えます[*82]. まず $\alpha_m = p$ が素元のときは, $\alpha_i | \alpha_m$ ですから $(\alpha_i) = (p)$ または (1) で, N は体 $A/(p)$ 上の線型空間ですから, $N \cong (A/(p))^{m-r}$ と置くと, $(\alpha_1) = \cdots = (\alpha_r) = (1), (\alpha_{r+1}) = \cdots = (\alpha_m) = (p)$. (β_i) についても同様ですから, (e) が成立しています.

次に, $(\alpha_1) = \cdots = (\alpha_s) = (1) \supsetneq (\alpha_{s+1})$ のとき, 素元 $p | \alpha_{s+1}$ を取ると,

(8.2.6) $\quad \mathrm{Ann}_N(p) := \{x \in N | px = 0\}$
$\cong (\alpha_{s+1}/p)/(\alpha_{s+1}) \oplus \cdots \oplus (\alpha_m/p)/(\alpha_m)$

は体 $A/(p)$ 上の $m-s$ 次元線型空間ですから ($\mathrm{Ann}_N(p)$ は N の直和への表現によりませんから) $(\beta_1) = \cdots = (\beta_s) = (1) \supsetneq (\beta_{s+1})$ と $p | \beta_{s+1}$ が分かります.

次に, $pN := \{px | x \in N\}$ を考えると,

(8.2.7) $\quad pN \cong (p)/(\alpha_{s+1}) \oplus \cdots \oplus (p)/(\alpha_m)$
(8.2.8) $\quad \cong A/(\alpha_{s+1}/p) \oplus \cdots \oplus A/(\alpha_m/p)$
(8.2.9) $\quad \cong (p)/(\beta_{s+1}) \oplus \cdots \oplus (p)/(\beta_m)$
(8.2.10) $\quad \cong A/(\beta_{s+1}/p) \oplus \cdots \oplus A/(\beta_m/p)$

です. α_m/p の素因数の数は α_m の素因数の数より小さいので, 帰納法の仮定より $(\alpha_{s+1}/p) = (\beta_{s+1}/p), \ldots, (\alpha_m/p) = (\beta_m/p)$ が云え, (8.2.6) と併せて (e) が示せ, 定理 8.2 の証明が完結しました. ∎

系 8.3 (PID 上の加群の構造定理) A を PID とするとき, n 個の元で生成される有限型 A 加群 N に対して, 整数 $m (\leq n)$ と A の $s (\leq m)$ 個のイデアル $I_1, \ldots I_s$ が一意的に存在して, 次の性質を満たす.

(8.3.1) $\quad A \supsetneq I_1 \supseteq \cdots \supseteq I_s \neq (0)$
(8.3.2) $\quad N \cong A/I_1 \oplus \cdots \oplus A/I_s \oplus \underbrace{A \oplus \cdots \oplus A}_{n-m}$
(8.3.3) $\quad N$ のねじれ部分加群 $t(N)$ は
$\quad\quad\quad\quad t(N) \cong A/I_1 \oplus \cdots \oplus A/I_s$

[*82] N は L/M のねじれ部分群に同型.

で，N は $t(N)$ と階数 $n-m$ の自由加群の直和である．

証明 定理 7.19 より，N は自由加群 $L = A^n$ の部分加群 M による剰余加群 L/M に同型です．定理 8.2 の記号をそのまま用いることにします．そこで r を

$$A = (\alpha_1) = \cdots = (\alpha_r) \supsetneq (\alpha_{r+1}) \supset \cdots \supset (\alpha_m)$$

となる整数としますと，$A/(\alpha_1) = \cdots = A/(\alpha_r) = \{0\}$ となります．だから，

$$M \cong (\alpha_1)e_1 \oplus \cdots \oplus (\alpha_m)e_m$$

であることを考慮にいれると，$s = m - r$ として，$I_1 = (\alpha_{r+1}), \ldots, I_s = (\alpha_m)$ と置いて，

$$N \cong L/M \cong A/I_1 \oplus \cdots \oplus A/I_s \oplus \underbrace{A \oplus \cdots \oplus A}_{n-m}$$

が得られます．これから (8.3.3) が分かります．一意性は定理 8.2 に含まれています． ∎

イデアル I_i ($1 \leq i \leq s$) を A 加群 M の**単因子**と云います．また $n-m$ を M の**階数（ランク）**と云います．rank M = rank $M/t(M) = n-m$ ですから，これが一意的に定まることが (8.3.3) から分かります．

この系の分解を**単因子分解**と云います．

系 8.4 (アーベル群の基本定理) 任意の有限生成アーベル群 G はいくつかの有限巡回部分群と無限巡回部分群の直積に同型である．

$$G \cong \underbrace{\mathbb{Z}/(n_1) \times \cdots \times \mathbb{Z}/(n_s)}_{\text{有限巡回部分}} \times \underbrace{\mathbb{Z} \times \cdots \times \mathbb{Z}}_{r}$$

位数 n の巡回群を C_n，無限巡回群を C_∞ と書くと，

$$G \cong \underbrace{C_{n_1} \times \cdots \times C_{n_s}}_{\text{有限巡回部分}} \times \underbrace{C_\infty \times \cdots \times C_\infty}_{r}$$

このとき，$n_1, \ldots, n_s$ は $n_1 | \cdots | n_s$ となる正整数 ($n_1 > 1$) で，これらは一意的に決る．これらを G の**単因子**と云う．また無限巡回部分群の個数 r を G の**階数**と云う．

証明 G は既に述べたように，$\mathbb{Z}$ 上の加群です．$\mathbb{Z}$ は PID ですから上の系 8.3 をそのまま適用できます． ∎

2.8 PID 上の加群，可換群の基本定理

8.5 位数 n のアーベル群で，互いに同型でないものが何種類あるかを考えましょう．まず $n = p^k$ が素数の巾のときには，$n_1 = p^{a_1} | \cdots | n_s = p^{a_s}$, $n_1 \cdots n_s = p^k$ は k の分割 $a_1 + \cdots + a_s = k$ に対応しますから，

(8.5.1) 位数 p^k（p は素数）のアーベル群で互いに同型でないものの個数は k の分割の個数に等しい．

一般の位数 $n = p_1^{k_1} \cdots p_r^{k_r}$ のアーベル群は，各素数の巾の位数のアーベル群で決りますから，

(8.5.2) 位数 $n = p_1^{k_1} \cdots p_r^{k_r}$ のアーベル群で互いに同型でないものの個数は (k_1 の分割の個数) $\times \cdots \times$ (k_r の分割の個数) に等しい．例えば，位数 $21600 = 2^5 3^3 5^2$ のアーベル群で互いに同型でないものの個数は 5 の分割が 7 種類，3 の分割が 3 種類，2 の分割が 2 種類ですから，$7 \times 3 \times 2 = 42$ 種類です．

例 8.6 例 7.5 に戻って，$V_u \cong A^n/(T-\mu)(A^n)$ $(A = K[T])$ の単因子分解を調べましょう．今までのことから，この剰余加群の構造を調べるには，$L = A^n$ の部分加群 $M = (T-\mu)(E)$ $(E = A^n)$ の単因子（定理 8.2 参照）が分かればよいことになります．

系 8.3 より，
$$V_u \cong A/I_1 \oplus \cdots \oplus A/I_s \oplus \underbrace{A \oplus \cdots \oplus A}_{n-m}$$

ですが，K 上の次元 $\dim_K V_u = n$ で，また $\dim_K K[T] = \infty$ ですから，$n - m = 0$ で V_u は **A 加群としてはねじれ加群である**ことが分かります．つまり，$s = n$ で
$$V_u \cong A/I_1 \oplus \cdots \oplus A/I_n.$$

$T - \mu$ を A 上の線型空間 $E = A^n$ からもう一つの線型空間 $L = A^n$ への線型写像と考えるので[*83]，系 8.3 の意味は E と L の基底をうまく選べば，L の基底 $(e_1, \ldots, e_n)$ で
$$M = (T-\mu)E = I_1 e_1 \oplus \cdots \oplus I_s e_s \subset L = A^n$$

[*83] 例 7.17 参照．

となることを意味しています．$I_k = (\mathfrak{l}_k(T))$ $(k = 1, \ldots, n)$ とすると，これは $T - \mu$ の行列表現 $T1_n - U$ に対して，A 係数で行列式が A の単元となる n 次正方行列 P, Q があって，

$$P(T1_n - U)Q = \begin{pmatrix} \lambda_1(T) & & & 0 \\ & \ddots & & \\ & & \ddots & \\ 0 & & & \lambda_n(T) \end{pmatrix} \quad (\lambda_1(T)|\cdots|\lambda_n(T))$$

となることに他なりません．$\lambda_1(T), \ldots, \lambda_n(T)$ は行列 $T1_n - U$ の単因子とも云われます．線型代数学より，この単因子は **A 係数の行列の基本変形**で得られます．

例 8.7 (ジョルダンの標準形) $K = \mathbb{C}, \lambda(T) = (T - \lambda)^k$ のとき，$A/(\mathfrak{l}(T))$ の基底として，$e_1 = 1, e_2 = T - \lambda, \ldots, e_k = (T - \lambda)^{k-1}$ が取れます．V の元に線型写像 u を作用させることは V_u では T をかけることに当たります．

$$(T - \lambda)e_1 = e_2, (T - \lambda)e_2 = e_3, \ldots, (T - \lambda)e_{k-1} = e_k, (T - \lambda)e_k = 0$$

ですから，T すなわち u の行列表現はこの基底に関して，

$$((T - \lambda)e_1, \ldots, (T - \lambda)e_{k-1}, (T - \lambda)e_k) = (e_1, \ldots, e_n) \begin{pmatrix} 0 & & & 0 \\ 1 & \ddots & & \\ & \ddots & \ddots & \\ 0 & & 1 & 0 \end{pmatrix}$$

となることより，

$$\begin{pmatrix} \lambda & & & 0 \\ 1 & \ddots & & \\ & \ddots & \ddots & \\ 0 & & 1 & \lambda \end{pmatrix}$$

でいわゆる下三角のジョルダン標準形を得ます（基底の順序を逆にして $(e_n, e_{n-1}, \ldots, e_1)$ に関する行列表示を書くと，線型代数の書物にある上三角のジョルダン標準形になります）．

問題 2.8

1. 位数 $24, 32, 72, 144$ のアーベル群はそれぞれ何種類存在するか？

2. 環 A のすべてのイデアルが自由 A 加群のとき A は PID であることを示せ．
3. (1) $\mathbb{Z}$ 準同型写像 $f, g : \mathbb{Z}^2 \to \mathbb{Z}^2$ が次の行列で与えられているとき，$\mathbb{Z}/\mathrm{Im}\, f, \mathbb{Z}/\mathrm{Im}\, g$ の構造を決定せよ．

$$f = \begin{pmatrix} 4 & 6 \\ 6 & 5 \end{pmatrix}, \quad g = \begin{pmatrix} 4 & 10 \\ -20 & 4 \end{pmatrix}$$

(2) $V \cong \mathbb{Z}^n, f : V \to V$ が $\mathbb{Z}$ 準同型で，$\det f \neq 0$ とする．このとき，$V/\mathrm{Im}\, f$ は位数 $|\det f|$ の有限群であることを示せ．

4. 実数体上で「ジョルダン標準形」に対応するのは何か？（既約 2 次式 $X^2 + aX + b \in \mathbb{R}[X]$ に対して，$\mathbb{R}[X]/((X^2 + aX + b)^n)$ の $\mathbb{R}$ 上の基底を適当に取って，X の作用を行列表示せよ．)

5. d を平方因子を持たない整数とし，$A = \mathbb{Z}[\alpha]$，

$$\alpha = \begin{cases} \sqrt{d} & (d \equiv 2 \text{ または } 3 \pmod 4) \\ \frac{-1+\sqrt{d}}{2} & (\text{それ以外の場合}) \end{cases}$$

と置く（A は 2 次体 $\mathbb{Q}(\sqrt{d})$ の整数環）．このとき，
(1) 任意の A のイデアル $(0) \neq I \subseteq A$ は階数 2 の自由 $\mathbb{Z}$ 加群であることを示せ．また，$I = (a + b\alpha)\ (a, b \in \mathbb{Z})$ のとき，埋め込み $I \subset A$ を I, A の基底に関して行列表示せよ．
(2) A/I の元の個数を求めよ．

2.9 ネーター環

環の理論の起源を訪ねると，「数論」，「不変式論」，「代数幾何学」の三つの流れに行き着きます．これらの問題に於て，生成元と関係式の**有限性**が問題となりました．不変式論に例を取ると，不変式全体の部分環の生成元の個数が有限個か？また，生成元が有限個のとき，それらの間の関係式も有限個で記述されるか？というものです．その問題に大きな発展を与えたのがヒルベルトで，定理 9.4 に述べる基底定理を証明し，後にネーター[84]によって公理化される「ネーター環」の概念を創り出しました．ヒルベルトの議論は，それまでのやりかたが巧妙で複雑な計算を積み重ねるものだったのに対して，ネーター環の議論を使った抽象的なものだったた

---

[84] この名前は Emmy Noether（1882–1935）に因んで付けられています．この人が現在の可換環論，ひいては（抽象）代数学の母と云えるでしょう．

めに，それまでの不変式論をやっていた数学者たちから「これは数学ではない，神学である」と云われたものです．しかし，イデアルが有限生成であることが，ほぼ自動的に得られるようなネーター環の概念は，抽象代数学の偉大な勝利と云ってよいと思います．

幾何的な図形に対しては，その上の関数を考えることができます．関数の全体は環をなしますから，幾何学には必ず環論が付随します．実際，多項式環は歴史的にも，整数環と並んで最も重要な環の例でしたが，体 k 上の多項式環 $A = k[X_1, \ldots, X_n]$ はアファイン空間 $\mathbb{A}_k^n = \{(a_1, \ldots, a_n) \mid a_i \in k (1 \leq i \leq n)\}$ 上の関数と思えます．また A のイデアル I に対しては I の元の共通零点を取ることによって代数的部分集合[*85]$V(I)$ ができます．この $V(I)$ は幾何的な対象ですから，幾何的な様々な不変量を持ちます．それをもとにして，環 A/I にも，次元を始めとしていろいろな幾何的な意味を持つ不変量が定義されます．

しかしもっと驚くべきことは，ネーター環という簡単な公理の下に，次元その他の幾何的な意味を持つ量が環に対して定義され，恰も幾何的な対象を扱っているように扱えるということです[*86]．

この節の後半で，次元，正則性などの概念がどう定義されるか，素因数分解の概念が最も一般な形ではどのようになるかを証明なしでお話ししたいと思います．

ではネーター環の定義から始めましょう．以下の条件は一見分かりにくいかもしれませんが，証明を読んでいくと分かってくると思います．

命題・定義 9.1 環 A に関する次の条件は同値である．この同値な条件を満たす環を**ネーター環**と云う．

(1) **[極大条件]** $\mathfrak{I}$ を空でない A のイデアルの集合とすると，$\mathfrak{I}$ には必ず包含関係に関して極大なものが存在する．

(2) **[昇鎖律]** どんな A のイデアルの昇鎖
$$I_0 \subseteq I_1 \subseteq \cdots \subseteq I_n \subseteq \cdots$$

[*85] 代数的部分集合とは何個かの多項式の共通零点のことです．

[*86] 実際はネーター環という仮定だけでは，幾何的な直感に反する例が作れますが，かなり弱い条件を加えるだけでそういう例は除けます．

2.9 ネーター環

も有限で止る．即ち，$I_N = I_{N+1} = \cdots$ となる番号 N が必ず存在する．

(3) [**有限条件**] A のすべてのイデアルは有限生成である．

証明 (1)⇒(2) (2) のような列に対して，$\mathfrak{I} = \{I_n\}_{n \geq 0}$ と置くと，(1) より $\mathfrak{I}$ は極大元 I_N を持つはずです．I_N が極大であるとは，$I_N = I_{N+1} = \cdots$ と云うことになります．

(2)⇒(3) A のイデアル I を勝手に取ったとします．I に含まれるイデアルの列

(9.1.1) $\qquad (a_1) \subset (a_1, a_2) \subset \cdots \subset (a_1, a_2, \ldots, a_n) \subset \cdots$

を $a_n \notin (a_1, a_2, \ldots, a_{n-1})$ となるように定めたとすると，(2) を仮定しましたから (9.1.1) の列は有限で止るはずです．ということは，I が有限生成であることに他なりません．

(3)⇒(1) A のイデアルの集合 $\mathfrak{I}$ に極大元がないと仮定してみましょう．$I := I_0 \in \mathfrak{I}$ を取ると極大でないので，$I_0 \subset I_1$ となる I_1 が取れます．I_1 も極大でないので $I_1 \subset I_2$ となる I_2 が取れ，これを繰り返すと，$\mathfrak{I}$ に属するイデアルの無限昇鎖

(9.1.2) $\qquad\qquad I_0 \subset I_1 \subset \cdots \subset I_n \subset \cdots$

ができます．さて，この昇鎖に対して $J := \cup_{n \geq 0} I_n$ は A のイデアルです[*87]．(3) を仮定したので J は有限生成で $J = (a_1, \ldots, a_m)$ と書けます．$a_i \in I_{k_i}$ となる k_i $(1 \leq i \leq m)$ が存在する筈ですから，N をどの k_i よりも大きく取ると $I_N = J$ となってしまい，(9.1.2) が無限昇鎖であることに反します．これで (1) が示せました．■

例 9.2 A が PID なら，もちろん (3) を満たすので A はネーター環です．既知のネーター環から出発してどういう環がネーター環だと確かめられるかを以下に解説します．

A がネーター環のとき，A のイデアル I による剰余環のイデアルは I を含む A のイデアルと一対一に対応しますから，

命題 9.3 A がネーター環のとき，イデアル $I \subset A$ に対して A/I もネー

[*87] 問題 2.2-1 参照

ター環.

なお,ネーター環という性質は部分環には一般には遺伝しません (問題 2.9-1 参照).

ネーター環の最も重要な性質として次の基底定理があります.

定理 9.4 (ヒルベルトの基底定理) ネーター環 A 上の多項式環 $A[X]$,巾級数環 $A[[X]]$ はネーター環である.

証明 この定理は大変有名な定理ですし,証明もいろいろありますが,ここでは現在,環論の問題を計算機に扱わせる[88]ときの基本となるグレブナー基底[89]の概念(の特別な場合)を使った証明を紹介します.

$f = a_n X^n + \cdots + a_1 X + a_0 \in A[X]$, $a_n \neq 0$ に対して $\text{in}(f) = a_n X^n$ を f の**主項** (initial form) と云います.また,$f = a_n X^n + a_{n+1} X^{n+1} + \cdots \in A[[X]]$, $a_n \neq 0$ に対しては,$\text{in}(f) = a_n X^n$ と置きます.$\text{in}(f)$ に対して,$A[X], A[[X]]$ のどちらに於ても

(9.4.1) $\qquad \text{in}(f)\text{in}(g) \neq 0$ のとき $\text{in}(fg) = \text{in}(f)\text{in}(g)$,

(9.4.2) $\qquad\qquad\qquad$ 特に $\text{in}(X^m f) = X^m \text{in}(f)$

が成立することを注意しておきます.

さてイデアル $I \subset A[X]$ (または $I \subset A[[X]]$) に対して,$\{\text{in}(f) | f \in I\}$ で生成されるイデアルを $\text{in}(I)$ と置きます.(9.4.1) から $\text{in}(I)$ に属する単項式は,すべて $\text{in}(f)$ ($f \in I$) の形であることを注意しておきましょう.まず次を示しましょう.

(**9.4.3**) $\qquad\qquad\qquad \text{in}(I)$ は有限生成である.

[証明] $f \in I$ に対し,$\text{in}(f) = a_n X^n$ の係数 a_n すべてで生成される A のイデアルを J と置くと A はネーター環ですから J は有限生成です.また,J_n を $\text{in}(f) \in \text{in}(I), \deg \text{in}(f) \leq n$ の係数で生成されるイデアルとします.このとき $\{J_n\}_{n \geq 0}$ は A のイデアルの昇鎖で,$J = \cup_{n \geq 0} J_n$ です.J の生成元 $\{a_1, \ldots, a_m\}$ を各 J_n の生成元を含むようにとり,$f_i \in I$ を $\text{in}(f_i) = a_i X^{n_i}$ と

---

[88] 実際,体上の多項式環に於て,いろいろなイデアルの計算,イデアルや部分環の生成元の間の関係式など,かなり複雑なものも計算機でできるようになってきています.

[89] Gröbner base; Wolfgang Gröbner (1899–1980) による.

2.9 ネーター環

なるものの中で n_i が最小であるものを取ると，in$(I) = ($in$(f_1), \ldots, in(f_m))$ であることが容易に示せます．[(9.4.3) の証明終]

さて，in$(I) = ($in$(f_1), \ldots, in(f_m))$ のとき，I が $\{f_1, \ldots, f_m\}$ で生成されることを示しましょう．

$K = (f_1, \ldots, f_m)$ と置きます．$K = I$ を示します．$I \subset A[X]$ に対して，$g \in I, g \notin K$ としてみましょう．このような g の中で deg(g) が最小であるものを取りましょう．in$(g) \in in(I)$ ですから，in$(g) = h_1$in$(f_1) + \cdots + h_m$in(f_m) となる $h_1, \ldots, h_m \in A[X]$ が取れます．このとき，$g' = g - (h_1 f_1 + \cdots + h_m f_m)$ と置くと，deg$(g') < deg(g)$ でやはり $g' \notin K$ の筈ですが，これは deg(g) を最小に選んだことに反します．ゆえに $I = K$ が示せ I が有限生成になりました．

$I \subset A[[X]]$ のとき $g \in I$ に対して，上と同様にすると，どんな大きな n に対しても $g'_n \in K$ で ord$(g - g'_n) > n$ を取れるので $g \in K$ が云えます．これで定理の証明が終わります． ∎

変数を 1 個付け加えてネーター環なら，それを何回も繰り返せますから，

系 9.5 A がネーター環のとき，

(1) $A[X_1, \ldots, X_n], A[[X_1, \ldots, X_n]]$ もネーター環である．

(2) A 上有限生成な環はネーター環である．

証明 (2) A 上 n 個の元 $a_1, \ldots, a_n$ で生成される環は $A[X_1, \ldots, X_n]$ の剰余環と同型ですから，(1) と定理 9.4 よりネーター環です． ∎

一般のネーター環に於て，「素因数分解」は次に述べる**準素分解**という形に一般化されます．

命題・定義 9.6 ネーター環 A のイデアル Q に関する次の条件は同値である．この同値な条件を満たすイデアルを**準素イデアル** (primary ideal) と云う．

(1) A/Q の零因子は巾零である．

(2) $\sqrt{Q} = P$ と置くとき[*90]，P は素イデアルで，$ab \in Q, a \notin P$ のとき

[*90] $\sqrt{Q}$ の定義は (4.13) 参照．

$b \in Q$.

なお, (2) の素イデアル P は Q の本家みたいなものですから, Q を P 準素イデアルとも云います.

証明 (同値性の証明) (1) を仮定して, $ab \in P, a \notin P$ としてみましょう. (1) の条件から a は A/Q で巾零でないので, 零因子でもありません. 従って $b \in Q \subset P$ が云え, (2) が示せました.

(2) を仮定して $a \in A, \bar{a} = a + Q \in A/Q$ が零因子としてみましょう. (2) の条件から $a \notin P$ なら $\bar{a} \in A/Q$ は零因子でないので, $a \in P$ となり, $\sqrt{Q}$ の定義より $a^n \in Q$ となる $n > 0$ が存在します. このとき A/Q で $\bar{a}^n = 0$ ですから (1) が示せました. ∎

準素イデアルの定義から, 素イデアルは準素イデアルですし, A が PID のとき準素イデアルは素元 p の巾, (p^n) の形であることもすぐ分かります.

ネーター環での準素分解は次のように述べられます.

定理 9.7 A がネーター環のとき, A のすべてのイデアル I は

(9.7.1) $$I = Q_1 \cap \cdots \cap Q_n$$

と準素イデアルの交わりで表すことができる. また, このとき, (9.7.1) の表現に無駄がないようにすると[*91] $\sqrt{Q_i}$ として現れる素イデアルは, I のみによって決り, (9.7.1) の Q_i の取りかたによらない.

この証明の仕方がまさにネーター環特有です. まず, 関係のなさそうな既約イデアルという概念を導入します.

定義 9.8 A のイデアル I が真に大きい 2 つのイデアルの交わりとして書けないとき[*92], **既約イデアル**と云う.

命題 9.9 ネーター環のすべてのイデアルは, 有限個の既約イデアルの交わりで表せる.

証明 もしそう書けないイデアルがあったとすると, そのようなイデアル

[*91] どの Q_i を除いた交わりも I より真に大きいとすると.
[*92] $I = J \cap K, J, K$ が A のイデアルのとき, $J = I$ または $K = I$ となるとき.

の全体の集合は命題・定義 9.1 より極大元を持ちます．それを I とすると，I は既約でないので $I = J \cap K$ と真に大きい 2 つのイデアルで書けますが，I の極大性より J, K は共に有限個の既約イデアルの交わりで書けます．すると I 自身も有限個の既約イデアルの交わりで書けるので矛盾です． ∎

命題 9.10 ネーター環 A の既約イデアル Q は準素イデアルである．

証明 $a, b \in Q, a \notin Q$ としてみましょう．$b^n \in Q$ となる n の存在を示したいのですが，そのために
$$J_n = \{x \in A \mid b^n x \in Q\}$$
と定義します．各 J_n は Q を含む A のイデアルで，$J_1 \subseteq J_2 \subseteq \cdots \subseteq J_n \subseteq \cdots$ となりますから，命題・定義 9.1 により，$J_n = J_{2n}$ となる n が取れます．このとき，$Q = (Q, a) \cap (Q, b^n)$ を示しましょう．すると，Q が既約で，$a \notin Q$ より $(Q, b^n) = Q$，即ち，$b^n \in Q$ が示せ，Q が命題・定義 9.6 の (1) を満たし，証明が終わります．

さて，$(Q, a) \cap (Q, b^n)$ の元 y は $y = q + b^n c = q' + ad$ $(q, q' \in Q, c, d \in A$ と書けますが，この両辺に b^n をかけると，$ab \in Q$ より $b^{2n} c \in Q$ が得られます．従って，$c \in J_{2n} = J_n$ となり，$b^n c \in Q$，即ち，$y \in Q$ が示せました． ∎

これで定理 9.7 の前半が示せました．後半はまた別の概念が必要なので専門書を参照して頂くことにします．

さて，ここからは証明を付けないで，環論がどのように進展していくかをお話ししましょう．

可換環の最も基本的な量は**次元**です[*93]．次元は素イデアルの列を用いて次のように定義されます．

定義 9.11 (1) P が環 A の素イデアルのとき，P の**高さ**, ht (P) を P から降る素イデアルの列
$$P = P_0 \supsetneq P_1 \supsetneq \cdots \supsetneq P_n$$

[*93] 以下に定義する「次元」は，ヴェクトル空間の次元と区別するために，クルル次元 (Wolfgang Krull, 1899–1970) とも呼ばれますが，可換環論で単に「次元」と云えば必ずこのクルル次元のことを指します．

の長さ n の最大値と定義する.

(2) イデアル $I \subset A$ に対して，
$$\mathrm{ht}\,(I) = \inf\{\mathrm{ht}\,(P) \mid P \text{ は素イデアル}, \ P \supset I\}$$
を I の**高さ**と云う.

(3) A のすべての素イデアル P に対する $\mathrm{ht}\,(P)$ の上限を A の**次元**と云い，$\dim A$ と書く.

例 9.12 (1) 体のイデアルは (0) のみですから，体の次元は 0 です.

(2) $\mathbb{Z}$ の素イデアルの鎖 $(0) \subset (p)$（p は素数）はこれ以上長くできないので，$\dim \mathbb{Z} = 1$ です．同様に，A が PID なら $\dim A = 1$ です.

(3) 体 k 上の n 変数多項式環 $A = k[X_1, \ldots, X_n]$ に対して，
$$(0) \subset (X_1) \subset (X_1, X_2) \subset \cdots \subset (X_1, X_2, \ldots, X_n)$$
は A の素イデアルの列で，長さが n ですから，次元の定義より $\dim A \geq n$ が云えますが，実は $\dim A = n$ が示せます．A は n 次元アファイン空間 $\mathbb{A}_k^n = \{(a_1, \ldots, a_n) \mid a_1, \ldots, a_n \in k\}$ と対応していますから，$\dim A = n$ であるのは全く自然です.

イデアルの準素分解の理論は，素因数分解の一般化として考えられました．また，イデアルの概念は歴史的には ideal（＝理想的，仮想的）な数ということで，「代数体[*94]の整数環に於てすべてのイデアルは素イデアルの積に一意的に分解する」事実から考え出されたものです．この事実を一般の環に対して考えると，次のようになります.

定理・定義 9.13 ネーター整域 A に対する次の条件は同値である（A の商体を K と置く）.

(1) A の任意のイデアルは素イデアルの積で表される.

(2) A の任意の準素イデアルは素イデアルの巾である.

(3) $\dim A = 1$ かつ K の元で A 上整であるものは A の元のみ.

この定理の同値な条件を満たす環を，**デデキント環**[*95]と云います.

代数体の整数環がデデキント環の典型的な例です．また，体 k 上の一変

[*94] $\mathbb{Q}$ の有限次拡大のこと．3 章の §1 参照.
[*95] J. W. R. Dedekind（1831–1916）．イデアル論の創始者.

2.9 ネーター環

数有理関数体 $k(X)$ の有限次拡大体 K を考え，K の元で $k[X]$ 上整である元全体の環を A と置くと A は，もう一つのデデキント環の典型的な例です．

ネーター環の定義ではイデアルの昇鎖を問題にしました．その代りに降鎖を考えても同じように見えますが，実は全く違う結論が得られます．

定理・定義 9.14 環 A に対する次の条件は同値である[*96]．

(1) [**極小条件**] $\mathfrak{I}$ を A のイデアルの集合とすると，$\mathfrak{I}$ には必ず包含関係に関して極小なものが存在する．

(2) [**降鎖律**] どんな A のイデアルの降鎖

$$I_0 \supseteq I_1 \supseteq \cdots \supseteq I_n \supseteq \cdots$$

も有限で止る．即ち，$I_N = I_{N+1} = \cdots$ となる番号 N が必ず存在する．

(3) A はネーター環で $\dim A = 0$，即ち，A の素イデアルは極大イデアルである．

もちろん，(1) と (2) の同値性は命題・定義 9.1 と同じ形式論なのですが，極小条件から極大条件が導けてしまうというところが大変面白いところです．なお，加群に対してもネーター加群，アルティン加群が定義できますが，これらは独立な概念です（問題 2.9-2 参照）．

さて，次元を定義しましたが，これはどうしたら計算できるのでしょうか．また，どの位大きくなるのでしょうか．実際定義だけからは，有限であることすら分かりません．このような疑問に対して次の定理が最も基本的です．

定理 9.15 A がネーター環，I が r 個で生成される A のイデアルなら $\mathrm{ht}(I) \leq r$ である．

ネーター環のイデアルはすべて有限生成ですから，どのイデアルも高さは有限です．$\dim A$ は A の極大イデアルの高さの最大値で，極大イデアルは無限個あることが多いのでこれだけでは分かりませんが[*97]，我々が普

[*96] この同値な条件を満たす環を，この環を研究した Emil Artin（1898–1962）に因んで**アルティン環**と云います．
[*97] 実際，次元が無限になるネーター環の例が永田雅宜氏によって作られています．同氏は他にもいろいろ幾何学的直感に反する例を構成すると共に，いろいろな環が「幾何的」であることを証明しています．

通に扱うネーター環はすべて有限次元です．次の命題も"次元"の感じに合っています．

命題 9.16 A がネーター環のとき，$\dim A[X] = \dim A[[X]] = \dim A + 1$．

環の元は，しばしば関数と見ることができると云いました．では，一般の環については幾何的対象はあるのでしょうか？ 実は次のような「空間」を定義できます．

定義 9.17 $\mathrm{Spec}(A) = \{P \mid P \text{ は } A \text{ の素イデアル}\}$ を A のスペクトラムと云う．

長くなるので詳しくは云えませんが，$\mathrm{Spec}(A)$ にはザリスキー位相[*98]と呼ばれる位相と，関数の一般化である"構造層"が付随します．微分幾何学の対象である多様体が，$\mathbb{R}^n$ の開集合を貼り合せて作られるように，代数幾何学の対象である"スキーム"は $\mathrm{Spec}(A)$ の形の空間を貼り合せて作られます．

この章では余り触れられませんでしたが，最後に少し述べたように，可換環は幾何的な面をかなり強く持っています．言い換えると，幾何学を代数学に翻訳し，代数学の持っている簡明さ，透明さを幾何学に与えているのが環の理論で，最近の代数幾何学では可換環の言葉で幾何学を語っています．このように可換環論は，代数学と幾何学の架け橋になっているのです．

問題 2.9

1. 体 k 上の 2 変数多項式環 $A = k[X, Y]$ に対して，部分環
$$B = k[X, XY, XY^2, \ldots, XY^n, \ldots]$$
はネーター環でないことを示せ．
2. (1) 環 A 上の加群 M に対しても次の条件が同値であることを示せ．
   (a) **[極大条件]** $\mathfrak{M}$ を任意の M の A 部分加群の集合とすると，$\mathfrak{M}$ には必ず包含関係に関して極大なものが存在する．

[*98] O. Zariski (1899–1986).

2.9 ネーター環

(b) [**昇鎖律**] どんな A のイデアルの昇鎖

$$N_0 \subseteq N_1 \subseteq \cdots \subseteq N_n \subseteq \cdots$$

も有限で止る．即ち，$N_k = N_{k+1} = \cdots$ となる番号 k が必ず存在する．
(c) [**有限条件**] M のすべての A 部分加群は有限生成である．

(2) M が (1) の同値な条件を満たすとき，M を**ネーターA加群**と云う．A がネーター環のとき，有限生成 A 加群はネーター A 加群であることを示せ．

(3) (1) の条件 (a), (b) をそれぞれ極小，降鎖に変えた条件を満たす A 加群を**アルティンA加群**と云う．問題 2.3-7 で定義した $\mathbb{Z}_{(p)}$ に対して剰余環 $\mathbb{Q}/\mathbb{Z}_{(p)}$ はアルティン $\mathbb{Z}$ 加群だがネーター $\mathbb{Z}$ 加群ではないことを示せ．

3. M がネーター A 加群のとき，A 準同型 $f : M \to M$ が全射ならば単射にもなることを示せ（単射であって全射でないものは沢山ある）．同様に，M がアルティン A 加群で，A 準同型 $f : M \to M$ が単射ならば全射である．

4. (1) A が PID で $(0) \neq I \subset A$ がイデアルのとき，剰余環 A/I はアルティン環（定理・定義 9.14 参照）であることを示せ．
(2) A が整域でかつアルティン環なら A は体であることを示せ（従って，特に有限個の元からなる整域は体である）．

5. (1) 極大イデアルの巾は準素イデアルであることを示せ．
(2) $A = \mathbb{Z}[\sqrt{6}]$ のイデアル $I = (2, \sqrt{6})$ は極大イデアルであることを示せ．また I^2 はどんなイデアルか．
(3) 例 2.16 の $P = (Y^2 - XZ, Z^2 - X^2Y, YZ - X^3)$ に対して P^2 は準素イデアルでないことを示せ．

6. [**正則局所環**] A が極大イデアル $\mathfrak{m}$ を持つネーター局所環とする．もし $\mathfrak{m}$ が $\dim A$ 個の元で生成されるとき（定理 9.15 より $\mathfrak{m}$ の生成元は少なくとも $\dim A$ 個必要），A を**正則局所環**と云う．これが "非特異" の環論的な述べ方である．$\dim A$ 個の $\mathfrak{m}$ の生成元は座標関数に対応する．
(1) 体 k 上の巾級数環 $k[[X_1, \ldots, X_n]]$，多項式環 $k[X_1, \ldots, X_n]$ の $P = (X_1, \ldots, X_n)$ での局所化（問題 2.5-8 参照），DVR はどれも正則局所環である．
(2)*[**Auslander–Buchsbaum**] 正則局所環は UFD である．

第 3 章
体

3.1 体の拡大

　$\mathbb{Q}, \mathbb{R}, \mathbb{C}$ などの体は集合として，$\mathbb{Q} \subset \mathbb{R} \subset \mathbb{C}$ という包含関係があります．一般に二つの体 k, K について，$k \subset K$ であるとき，k を K の**部分体**，K を k の**拡大体**と云います．このように包含関係のあるときに，大切な事実は K が k 上の線型空間になっているということです．なぜなら K は体ですから加法で閉じており，k の元は K の元でもあるので，k の元を「スカラー」としてかけることができるからです．

　K を k 上の線型空間として見たとき，K の元は数であり，しかも「ヴェクトル」でもあるわけで，しかも係数体 k の元自身も K の元としてヴェクトルです．このことが平面ヴェクトルや空間ヴェクトルの空間と違って少し分かりにくいかもしれませんが，コロンブスの卵と同じことで，いろいろの場面でかえって物事を明瞭にすることが分かるでしょう．従って，体の拡大に対して，当然線型空間としての次元が決まります．それを K の k 上の**拡大次数**と呼んで，$[K:k]$ と書きます．即ち，

(1.0) $$[K:k] = \dim_k K.$$

次元が有限のとき K は k の**有限次拡大**，無限のときには**無限次拡大**と云います．また $[K:k] = n$ のとき，K は k の n 次の拡大体であるとか **n 次拡大**であると云います．

3.1 体の拡大

　一つの体 k の拡大体を得る簡単な方法は k に含まれない数 a を k に**添加**することです．つまり k の元と a から四則演算で得られる数全体は a の k 係数有理式全体でまた体になりますが，この体を $k(a)$ と書いて，k に a を添加して得られた体と云います．このような拡大体の拡大次数を考えましょう．

例 1.1 $\mathbb{C}$ は $\mathbb{R}$ に虚数単位の $i = \sqrt{-1}$ を添加すれば得られる体ですから，$\mathbb{C} = \mathbb{R}(i)$ で，1 と i は $\mathbb{R}$ 上の $\mathbb{C}$ の一組の基底です．何故なら，$\mathbb{C}$ のすべての数は $a + bi$ $(a,b \in \mathbb{R})$ とただ一通りに表されるからです．だから $[\mathbb{C} : \mathbb{R}] = 2$ が分かります．つまり，$\mathbb{C}$ は $\mathbb{R}$ の 2 次の拡大体です．

例 1.2 d を平方因子を持たない整数としたとき，

(1.2.1) $\qquad K := \mathbb{Q}(\sqrt{d}) = \{x + y\sqrt{d} \mid x, y \in \mathbb{Q}\} = \mathbb{Q} \cdot 1 + \mathbb{Q}\sqrt{d}$

となり（この例は 1 章の例 1.23 でも見ました），$[K : \mathbb{Q}] = 2$．$K = \mathbb{Q}(\sqrt{d})$ の形の体を **2 次体**と云います．

証明 もし $a + b\sqrt{d} = 0$ で $b \neq 0$ ならば，$\sqrt{d} = -a/b \in \mathbb{Q}$ となって矛盾しますから，$b = 0$．従って，$a = 0$ ですから，まず 1 と $\sqrt{d}$ は $\mathbb{Q}$ 上線型独立です．次に $K = \mathbb{Q}(\sqrt{d})$ の定義より K の任意の数は

$$\alpha = \frac{p + q\sqrt{d}}{a + b\sqrt{d}} \qquad (a, b, p, q \in \mathbb{Q})$$

と表せますが，

$$\frac{p + q\sqrt{d}}{a + b\sqrt{d}} = \frac{ap - bqd}{a^2 - b^2 d} + \frac{aq - bp}{a^2 - b^2 d}\sqrt{d},$$

$\frac{ap - bqd}{a^2 - b^2 d}, \frac{aq - bp}{a^2 - b^2 d} \in \mathbb{Q}$ ですから，α は 1 と $\sqrt{d}$ の $\mathbb{Q}$ 係数の線型結合で (1.2.1) が示されました．∎

　次に剰余環を用いる方法を説明をしましょう．体 k 上の多項式環 $k[X]$ は PID です（2 章の定理 3.8）．

定理 1.3 $f(X) = X^n + a_1 X^{n-1} + \cdots + a_{n-1} X + a_n$ を体 k 係数の n 次の多項式とし，R を剰余環 $k[X]/(f(X))$ と置く．$\alpha = X + (f(X)) \in R$ を X のイデアル $(f(X))$ を法とする類とすると，$f(\alpha) = 0$ で，$R = k[X]/(f(X))$ は k 上 n 次元線型空間であり，$1, \alpha, \ldots, \alpha^{n-1}$ は k 上の R の一つの基底である．

即ち，
$$R = k[X]/(f(X)) = \{c_0 + c_1\alpha + c_2\alpha^2 + \cdots + c_{n-1}\alpha^{n-1} \mid c_i \in k\}$$
$$= k \cdot 1 + k\alpha + \cdots + k\alpha^{n-1}.$$

証明 剰余環への標準全射を $\pi : k[X] \to R, \pi(h(X)) = h(\alpha)$ と置きます．$f(X) \in (f(X))$ だから，$0 = \pi(f(X)) = f(\alpha)$ より，最初の主張が分かります．また

$c_0 + c_1\alpha + c_2\alpha^2 + \cdots + c_{n-1}\alpha^{n-1} = 0$
$\iff r(X) := c_0 + c_1 X + c_2 X^2 + \cdots + c_{n-1} X^{n-1} \equiv 0 \pmod{f(X)}$
$\iff f(X) \mid r(X)$

ですが，$\deg r(X) < \deg f(X)$ より，$r(X) = 0$，よって，
$$c_0 = c_1 = \cdots = c_{n-1} = 0$$
なので，$1, \alpha, \ldots, \alpha^{n-1}$ は k 上線型独立です．一方，任意の多項式 $h(X) \in k[X]$ を $f(X)$ で割った剰余を $r(X)$ とすると，$\deg r(X) < \deg f(X) = n$ ですから
$$h(X) = q(X)f(X) + r(X),$$
$$r(X) = c_0 + c_1 X + c_2 X^2 + \cdots + c_{n-1} X^{n-1} \quad (c_0, \ldots, c_{n-1} \in k)$$
の形に表せますが，$\pi(h(X)) = \pi(r(X)) = r(\alpha)$ なので，R の任意の元は $1, \alpha, \ldots, \alpha^{n-1}$ の線型結合で表されます．∎

多項式環の極大イデアルは既約多項式で生成される単項イデアルですから（2章の命題4.6参照），次の系を得ます．

系 1.4 $f(X)$ が $k[X]$ の n 次の既約多項式のとき，剰余環 $K = k[X]/(f(X))$ は k の n 次の拡大体で $\alpha = X + (f(X))$ は $f(X) = 0$ の根である．即ち，K は k に $f(X)$ の根 α を添加した拡大体 $k(\alpha)$ で
$$[K : k] = \deg f(X) = n$$
$$K = k(\alpha) = k \cdot 1 + k\alpha + \cdots + k\alpha^{n-1}$$

ところで，$k = \mathbb{Q}$ の場合などでは，任意の $f(X) \in \mathbb{Q}[X]$ は，代数学の基本定理によって，複素数体 $\mathbb{C}$ で1次式の積に分解しますから，その根はすべて複素数です．だから，α が $f(X)$ のどの根であるかという疑問が出ると思います．しかし，上の系ではそれらの根を**見つけた**のではなく，**構**

成して（または**作って**）いるのです．実際 $X \pmod{f(X)}$ は数ではなく同値類という抽象的存在ですから，K も抽象的な構築物としての拡大体なのです．

それでは，実際に既約多項式 $f(X) \in k[X]$ の根が数[*1]として知られていたとし，それらを $\alpha_1, \ldots, \alpha_n$ とし $K_i = k(\alpha_i)$ としたとき，K と K_i の関係を見てみましょう．

定理 1.5 $i = 1, \ldots, n$ に対して
$$\sigma_i(c_0 + c_1\alpha + c_2\alpha^2 + \cdots + c_{n-1}\alpha^{n-1}) = c_0 + c_1\alpha_i + c_2\alpha_i^2 + \cdots + c_{n-1}\alpha_i^{n-1}$$
($c_0, c_1, \ldots, c_{n-1} \in k$) で定義される $K = k(\alpha) = k[X]/(f(X))$ から $K_i = k(\alpha_i)$ への写像 σ_i は k 上の体の同型写像である[*2]．特に
$$1, \alpha_i, \ldots, \alpha_i^{n-1}$$
は K_i の k 上の基底である．即ち
$$K_i = k(\alpha_i) = k \cdot 1 + k\alpha_i + \cdots + k\alpha_i^{n-1}$$

証明 環の準同型写像
(1.5.1) $\qquad\qquad \phi : k[X] \to k(\alpha_i), \quad \phi(h(X)) = h(\alpha_i)$
に対し $\phi(\alpha_i) = 0$ ですから $\phi(f(X)) = 0$ で，2 章の定理 2.11 より準同型写像
$$\psi : K = k[X]/(f(X)) \to k(\alpha_i)$$
が作れます．定義より $\psi(h(\alpha)) = h(\alpha_i)$ ですから $\psi = \sigma_i$ です．

K は体ですから，像 $\sigma_i(K) \cong K$ は k と α_i を含む K_i に含まれる体となりますから，一致しなければなりません．従って $\sigma_i(K) = k(\alpha_i) = K_i$ となります． ∎

特に $\sigma_j \circ \sigma_i^{-1}$ は K_i から K を経由する K_j への k 上の同型写像となります．従って，K_i と K_j は k 上で同型であることが分かります．つまり，体である剰余環 K は K_i たちの相互の同型を仲介する役割を持っています．あるいは K は K_i たちを代数的に代表しているのです．また

[*1] ここでは複素数で考えていますが，一般には k の拡大体 K の元です．
[*2] 同型写像 σ が k の元を動かさないとき，**k 上の同型写像**と云います．k 上の同型写像 $\sigma : K \to K'$ が存在するとき，K と K' は **k 上同型**であると云います．

$\alpha = X \pmod{f(X)}$ は実際の根 $\alpha_1, \ldots, \alpha_n$ を代数的に代表しているのです．従って

系 1.6 体 k 上の n 次の既約多項式 $f(X)$ のすべての根を $\alpha_1, \ldots, \alpha_n$ としたとき，拡大体 $K_i = k(\alpha_i)$ $(i = 1, \ldots, n)$ について
$$K_i = k \cdot 1 + k\alpha_i + k\alpha_i^2 + \cdots + k\alpha_i^{n-1}$$
でこれらは互いに k 上同型となる．またこれら K_i から K_j への同型は k 上恒等写像で α_i には α_j を対応させることで得られる[*3]．

例 1.7-1 (1) 例 1.1 で i は $\mathbb{R}$ 上の既約多項式 $X^2 + 1$ の根だから，
$$\mathbb{C} \cong \mathbb{R}[X]/(X^2 + 1)$$
(2) 例 1.2 で $\pm\sqrt{m}$ は $\mathbb{Q}$ 上の既約多項式 $f(X) = X^2 - m$ の根だから，
$$\mathbb{Q}(\sqrt{m}) \cong \mathbb{Q}[X]/(X^2 - m) \cong \mathbb{Q}(-\sqrt{m})$$
で $\mathbb{Q}(\sqrt{m})$ と $\mathbb{Q}(-\sqrt{m})$ は $\mathbb{Q}$ 上で同型．

しかし，$\mathbb{Q}(\sqrt{m}) = \mathbb{Q}(-\sqrt{m})$ だから，$\sqrt{m}$ に $-\sqrt{m}$ を対応させる同型写像は体全体を変えない写像なので**自己同型写像**と呼ばれます．この形の体は後で述べるように $\mathbb{Q}$ のガロワ拡大の最も簡単なものです．

(3) $X^3 - 2 = (X - \sqrt[3]{2})(X - \omega\sqrt[3]{2})(X - \omega^2\sqrt[3]{2})$ ($\omega := \frac{-1+\sqrt{-3}}{2}$) ですから，
$$K_1 = \mathbb{Q}(\sqrt[3]{2}) \cong K_2 = \mathbb{Q}(\omega\sqrt[3]{2}) \cong K_3 = \mathbb{Q}(\omega^2\sqrt[3]{2})$$
です．$K_1 \subset \mathbb{R}$ ですが，K_2, K_3 は虚数を含み，3 個の体は相異なります．しかし代数的にはこれらの体は $K = \mathbb{Q}[X]/(X^3 - 2)$ で代表されているのです．

さて，k の拡大体 K の元 α が $k[X]$ のある多項式の根であるとき，**α が k 上代数的である**と云います．また K のすべての元が k 上に代数的であるとき，**K は k の代数拡大である**と云います．$\alpha \in K$ が k 上代数的のとき，$f(\alpha) = 0$ となる既約主多項式 $f(X) \in k[X]$ を α の k 上の**最小多項式**といいます．$f(X)$ は $f(\alpha) = 0$ となる最小次数の k 係数の多項式です．

定理 1.3, 系 1.4, 定理 1.5 から分かるように，$f(X)$ が α の最小多項式のとき，$[k(\alpha) : k] = \deg f$ です．

[*3] 定理 4.1 参照．

3.1 体の拡大

例 1.7-2 $\alpha = \sqrt{2} + \sqrt{3}$ の $\mathbb{Q}$ 上の最小多項式を求めてみましょう．$\alpha - \sqrt{2} = \sqrt{3}$ の両辺を 2 乗すると $\alpha^2 - 2\sqrt{2}\alpha + 2 = 3$ 移項して $\alpha^2 - 1 = 2\sqrt{2}\alpha$ もう 1 度両辺を 2 乗して $f(X) = X^4 - 10X^2 + 1$ に対して $f(\alpha) = 0$ が分かります．$[\mathbb{Q}(\alpha):\mathbb{Q}] = 4 = \deg f$ (1.10) を使うか，または $f(X)$ が $\mathbb{Q}[X]$ で既約であることを確かめて，$f(X)$ が α の最小多項式であることが示せます．

k 上代数的という性質は次のような特徴付けを持ちます．

問題 1.1. 次の数 α の $\mathbb{Q}$ 上の最小多項式を求めよ．
(1) $\alpha = \sqrt{5} + i$ (2) $\sqrt{2} + \sqrt[3]{3}$

定理 1.8 k のある拡大体 K の元 α に対する次の性質は同値．
(1) α は k 上代数的である．
(2) $k(\alpha)$ は k の有限次拡大である．
(3) $k(\alpha)$ は k の代数拡大である．
(4) 環 $k[\alpha]$ は体である（即ち，$k[\alpha] = k(\alpha)$）．

証明 (1)$\Longrightarrow$(4) 環の準同型写像 $\phi: k[X] \to k[\alpha]$ を $\phi(h(X)) = h(\alpha)$ で定義すると $\mathrm{Im}\,\phi = k[\alpha]$ で，同型定理（2 章の系 2.12）より $k[X]/\mathrm{Ker}\,\phi \cong k[\alpha]$ です．(1) を仮定しましたから $\mathrm{Ker}\,\phi \neq (0)$ で，$k[\alpha]$ は体 K の部分環ですから整域です．従って，$\mathrm{Ker}\,\phi$ は $k[X]$ の (0) でない素イデアルですから極大イデアルで，$k[\alpha] \cong k[X]/\mathrm{Ker}\,\phi$ は体です．

(4)$\Longrightarrow$(2) は定理 1.3 で見ました．

(2)$\Longrightarrow$(3) は 2 章の定義 7.12 で見ました（K が体のとき，定義より「K 上代数的」と「K 上整」は同じことです）．(3)$\Longrightarrow$(1) は明らかです．■

最後に拡大次数について最も重要な性質を述べておきましょう．

定理 1.9 (拡大次数の連鎖律) 体 k, K, L について，$k \subset K \subset L$ であれば，次の拡大次数の連鎖律が成立する．
$$[L:k] = [L:K][K:k]$$

証明 $[L:K] = m, [K:k] = n$ が有限としましょう．これは線型空間としての次元ですから，$e_1, \ldots, e_m$ を L の K 上の基底，$d_1, \ldots, d_n$ を K の k

上の基底とすると，

$$L = Ke_1 + \cdots + Ke_m = \left\{ \sum_{i=1}^{m} k_i e_i \mid k_i \in K, \ i = 1, \ldots, m \right\}$$

$$K = kd_1 + \cdots + kd_n = \left\{ \sum_{j=1}^{n} f_j d_j \mid f_j \in k, \ j = 1, \ldots, n \right\}$$

です．このとき，$e_i d_j$ ($i = 1, \ldots, m$; $j = 1, \ldots, n$) の mn 個の数が線型空間としての L の k 上の基底であることを示しましょう．

任意の L の元 α は

$$\alpha = \sum_{i=1}^{m} k_i e_i \quad (k_i \in K)$$

と表せます．$k_i \in K$ ですから，$k_i = \sum_{j=1}^{n} f_{ij} d_j$ ($f_{ij} \in k$) とすると，

$$\alpha = \sum_{i=1}^{m} \left\{ \sum_{j=1}^{n} f_{ij} d_j \right\} e_i = \sum_{j=1}^{n} \sum_{i=1}^{m} f_{ij} d_j e_i$$

ですから，α は nm 個の元

$$\{d_j e_i \mid i = 1, \ldots, m;\ j = 1, \ldots, n\}$$

の k 上の線型結合で表されます．

今度はこれらの線型独立性ですが，これは

$$\sum_{i=1}^{m} \sum_{j=1}^{n} f_{ij} d_j e_i = 0;\ f_{ij} \in k$$

ならば，$\sum_{j=1}^{n} f_{ij} d_j \in K$ ですから，$e_1, \ldots, e_m$ の線型独立性から，

$$\sum_{j=1}^{n} f_{ij} d_j = 0;\ i = 1, \ldots, m$$

となり，さらに $d_1, \ldots, d_n$ の線型独立性から，すべての $f_{ij} = 0$ が得られます．だから $[L:k] = nm = [L:K][K:k]$ が分かりました．　∎

例 1.10 $K = \mathbb{Q}(\sqrt{2})$, $L = K(\sqrt{3}) = \mathbb{Q}(\sqrt{2})(\sqrt{3}) = \mathbb{Q}(\sqrt{2}, \sqrt{3})$ とすると，$L \cong K[X]/(X^2 - 3)$ で，$\sqrt{3} \notin K$ ですから $X^2 - 3 \in K[X]$ は既約で

$$[L:K] = [K:\mathbb{Q}] = 2 \text{ より } [L:\mathbb{Q}] = [L:K][K:\mathbb{Q}] = 4$$

上の定理の応用として，次の系が分かります．

系 1.11 (代数性の連鎖性) K が k の代数拡大で，L が K の代数拡大であれ

3.1 体の拡大

ば, L は k の代数拡大である.

証明 $\alpha \in L$ は仮定より, ある $K[X]$ の既約多項式 $f(X)$ の根です.

$$f(X) = \sum_{i=0}^{n} a_i X^i$$

とすると, a_i たちは k 上代数的ですから,

$$k(a_0) \subset k(a_0, a_1) \subset \cdots \subset k(a_0, \ldots, a_n)$$

という拡大系列を考えると, $E = k(a_1, \ldots, a_n)$ は系 1.4 と定理 1.9 より, k 上で有限次拡大ですから, k 上の代数拡大です. しかし, $f(X) \in E[X]$ ですから,

$$[E(\alpha) : E] = \deg f(X) = n \Rightarrow [E(\alpha) : k] < \infty$$

となって, $E(\alpha)$ は k 上代数的ゆえ, α 自身も k 上代数的です. ∎

また $\alpha_1, \ldots, \alpha_n$ を k 上代数的としたとき, これらの元を k に添加した $K = k(\alpha_1, \ldots, \alpha_n)$ は $K_i = k(\alpha_1, \ldots, \alpha_i)$ とすると,

$$k \subset K_1 \subset \cdots \subset K_n = K$$

という代数拡大の連鎖を得ますから, K が k の代数拡大であることが分かります. 即ち,

系 1.12 k に有限個の代数的な元を添加した体は k の有限次拡大である.

系 1.13 α, β が k 上代数的な元であれば, $\alpha \pm \beta, \alpha\beta, \alpha/\beta$ $(\beta \neq 0)$ も k 上代数的である.

証明 $K = k(\alpha, \beta)$ は k の代数拡大ですから, それに含まれる $\alpha \pm \beta, \alpha\beta, \alpha/\beta$ $(\beta \neq 0)$ も代数的です. ∎

今まで代数的な元を扱ってきましたが, その反対の概念を定義します.

定義 1.14 $k \subset K$ が体の拡大, $x_1, \ldots, x_n \in K$ のとき, $x_1, \ldots, x_n$ が k 上で代数関係を持たないとき, **代数的独立**と云う. 言い換えると, 次の準同型写像

(1.14.1) $\quad \phi : k[X_1, \ldots, X_n] \to K, \ \phi(h(X_1, \ldots, X_n)) = h(x_1, \ldots, x_n)$

が単射ということです. また, $\mathbb{Q}$ 上代数的独立な数 $x \in \mathbb{C}$ を**超越数**と云う.

問題 3.1

1. $K = k(\alpha), [K:k] < \infty$ であれば，K/k の中間体（$k \subset E \subset K$ なる体 E のこと）の個数は有限であることを示せ．
2. $[\mathbb{Q}(\sqrt{2}, 2^{\frac{1}{3}}) : \mathbb{Q}] = 6$ を示せ．
3. 整域 R が体 K を含み，K 上の線型空間としての次元 $\dim_K R < \infty$ なら，R は体であることを示せ．
4. 線型代数で，行列の最小多項式を学ぶ．k は体，A を k 係数の $n \times n$ 行列とする．$\phi : k[X] \to k[A]$ の核の生成元が A の最小多項式となる．
   (1) $\mathbb{Q}(\sqrt[3]{2})$ の $\mathbb{Q}$ 上の基底 $\{1, \sqrt[3]{2}, \sqrt[3]{2^2}\}$ に対し $\sqrt[3]{2}$ による乗法を表す行列 A を求めよ．
   (2) $A^2 - A + 3E$ の逆行列を求めて，$(\sqrt[3]{2}^2 - \sqrt[3]{2} + 3)^{-1}$ を求めよ．

3.2 作図可能性

複素平面で考えれば，与えられた 2 つの複素数の和差積商はコンパスと定規で作図できます．しかし，0 と 1 つまり，ガウス平面の原点 $(0,0)$ と $(1,0)$ から出発してどのような複素数が作図できるかというのが**作図問題**です．まず複素数 0 と 1 から四則演算ですべての有理数が得られますから有理数体 $\mathbb{Q}$ の任意の数は作図ができることになります．コンパスと定規を用いて，ある複素数 α が作図可能であれば，$0, 1, \alpha$ から出発して四則演算で生じる数は上に述べたように作図可能です．これらはちょうど α を添加した体 $\mathbb{Q}(\alpha)$ の元全体になります．

即ち，0 と 1 をもとに作図できる数とは $\mathbb{Q}$ のある拡大体の元だということです．このとき，この元や拡大体は $\mathbb{Q}$ 上で**作図可能**であるということにしましょう．同様に，$\mathbb{C}$ のある部分体 k が与えられているとき，この体の元はガウス平面上の点のある集合です．そして，これらの元をもとに

3.2 作図可能性

作図できる数は k のある拡大体の元です．上と同様にこのことを **k 上で作図可能である**ということにします．ではどのような拡大体が作図可能であるかという問題が頭に浮かびます．この節では，与えられた体 k 上に作図可能な拡大体の決定という問題を考えます．

最初に**作図する**ということの意味合いを改めてはっきりさせておかなくてはなりません．今ある点集合 S が平面上に与えられているとします．そこで，コンパスと定規を用いて S 上で点を作図するということの数学的な意味は，

- **(1)** S の 2 点間を結ぶ直線を定規で引くこと
- **(2)** S の 2 点間の距離を半径とし，S の点を中心とする円をコンパスで描くこと
- **(3)** このようにして描いた直線と直線の交点，直線と円の交点，円と円の交点を S に加える．
- **(4)** さらに S とこれらの新しく得られた交点を基に上と同じ操作を繰り返す．

という手順によって新しい点（交点）を得ることを云います．このように作図するということは，適当な気分で直線や円を描くのとは違うのです．つまり，これらの点たちはその座標や相互間の距離がこうこうであると申告できるものでなくてはいけないのです．上のように考えると，得られる交点たちは直線と直線なら連立 1 次方程式の解です．

$$\begin{cases} aX + bY = p \\ cX + dY = q \end{cases}$$

円と円なら連立 2 次方程式の解です．

$$\begin{cases} (X - a_1)^2 + (Y - b_1)^2 = r_1^2 \\ (X - a_2)^2 + (Y - b_2)^2 = r_2^2 \end{cases}$$

円と直線なら 1 次方程式と 2 次方程式の連立方程式の解となります．

$$\begin{cases} aX + bY = c \\ (X - p)^2 + (Y - q)^2 = r^2 \end{cases}$$

これらの解がすべて 2 次方程式の解として得られるのはすぐに分かるでしょう．ここでこれらの式に現れる定数は，すべて格子点や上に述べたよ

うにして得られた交点の座標から四則演算で得られるものです．だから，2次方程式の解の公式を見ても分かるように，交点の座標はすべてそれまでに得られた点の座標成分から四則演算と平方根を組み合わせて得られることが判明します．この操作をいくら続けても平方根を取る作業以上に複雑な計算はまったくありません．逆に云うと，例えば $\sqrt[3]{2}$ の長さの線分は $\mathbb{Q}$ 上では作図できないのです[*4]．また，自然対数の底 e や円周率 π は超越数つまりどのような多項式の解にもならないので[*5]，そのような長さを持つ線分も $\mathbb{Q}$ 上では作図できません．このように，$\mathbb{Q}$ 上作図できる点の座標や長さは，$\sqrt{1+\sqrt{3}}$ のように，すべて何回か2次方程式を解いて得られるものに限るのです．

2次方程式を一度解いて得た解を α_1 とすると，$\mathbb{Q}$ の2次拡大体 $K_1 = \mathbb{Q}(\alpha_1)$ が $\mathbb{Q}$ 上に作図できて，更にもう一つの2次方程式を解いて得た解を α_2 とすると，K_1 上に2次拡大体 $K_2 = K_1(\alpha_2)$ が作図できるのです．このように $\mathbb{Q}$ 上に作図できる拡大体は次々と2次拡大することによって得られることが分かります．このことを拡大体の言葉を使って表現してみると，次の定理になります．

定理 2.1 体 k 上に作図できる拡大体 K は2次拡大の連鎖で得られるものに限る．逆にこのような拡大体は必ず作図できる．

証明 前半は既に説明してあるので，逆の説明を以下に示します．云うべきことは，2次方程式の解の作図ですが，四則演算以外では平方根を取るという演算を作図する方法です．与えられた数 a の平方根を作図します．具体的な作図の基本は直角3角形の比例関係です．次図のような直角3角形の辺の間には $AD:DC = BD:AD$ の関係がありますから，$bc = a^2$ を得ます．$b = 1$ とすると，$a = \sqrt{c}$ であることが分かります．

このように簡単に平方根が作図できます．従って定理は明らかでしょう． ∎

[*4] 系 2.2 参照．
[*5] e についてはエルミートが 1873 年に，π についてはリンデマンが 1882 年に証明しました．

3.2 作図可能性

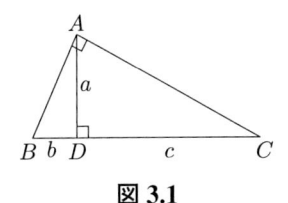

図 3.1

系 2.2 体 K が体 k 上作図できるとき，$[K:k]$ は 2 の巾である[*6].

証明 体 K が体 k 上作図できるとき K は k より 2 次拡大の連鎖で得られるある体 L に含まれます．$[L:k]$ は 2 の巾で，拡大次数の連鎖律 (1.9) より $[K:k]$ は $[L:k]$ の約数ですから，やはり 2 の巾です． ∎

このようにして，一辺が $\sqrt{2}$ である正 3 角形は作図できますが，一辺が $\sqrt[3]{2}$ である正 3 角形は理論的に作図できないのです[*7].

(2.3) [正 n 角形の作図可能性]

それでは代表的な問題として，原点を中心とし，半径 1 の円に内接する正 n 角形の作図を考えましょう．座標平面を複素平面と考えます．そうすると，正 n 角形の頂点は $X^n - 1 = 0$ の解である

$$e^{\frac{2\pi l}{n}} = \cos\frac{2\pi l}{n} + i\sin\frac{2\pi l}{n}; \quad l = 0, 1, \ldots, n-1$$

の n 個の複素数で，これらはすべて $\zeta_n = e^{\frac{2\pi}{n}}$ の巾ですから，正 n 角形が作図できるかどうかは ζ_n が作図できるかどうか，即ち，$\mathbb{Q}(\zeta_n)$ が作図できるかどうかにかかっています．上の定理 2.1 によれば，$\mathbb{Q}(\zeta_n)$ が 2 次拡大の連鎖で得られればよいということです．または

$$\cos\frac{2\pi}{n}, \quad \sin\frac{2\pi}{n}$$

が作図できるかどうかで決るということもできます．まず 2 章の例 5.17 の次の結果を思い出しましょう．素数 p に対して

(2.3.1) $$\Phi_p(X) = \sum_{i=0}^{p-1} X^i = (X^p - 1)/(X - 1)$$

[*6] この系の逆は一般には成立しません．しかし，もし K が k 上ガロワ拡大 (§6 参照) ならば，位数が 2 の巾である群が可解であることを用いて (4 章・§6 参照) K が k 上作図可能であることを示せます．

[*7] $[\mathbb{Q}(\sqrt[3]{2}):\mathbb{Q}] = 3$ ですから．

は $\mathbb{Q}[X]$ で既約多項式である．従って，
(2.3.2) $\qquad\qquad [\mathbb{Q}(\zeta_p):\mathbb{Q}] = p-1.$

(2.4-1) [$n=3$ の場合]
$$X^3 - 1 = (X-1)(X^2+X+1) = (X-1)(X-\omega)(X-\omega^2)$$
$$\omega = e^{\frac{2\pi i}{3}} = \frac{-1+\sqrt{-3}}{2}, \quad \cos\frac{2\pi}{3} = -\frac{1}{2}, \sin\frac{2\pi}{3} = \frac{\sqrt{3}}{2}$$

のように解くことができます．上の式では平方根しかありませんから，与えられた円に内接する正 3 角形は作図できることが分かります．この場合は 2 次体 $\mathbb{Q}(\sqrt{3})$ を作図することになります．

(2.4-2) [$n=5$ の場合]
$$\begin{aligned} X^5 - 1 &= (X-1)(X^4+X^3+X^2+X+1) \\ &= (X-1)X^2(X^2+X^{-2}+X+X^{-1}+1) \\ &= X^2(X-1)(X+X^{-1})^2 + (X+X^{-1}) - 1 \\ &= X^2(X-1)(t^2+t-1)\,;\quad t = X+X^{-1}. \\ &= X^2(X-1)\left(t - \frac{-1+\sqrt{5}}{2}\right)\left(t - \frac{-1-\sqrt{5}}{2}\right) \end{aligned}$$

従って，$X+X^{-1} = t \Rightarrow X^2 - tX + 1 = 0$ だから，$X^5 - 1 = 0$ の非自明解は
$$X = \frac{t \pm \sqrt{t^2-4}}{2}\,;\ t = \frac{-1\pm\sqrt{5}}{2}$$

の 4 個でいずれも平方根を 2 回取っているだけですから，内接 5 角形は作図できます．

(2.4-3) [$n=7$ の場合]
$$X^7 - 1 = (X-1)(X^6+X^5+X^4+X^3+X^2+X+1)$$

より 1 以外の n 乗根はこの第 2 因子の解です．ところが，これは (2.3.1) より既約です．また
$$[\mathbb{Q}(\zeta_7):\mathbb{Q}] = 6$$

ですから，$\mathbb{Q}(\zeta_7)$ は 2 次の拡大体の連鎖には決して含まれないので作図不能なのです．もっと具体的に方程式で示すと以下のようになります．チェックしてみて下さい．
$$X^6 + X^5 + X^4 + X^3 + X^2 + X + 1$$

3.2 作図可能性

$$= \left(X^3 - \frac{-1+\sqrt{-7}}{2}X^2 + \frac{-1-\sqrt{-7}}{2}X - 1\right)$$
$$\times \left(X^3 - \frac{-1-\sqrt{-7}}{2}X^2 + \frac{-1+\sqrt{-7}}{2}X - 1\right)$$

と因数分解されます．この分解より，$\mathbb{Q}(\zeta_7)$ は 2 次体 $\mathbb{Q}(\sqrt{-7})$ を含んでいて，拡大次数の関係式

$$[\mathbb{Q}(\zeta_7):\mathbb{Q}] = [\mathbb{Q}(\zeta_7):\mathbb{Q}(\sqrt{-7})][\mathbb{Q}(\sqrt{-7}):\mathbb{Q}] = 6$$

より，$[\mathbb{Q}(\zeta_7):\mathbb{Q}(\sqrt{-7})] = 3$ であることが分かります．また上の分解から，$\mathbb{Q}(\zeta_7)$ は $\mathbb{Q}(\sqrt{-7})$ に 3 次の多項式

$$g(X) = X^3 - \frac{-1+\sqrt{-7}}{2}X^2 + \frac{-1-\sqrt{-7}}{2}X - 1$$

の根を添加して得られることも分かります．というのはこの $g(X)$ は

$$g(X) = (X-\zeta_7)(X-\zeta_7^2)(X-\zeta_7^4)$$

のように分解するからです．これが $\mathbb{Q}(\sqrt{-7})$ で既約なことは，もし既約でなければ，ζ_7 は $g(X)$ の既約因子の根ということになりますから，

$$[\mathbb{Q}(\zeta_7):\mathbb{Q}(\sqrt{-7})] = 3 < \deg g(X)$$

となって矛盾してしまいます．正 7 角形は作図できません．∎

同様に正 11 角形，正 13 角形についても，

$$[\mathbb{Q}(\zeta_{11}):\mathbb{Q}] = 10 = 2\cdot 5, \quad [\mathbb{Q}(\zeta_{13}):\mathbb{Q}] = 12 = 2^2\cdot 3$$

ですから，2 次の拡大体の連鎖には決して含まれません．だから，これらの体も作図不可能なことが分かります．詳しい説明は省きますが，次のようになります．

(2.4-4) [$n = 11$ の場合]

$$X^{11} - 1 = (X-1)\left(\sum_{i=0}^{10} X^i\right)$$
$$= (X-1)\left(X^5 + \frac{1-\sqrt{-11}}{2}X^4 - X^3 + X^2 - \frac{1+\sqrt{-11}}{2}X - 1\right)$$
$$\times \left(X^5 + \frac{1+\sqrt{-11}}{2}X^4 - X^3 + X^2 - \frac{1-\sqrt{-11}}{2}X - 1\right)$$

で

$$[\mathbb{Q}(\zeta_{11}):\mathbb{Q}(\sqrt{-11})]=5$$

なので，これらの因子は $\mathbb{Q}(\sqrt{-11})$ 上既約であることも分かります．

(2.4-5)［$n=13$ の場合］

$$X^{13}-1=(X-1)\left(\sum_{i=0}^{12}X^i\right)$$
$$=(X-1)(X^3-a_1X^2+a_2X-1)(X^3-a_2X^2+a_1X-1)$$
$$\times(X^3-a_3X^2+a_4X-1)(X^3-a_4X^2+a_3X-1)$$

但し，$\{a_1,a_2\},\{a_3,a_4\}$ はそれぞれ次の 2 次方程式の根です．

$$X^2-b_1X+3-b_2=0,\quad X^2-b_2X+3-b_1=0$$

ここで，$b_1=\frac{-1+\sqrt{13}}{2},\ b_2=\frac{-1-\sqrt{13}}{2}$ で，例えば，

$$a_1=\frac{-1+\sqrt{13}}{4}+\frac{i}{2}\sqrt{\frac{13-3\sqrt{13}}{2}}$$

と多重平方根で表されますから作図可能ですが，これを用いている上の 3 次式は

$$[\mathbb{Q}(\zeta_{13}):\mathbb{Q}]=12=2^2\cdot 3$$

なので，平方根では解けないのです．

(2.4-6)［$n=17$ の場合］

しかし，正 17 角形については

$$2\cos\frac{2\pi}{17}=\frac{-1+\sqrt{17}}{8}+\frac{1}{4}\sqrt{\frac{17-\sqrt{17}}{2}}$$
$$+\frac{1}{2}\sqrt{\frac{17+3\sqrt{17}}{2}-\sqrt{\frac{17+\sqrt{17}}{2}}-\frac{1}{2}\sqrt{\frac{17-\sqrt{17}}{2}}}$$

が分かるので作図できるのです．この式を見ても分かるように，2 次式を 4 回解いてこの解に到達します．

(2.4.7)［その他の正 n 角形］

奇素数を p とすると，今までの計算で作図可能な正 p 角形は $p=3,5,17$ でしたが，これらには共通点として $p-1$ が 2 の巾乗であるという性質が

あります．これは (2.3.2) で見たように $[\mathbb{Q}(\zeta_p) : \mathbb{Q}] = p - 1$ で，作図可能であるためにはこの拡大次数が 2 の巾乗であることからきています[*8]．

実はこういう素数のみが作図可能なのです．17 の次のこのような素数は 257 でその次が 65537 となります．従って 17 より大きい素数はかなり非現実的です．詳しい説明には最後の章で述べるガロワの理論が必要ですが，作図可能な正 n 角形の n としては $n = 2^k p_1 \cdots p_h$ の形の素因数分解を持ち，しかも $p_1, \ldots, p_h$ は互いに相異なる素数で，すべて 2 の巾に 1 を足した形のものに限ります．従って作図ができない n は

$n = 7, 9, 11, 13, 14, 18, 19, 21, 22, 23, 25, 26, 27, 28, 29, 31, 33, \cdots\cdots$

などと数え上げていくことができます．

特に正 9 角形が作図できないので，40° は作図できません．従って，角 120° の 3 等分は作図できません．このことから**任意の角の 3 等分は作図できない**ことが分かります．

問題 3.2

1. 与えられた 2 個の複素数の和差積商を作図せよ．
2. $\sqrt{2} \cdot \sqrt[4]{3}$ を作図せよ．
3. $X^4 + X^3 + X^2 + X + 1 = 0$ の根を作図することで正 5 角形を作図せよ．
4. 同様に正 17 角形を作図せよ．

3.3 体の同型とその拡張

ガロワの理論で中心的な概念は体の同型写像からなる群です．特に体 k の拡大体 K から K' への k **同型写像**，即ち k の元を動かさないような同型写像です．

特に，k の拡大体 K に対して K の k 自己同型写像 $\sigma : K \to K$ の全体

[*8] 逆に，体の拡大 $\mathbb{Q}(\zeta_n) \supset \mathbb{Q}$ は次数 $\phi(n)$ のガロワ拡大ですから，系 2.2 とその注より，「正 n 角形が作図可能 $\iff$ $\phi(n)$ が 2 の巾」が云えます．1 章の (5.13.2) の $\phi(n)$ の一般公式から以下に述べる結論が出ます．

は，写像の合成に関して群をなします．この群を
$$\mathrm{Aut}_k(K)$$
と書きます．また，k 同型写像 $\sigma: K \to K'$ が存在するとき，K と K' は k 上**共役な体**であるといいます．

　例えば，$k = \mathbb{Q}$, $K = \mathbb{C}$ のとき，$\mathbb{C}$ の任意の同型写像 σ は $\sigma(1) = 1$ より，$\mathbb{Q}$ 同型写像であることは簡単に分かります．

例 3.1 $\mathbb{Q}[X]$ の既約多項式 $f(X)$ が $\mathbb{C}$ で $f(X) = \prod_{i=1}^{n}(X - \alpha_i)$ と分解したとき，その一つの根 $\alpha = \alpha_1$ を添加した体を $K = \mathbb{Q}(\alpha)$ とします．
$$K = \mathbb{Q} \cdot 1 + \mathbb{Q}\alpha + \cdots + \mathbb{Q}\alpha^{n-1}$$
任意の同型写像 σ について，$f(\alpha) = 0$, $\sigma(0) = 0$ ですから，$\sigma(f(\alpha)) = f(\sigma(\alpha)) = 0$ となり，$\sigma(\alpha)$ は α_i $(i = 1, \ldots, n)$ のどれかであることが分かります．また K の元 a は
$$a = c_0 \cdot 1 + c_1 \alpha + \cdots + c_{n-1} \alpha^{n-1} \quad (c_i \in \mathbb{Q})$$
と表されますから，$\sigma(\alpha) = \alpha_i$ とすると，

(3.1.1) $\qquad \sigma(a) = c_0 \cdot 1 + c_1 \alpha_i + \cdots + c_{n-1} \alpha_i^{n-1}$

逆に任意の i $(1 \leq i \leq n)$ に対して，(3.1.1) で K の同型写像が決ります．つまり，K の $\mathbb{Q}$ 同型写像はちょうど $n = \deg f$ 個あり，K と $\mathbb{Q}$ 上共役な体は $K_i = \mathbb{Q}(\alpha_i)$ $(i = 1, \ldots, n)$ の n 個です． ∎

　拡大体の系列 $k \subset K \subset L$ と L の k 同型写像 τ に対して，$\sigma = \tau|_K$ で τ を K に**制限**した同型写像を意味することにします．このとき，τ を σ の L **への拡張**と云います．

例 3.2 $k = \mathbb{Q} \subset K = \mathbb{Q}(\sqrt{2}) \subset L = \mathbb{Q}(\sqrt[6]{2})$ を考えます．$\alpha = \sqrt{2}, \beta = \sqrt[6]{2}$ とすると，$\alpha = \beta^3$ ですから，β の K 上の最小多項式は $g(X) = X^3 - \alpha$ であることが分かります．K の $\mathbb{Q}$ 上の同型写像は $\sigma_0(\alpha) = \alpha, \sigma_1(\alpha) = -\alpha$ で定まる σ_0, σ_1 の二つです．一方 1 のすべての 6 乗根を
$$1, \zeta, \zeta^2, \cdots, \zeta^5 \quad \left(\zeta = \cos\frac{2\pi}{6} + i\sin\frac{2\pi}{6}\right)$$
とすると，L の $\mathbb{Q}$ 上の同型写像は
$$\tau_k(\beta) = \zeta^k \beta \quad (k = 0, 1, \ldots, 5)$$

3.3 体の同型とその拡張

の6個です.そうすると,
$$\begin{aligned}\tau_k(\alpha) &= \tau_k(\beta^3) = \tau_k(\beta)^3 = \zeta^{3k}\alpha \\ &= \begin{cases} \alpha & (k=0,2,4), \\ -\alpha & (k=1,3,5) \end{cases}\end{aligned}$$
ですから,σ_0 の拡張は τ_0,τ_2,τ_4 で σ_1 の拡張は τ_1,τ_3,τ_5 であることが分かります.

ここで,$\beta,\zeta^2\beta,\zeta^4\beta$ は $g(X)=X^3-\alpha$ の根で,$\zeta\beta,\zeta^3\beta,\zeta^5\beta$ は $h(X)=\sigma_1(g(X))=X^3+\alpha$ の根であることが大切な事実です.この例は,どのようにして同型写像を代数拡大体に拡張すればよいかを示しています.即ち,
$$k \subset K = k(\alpha) \subset L = K(\beta) = k(\alpha,\beta)$$
で,β の K 上の最小多項式を $g(X)$, $h(X) = \sigma(g(X))$ とし,$h(X)$ の相異なる根を $\beta_1,\ldots,\beta_m$ とすれば,σ の拡張はちょうど m 個で,それらは
$$\tau_i(\alpha) = \sigma(\alpha),\ \tau_i(\beta) = \beta_i \quad (i=1,\ldots,m)$$
で定められるということです(k 上の同型写像であることを確かめよ).

有限次代数拡大の連鎖があったときには,この手順ですべての拡張が得られるのですが,任意の代数拡大体の系列に対してはツォルンの補題を用いて証明します.

定理 3.3 体の代数拡大の系列 $k \subset K \subset L$ と K の任意の k 同型写像 σ に対して,σ の L への拡張が存在する[*9].

証明 K と L の中間体 M と M の k 上の同型写像 γ で σ の拡張となっているものの組 (M,γ) の全体 S を考えます.S に次のように順序関係を入れます.$(M,\gamma),(M',\gamma') \in S$ について,
$$(M,\gamma) \leq (M',\gamma') \iff M \subset M',\ \gamma'|_M = \gamma \text{[*10]}$$
こう置くと,この順序で,S が帰納的順序集合であることが分かります.従って,ツォルンの補題から,S に極大なもの (M_0,γ_0) があることが分かります.もしも,$M_0 \subsetneq L$ であれば,L の元で M_0 の元でないもの α がありますが,α は M_0 上代数的なので,α の満たす既約多項式を $g(X) \in M_0[X]$,$h(X) = \gamma_0(g(X))$ として,β を $h(X)$ の一つの根とすると,$M_0' = M_0(\alpha)$ の同

[*9] 実は代数拡大という仮定がなくても構いません.
[*10] 準同型写像 τ をある集合 S に制限するとき,これを $\tau|_S$ と表します.

型写像 γ' を
$$\gamma'|_{M_0} = \gamma_0, \quad \gamma'(\alpha) = \beta$$
で定めることができます．これは当然 σ の一つの拡張で，$M_0 \subsetneq M_0'$ ですから，
$$(M_0, \gamma_0) < (M_0', \gamma')$$
となって，(M_0, γ_0) の極大性に矛盾してします．だから $L = M_0$ でなくてはならず，γ_0 が求めるものです． ∎

問題 3.3

1. Aut $(\mathbb{Q}(\sqrt[3]{2})) = \{e\}$ を示せ．
2. $\mathbb{Q}(\sqrt{2} + \sqrt[3]{3})$ の $\mathbb{Q}$ 上の共役体をすべて求めよ．
3. $K = \mathbb{Q}(\sqrt{2}) \subset L = \mathbb{Q}(\sqrt[5]{2})$ とするとき，$\sigma(\sqrt{2}) = -\sqrt{2}$ で決る $K/\mathbb{Q}$ の共役写像の $L/\mathbb{Q}$ への拡張をすべて記述せよ．
4. K 上の多項式環 $K[X]$ の K 上の同型 σ は $s(X) = aX + b$ $(a, b \in K, a \neq 0)$ であることを示せ．
5. K 上の有理関数体 $K(X)$ の K 上の同型 σ は
$$\sigma(X) = (aX + b)/(cX + d) \ (a, b, c, d \in K, ad - bc \neq 0)$$
で定まることを示せ．
6. k を 1 の原始 n 乗根 ζ を含む体とし，$K = k(\sqrt[n]{a})$ $(a \in k)$ とするとき，K の k 上の同型の集合 Aut (K/k) は群を成し，巡回群 $\mathbb{Z}/(n)$ の部分群に同型であることを示せ．

3.4　多項式の分解体と代数閉包

4.0 代数学の基本定理によって，任意の $\mathbb{C}$ 係数多項式は 1 次因数の積に分解します．従って，$\mathbb{C}$ 上に代数的な数はまた複素数ですから，$\mathbb{C}$ の真の代数拡大は存在しません．このように真の代数拡大を持たない体を**代数閉体**と云います．また体 k 上の多項式 $f(X)$ が 1 次因数の積に分解するような k の最小拡大体，云い換えれば，$f(X)$ のすべての根を含む**最小の体**を $f(X)$ の**分解体**と云います．このような概念を導入するのは，一つの多項式について必要なことはその根が分かれば十分だからです．

3.4 多項式の分解体と代数閉包

例えば，$f(X) = X^2 + 1 \in \mathbb{Q}[X]$ の分解体は $\mathbb{Q}(i) = \mathbb{Q} + \mathbb{Q}i$ です．また，体 k として，複素数体 $\mathbb{C}$ の部分体であるものを考えるならば，$f(X) \in k[X]$ の分解体が $\mathbb{C}$ の部分体になるのは，$\mathbb{C}$ が代数閉体であることから明らかですが，標数 $p \neq 0$ の体や，有理関数体 $\mathbb{Q}(T)$ のような体もありますから，分解体の存在することは必ずしも明らかではありません．例えば，$f(X) = (T^2 + 2T - 1)X^7 + (3T^2 - 1)X^3 + 1$ のような $\mathbb{Q}(T)$ 係数の多項式などの根は一体あるのかと云われると困るでしょう．不定元の T が関係しているので，存在したとしても普通の数でないことは明らかだからです．最初の目的は次の定理[*11]です．

定理 4.1 k を体としたとき，任意の多項式 $f(X) \in k[X]$ に対して分解体が存在する．

証明 多項式の次数に関する帰納法で論法をすっきりさせます．まず 1 次の多項式はすでに k で分解しています．次に $1 \leq \deg f(X) < n$ なら定理が成立するとして，$\deg f(X) = n$ としますと，剰余環 $K = k[X]/(f(X))$ は $\alpha_1 = X \pmod{f(X)}$ という $f(X)$ の根を含んでいる体ですから $K[X]$ で $f(X) = (X - \alpha_1)f_1(X)$ と分解します．ここで，$\deg f_1(X) < n$ ですから，帰納法の仮定から，このすべての既約因数を 1 次式に分解する K の拡大体 L が存在します．従って，L で $f(X)$ も 1 次式の積に分解します．■

例 4.2 $\mathbb{Q}[X]$ の既約多項式 $f(X) = X^3 - 2$ の根は

$$\sqrt[3]{2},\ \omega\sqrt[3]{2},\ \omega^2\sqrt[3]{2} \left(\omega = \frac{-1 + \sqrt{-3}}{2}\right)$$

ですから，$f(X)$ の最小分解体は これらの根で生成される

$$L = \mathbb{Q}(\sqrt[3]{2}, \omega\sqrt[3]{2}, \omega^2\sqrt[3]{2}) = \mathbb{Q}(\sqrt[3]{2}, \omega)$$

であることが分かります．拡大次数を調べましょう．

$$K = \mathbb{Q}(\sqrt[3]{2}) \cong \mathbb{Q}[X]/(f(X))$$

とすると，$[K : \mathbb{Q}] = \deg f(X) = 3$ であり，また K で，

$$f(X) = (X - \sqrt[3]{2})(X^2 + \sqrt[3]{2}X + \sqrt[3]{2^2})$$

[*11] この定理から，$k[X]$ の任意の多項式を既約因数に分解して，それらの分解体の合併体を取ればその多項式の分解体となります．また分解体は明らかに k の代数拡大です．

$\omega \notin \mathbb{R}$ より，第 2 因数は $\mathbb{R}$ の部分体 K で分解しませんから K 上既約です．従って，
$$L \cong K[X]/(X^2 - \sqrt[3]{2}X + \sqrt[3]{2}^2),$$
$$\begin{aligned}[L:\mathbb{Q}] &= [L:K][K:\mathbb{Q}] \\ &= \deg(X^2 - \sqrt[3]{2}X + \sqrt[3]{2}^2) \cdot \deg f(X) \\ &= 2 \cdot 3 = 6\end{aligned}$$
となります．

さて，複素数体 $\mathbb{C}$ では確かにすべての $\mathbb{Q}$ 係数多項式が 1 次式の積に分解してしまいますが，有限体や有理関数体などいろいろの体があります．それらにも $\mathbb{C}$ のようなものがあるということを示しましょう．

定理 4.3 任意の体 k に対して，k の**代数閉包**と呼ばれる次の性質を満たす拡大体 L が存在する（この体を一般に $\bar{k}$ と表す）．

(4.3.1) L は k の代数拡大である．

(4.3.2) L は代数閉体である．

証明 $k[X]$ の定数でない多項式全体を Σ とし，$f \in \Sigma$ に対して，不定元 T_f を考えます．これらの無数の不定元で生成される多項式環を $R = k[T_f \mid f \in \Sigma]$ とし，さらにこの環のイデアルで $f(T_f)$ $(f \in \Sigma)$ で生成されるものを I としますと，$I \subsetneq R$ が分かります．何故なら，もし $I = R$ ならば，

(#) $$1 = \sum_{i=1}^{n} q_{f_i} f_i(T_{f_i}) \ (q_{f_i} \in R)$$

のように $1 \in R$ が有限和で表されるはずです．ここで，各 f_i の分解体の合併体を K とすれば，$f_i(\alpha_i) = 0, \alpha_i \in K$ なる α_i が選べますから，$T_{f_i} = \alpha_i$ とすれば，(#) で $1 = 0$ となり，矛盾が生じるからです．

だから，I を含む極大イデアル M_1 が存在します．よって，$k_1 = R/M_1$ は k を含む体で，これは k 上に $\beta_f = T_f \pmod{M}$ $(f \in \Sigma)$ で生成されますが，$I \subset M$ だから，k_1 に於て

$$f(\beta_f) = f(T_f \pmod{M}) = f(T_f) \pmod{M} = 0$$

です．この式から β_f はすべて k 上代数的だから，k_1 は k の代数拡大体でしかも $k[X]$ のすべての多項式が少なくとも一つの根を持つ体です．k_1 が代数閉体でなければ，k を k_1 に取り替えて，上の操作を繰り返します．こ

3.4 多項式の分解体と代数閉包

のようにして，帰納的に
$$k = k_0 \subset k_1 \subset \cdots \subset k_n \subset k_{n+1} \subset \cdots$$
という拡大体の系列で，$k_n[X]$ の定数でない任意の多項式が k_{n+1} で必ず根を持つようなものが生じます．しかも各 k_{n+1} は k_n の代数拡大ですから，代数拡大の連鎖性（系 1.11）によって，k 上でも代数拡大になっています．このとき，
$$L = \bigcup_{i=0}^{\infty} k_i$$
は今述べたことから，k 上代数的ですが，これが定理の主張を満たすものであることを見ましょう．任意の既約多項式 $f(X) \in L[X]$ には有限個の係数しかないのですから，それらの係数は，上の拡大体の系列の中の例えば k_n に含まれています．ゆえに $f(X) \in k_n[X]$ です．従って，$f(X)$ は k_{n+1} で根を持ちます．これは $f(X)$ が L で根を持つということです．従って，$f(X)$ は 1 次式でなくてはなりませんから L は代数閉体です[*12]． ∎

ところで，上のようにどんな体にもその代数閉包が存在するのは分かりましたが，証明は剰余環を用いていて抽象的です．それにこれとは違う代数閉包があるかもしれません．しかし，

定理 4.4 体 k の二つの代数閉包 L と L' は k 上同型である[*13]．

証明 ツォルンの補題を用います．今 K を k の代数拡大で K から L' の中への k 上の同型 τ_K があるものを考え，このような K と τ_K からなる組 (K, τ_K) の集合 S を考えます．この集合 S の順序を，$K \subset K'$ かつ $\tau_{K'}|_K = \tau_K$ であるとき[*14]，$(K, \tau_K) \le (K', \tau_{K'})$ であると定めます．この順序で S は帰納的順序集合になります．何故なら，
$$B = \{(K_\lambda, \tau_\lambda) \mid \lambda \in \Lambda\}$$

[*12] $\mathbb{Q}$ の代数閉包が $\mathbb{C}$ でないのは，超越数と呼ばれる任意の $\mathbb{Q}$ 係数の多項式の根にはならない数があるからです．例えば，$\pi, e, \log 2, \log 3$ などがそうです．超越数であることを証明するのは，かなり難しいのでここでは述べることができません．

[*13] このことを「代数閉包は同型を除いて一意的である」と云います．

[*14] 準同型写像 τ をある集合 S に制限するとき，これを $\tau|_S$ と表します．

を全順序部分集合としたとき，
$$E = \bigcup_\lambda K_\lambda$$
とすると，任意の $\alpha \in E$ はある K_λ の元です．今 $\tau_E(\alpha) = \tau_{K_\lambda}(\alpha)$ と定めると，(E, τ_E) は明らかに B の上界です．そこで S の一つの極大元を (M, τ_M) とすると，$M = L$ で $\tau_M(M) = \tau_L(L) = L'$ となるのです．

何故なら，任意の $a \in L$ に対して $M(a)$ を考えると，a は（k 上代数的だから）M 上にも代数的なので，τ_M を $M(a)$ に拡張することができ（定理 3.3 参照），$(M, \tau_M) \leq (M(a), \tau_{M(a)})$ となります．しかし，(M, τ_M) の極大性から，$M(a) = M$ で，$a \in M$ が分かります．よって $L \subset M$ より $M = L$ となります．

また，任意の L' の元 b は $M' = \tau_L(L)$ 上に代数的ですから，$M'[X]$ のある既約多項式 $g'(X)$ の根です．しかし，このとき，$g(X) = \tau_L^{-1}(g(X)) \in L[X]$ も既約ですが，L は代数閉体なので，$\deg g'(X) = \deg g(X) = 1$ でなくてはなりません．これは $g'(X) = X - b \in M'[X]$ を意味しますから，$b \in M'$ で，$L' \subset M' \subset L'$ が分かります．よって，$L' = M' = \tau_L(L)$ ですから，τ_L は上への同型であることになります．τ_L が求める同型写像です． ∎

以下この定理により，これ以降，体 k に対して代数閉包を一つ定めてそれを $\bar{k}$ と書くことにします．$k[X]$ の多項式の分解体はこの $\bar{k}$ の部分体であるとします．また $\overline{\mathbb{Q}}$ は $\mathbb{C}$ の部分体であるとします．

さて，$\bar{k}/k$ の中間体 K, K' が k 上同型であるとき，この二つの体は k 上**共役**であると云い，K から K' への k 同型写像を**共役写像**と呼ぶことにします．

定理 3.3 は代数拡大系列があれば，同型写像を拡張できることを保証していますが，次の定理のように条件を付けることができるのです．

定理 4.5 $\bar{k}/k$ の中間体の任意の共役写像は代数閉包 $\bar{k}$ の自己同型写像に拡張できる．

証明 中間体 K と共役な体を K'，σ_K を $K' = \sigma_K(K)$ となる共役写像とします．今 (L, σ_L) で L は K の代数拡大で σ_L は σ_K の拡張となっているような共役写像の組として，このような組の全体 $S = \{(L, \sigma_L)\}$ を次の規則

3.4 多項式の分解体と代数閉包

で順序集合にします．

$$(L, \sigma_L) \le (E, \sigma_E) \iff L \subset E \quad \text{かつ} \quad \sigma_E \text{ は } \sigma_L \text{ の拡張．}$$

この順序で S が帰納的順序集合になることは今までと同様です．そこで，極大元 (M, σ_M) について，もしも $M \subsetneq \overline{k}$ であれば，$\alpha \in \overline{k} \setminus M$ は M 上に代数的ですから，α の満たす既約多項式 $g(X)$ に対して，$h(X) = \sigma_M(g(X)) \in \overline{k}[X]$ の根を $\beta \in \overline{k}$ とすれば，

$$\tau|_M = \sigma_M, \ \tau(\alpha) = \beta$$

で定まる $M(\alpha)$ から $\sigma_M(M)(\beta) \in \overline{k}$ への共役写像 τ に σ_M を拡張できることが，定理 3.3 から分かります．これは $(M, \sigma_M) < (M(\alpha), \tau)$ を意味し矛盾となります． ∎

この定理から，K, K' が k 上共役であるというのは，$\overline{k}$ のある k 自己同型写像 σ で $K' = \sigma(K)$ となることだと云っても同じことです．

また $\alpha, \beta \in \overline{k}$ に対して，$\overline{k}$ のある k 自己同型写像 σ で $\beta = \sigma(\alpha)$ となるとき，α, β を k 上共役（な元）と云います．

例 3.1 の $\mathbb{Q}$ を k に置き換えて同じ議論ができますから次の定理が得られます．

定理 4.6 (1) $\alpha \in \overline{k}$ の満たす既約多項式を $f(X) \in k[X]$ とすると，$\overline{k}$ の任意の k 自己同型写像 σ による像 $\beta = \sigma(\alpha)$ は $f(X)$ の根である．また，逆に $f(X)$ の任意の根を β とすると，$\beta = \sigma(\alpha)$ で定まる $\overline{k}$ の k 自己同型写像が存在する．即ち，$f(X)$ の根は α に k 上共役な元で尽くされる．

(2) $K = k(\alpha)$ が k の代数拡大で，α を根とする $k[X]$ の既約多項式 $f(X)$ の $\overline{k}$ 内の相異なる根を

$$\alpha_1 = \alpha, \ldots, \alpha_n$$

とすると，K の k 上の共役体は

$$K_i = k(\alpha_i) \quad (i = 1, \ldots, n)$$

のみで，共役写像は

$$\sigma_i(\alpha) = \alpha_i \quad (i = 1, \ldots, n)$$

で定まるもので尽くされる．

例 4.7 例 1.7 の $f(X) = X^3 - 2 \in \mathbb{Q}[X]$ を考えると，
$$K_1 = \mathbb{Q}(\sqrt[3]{2}), \qquad K_2 = \mathbb{Q}(\omega\sqrt[3]{2}), \qquad K_3 = \mathbb{Q}(\omega^2\sqrt[3]{2})$$
は互いに共役な体を尽くします．K_1 からの共役写像は

(4.7.1) $\qquad\qquad\qquad \sigma_1(\sqrt[3]{2}) = \sqrt[3]{2}$

(4.7.2) $\qquad\qquad\qquad \sigma_2(\sqrt[3]{2}) = \omega\sqrt[3]{2}$

(4.7.3) $\qquad\qquad\qquad \sigma_3(\sqrt[3]{2}) = \omega^2\sqrt[3]{2}$

で定まる 3 個です．また，$K = \mathbb{Q}(\sqrt{m})$ の共役は $\mathbb{Q}(-\sqrt{m})$ ですが，この二つは同じ体です．このように，共役な体が一致することもあります．

定義 4.8 $\overline{k}/k$ の中間体 K の k 上のすべての共役体が K に一致するとき，K を k の**正規拡大**と云う[*15]．

正規拡大 K/k の特徴は次の定理です．

定理 4.9 既約多項式 $f(X) \in k[X]$ が正規拡大 K/k で根を持てば，K で 1 次式の積に分解する．逆に代数拡大 K/k で一つの根を持つすべての既約多項式 $f(X) \in k[X]$ が K で 1 次式に分解すれば，K/k は正規拡大である．

証明 前半：$\alpha \in K$ を $f(X)$ の一つの根とし，$\beta \in \overline{k}$ を他の任意の根とすると，定理 4.6 より，$\overline{k}$ の自己同型 σ で $\sigma(\alpha) = \beta$ なるものが存在します．K/k は正規拡大なので，$\beta = \sigma(\alpha) \in K$ ですから，$x - \beta$ が $k[X]$ で $f(x)$ を割り切ります．

後半：σ を $\overline{k}$ の任意の自己同型とすると，任意の $\alpha \in K$ に対して，$\beta = \sigma(\alpha)$ は α の満たす既約多項式 $f(X) \in k[X]$ の一つの根ですが，仮定より，この多項式は K で 1 次式に分解するので，$\beta \in K$ です．よって，$\sigma(K) = K$ ですから，この体は正規拡大です． ∎

さらに，

定理 4.10 任意の有限次正規拡大 K/k は（必ずしも既約でない）多項式 $f(X) \in k[X]$ のすべての根を添加した体（$= f(X)$ の分解体）である．逆に，ある多項式 $f(X) \in k[X]$ の分解体 K は k 上の正規拡大である．

証明 K/k は有限次拡大ですから，有限個の代数的な元 $\alpha_1, \ldots, \alpha_n$ を k に

[*15] 「K/k は正規拡大である」などとも云います．

3.5 分離拡大と非分離拡大

添加して得られます．

$$K = k(\alpha_1, \ldots, \alpha_n)$$

α_i の満たす既約多項式を $f_i(X) \in k[X]$ とすると，K/k は正規ですから，これらの多項式は f_i の根をすべて含んでいます．よって，$f(X) = \prod_{i=1}^{n} f_i(X)$ とすれば，K は $f(X)$ の分解体です．

逆に K が $f(X) \in k[X]$ の分解体とします．$g(X) \in k[X]$ を既約多項式，$a \in K$ が $g(X)$ の一つの根とします．このとき，$g(X)$ の他の根 b についても $b \in K$ を示せばよいわけです．さて，a, b はどちらも既約多項式 $g(X) \in k[X]$ の根ですから，系 1.6 により，同型写像 $\sigma : k(a) \to k(b), \sigma(a) = b$ が存在します．$k(a) \subset K$ ですから，定理 3.3 により σ は k 同型写像 $\tau : K \to L$ に拡張できます．ここで L は $k(b)$ を含むある体です．ここで τ による K の像を見ましょう．τ は k を固定しますから，$f(X)$ も動かしません．すると，$f(X)$ の根を τ で写しても $f(X)$ の根です．K は k 上 $f(X)$ の根のすべてで生成されているのですから，τ は K を K に写します．ゆえに $b = \sigma(a) = \tau(a) \in K$ が示せました． ■

問題 3.4

1. $f(X) = (X^2 + 1)(X^3 - 5)$ の最小分解体 K とそのすべての部分体を求めよ．
2. $\mathbb{Q}[X] \ni X^4 - 2X^2 + 9$ の分解体が $K = \mathbb{Q}(\sqrt{-1}, \sqrt{2})$ であることを示せ，また，K の部分体となる 2 次体をすべて求めよ．
3. $L/K, K/k$ が正規であっても，L/k は必ずしも正規ではない例を $L = \mathbb{Q}(\sqrt[4]{2}), k = \mathbb{Q}$ の場合に構成せよ．

3.5 分離拡大と非分離拡大

5.0 普通の体では 0 以外の元を何倍しても 0 にはなりませんが，p 倍するとすべての元が 0 になってしまう体があります．例えば，p が素数で $\mathbb{F}_p = \mathbb{Z}/(p)$ は p 個の元を持つ有限体で，

$$p \cdot a \,(\mathrm{mod}\, p) = 0 \,(\mathrm{mod}\, p) = 0_{\mathbb{F}_p} \quad (\mathbb{F}_p \text{ の } 0 \text{ 元})$$

ですからそのような性質を持っています．

このような体は**標数**が p であると云います．同様に，有理関数体 $\mathbb{F}_p(X)$ の標数が p であることも分かると思います．標数 p が必ず素数でなければならないのは，もしも p が合成数で $p = ab \, (a, b > 1)$ であれば，$a \cdot 1 \cdot b \cdot 1 = p \cdot 1 = 0$ となり，$a \cdot 1$ または $b \cdot 1$ が零因子となってしまい，体にはそのような元がないことに矛盾してしまうからです．

普通の $\mathbb{Q}, \mathbb{R}, \mathbb{C}$ などの体は 0 倍しない限り 0 になりませんから，これらの体の**標数は** 0 であると云います．一般の体について考えるときは，標数が 0 でないものも含めますから，いろいろ用心をしなければなりません．最も顕著な例は，標数が 0 でないときには，既約多項式が重根を持つ場合があることです．このような現象が起きる理由は，体 k の標数が $p \neq 0$ であれば，k では

(5.0.1) $$(a+b)^p = a^p + b^p$$

となることにあります．

例 5.1 有理関数体 $k = \mathbb{F}_p(T)$ 上の変数 y の多項式 $f(y) = y^p - T$ は T も一つの変数ですから，既約であることは明らかですが，重根を持つことが分かります．

証明 $f(y)$ の分解体 L での根の一つを α とすると，L で $\alpha^p = T$ ですから，
$$f(y) = y^p - T = y^p - \alpha^p = (y - \alpha)^p$$
となり，ただ一つの重根 α を持っています．そして，$f(y)$ の分解体 L は $L = k(\alpha)$ であることが分かります． ∎

重根を持たない既約多項式を**分離多項式**，重根を持つような既約多項式を**非分離多項式**と呼びます．また上の例のように，ただ一つの重根を持つような既約多項式を**純非分離多項式**と云います[16]．

ここで分離，非分離を判別する便利な方法を以下に述べましょう．体 k 上の多項式 $f(X) = \sum_{i=0}^{n} a_i X^i$ に対して，普通の微分をしたように考えて

---

[16] 便宜上，分離多項式，非分離多項式は**既約多項式**とします．既約でないものに対してもこの概念を考える流儀もありますから，他の本を読むときには注意して下さい．

3.5 分離拡大と非分離拡大

得る

$$f'(X) = \sum_{i=1}^{n} a_i X^{i-1}$$

を $f(X)$ の**代数的導関数**と云います.またこの操作を**微分する**と云います.これについて,

(5.1.1) $\quad (f(X) + g(X))' = f'(X) + g'(X)$
(5.1.2) $\quad (f(X)g(X))' = f'(X)g(X) + f(X)g'(X)$

が普通の微分演算のように成立します.

$f(X) \in k[X]$ が既約で $a \in \bar{k}$ を根とすれば,ユークリッドの互除法から,$f(X)$ は a を根とする $G[X]$ の最小次数の多項式,即ち**最小多項式**です.$\bar{k}$ で $f(X) = (X-a)^m g(X)$ $(m > 1)$ と分解するなら,

$$f'(X) = (X-a)^{m-1}(mg(X) + (X-a)g(X))$$

となります.従って,$f(a) = f'(a) = 0$ ですから,$\deg f$ の最小性から,$f'(X) = 0$ が分かります.実際,例 5.1 の場合,標数が p ですから,$(y^p - T)' = py^{p-1} = 0$ です.更に詳しく次の定理が成立します.

定理 5.2 既約多項式 $f(X) = \sum_{i=0}^{n} a_i X^i \in k[X]$ に対して次の三条件は同値である.

(5.2.1) $\quad f(X)$ は非分離多項式.
(5.2.2) $\quad f'(X) = 0$.
(5.2.3) $\quad$ ある既約分離多項式 $h(X) \in k[X]$ が存在して,

$$f(X) = h(X^{p^e}) \quad (e \in \mathbb{Z}^+)$$

と表せる($\deg h(X)$ を $f(X)$ の**分離次数**,p^e を $f(X)$ の**非分離次数**と云います).

証明 $(5.2.1) \Longrightarrow (5.2.2)$ は上に説明した通りです.$(5.2.2)$ を仮定すると,$ia_i = 0$ $(i=1,\ldots,n)$ だから,$p|i$ または $a_i = 0$ です.だから 0 でない最高巾を $i = pn_1$ とすると,

$$f(X) = \sum_{k=1}^{pn_1} a_{pk} X^{pk} = \sum_{k=1}^{n_1} a_{pk}(X^p)^k = f_1(X^p)$$

(但し $f_1(X) := \sum_{k=1} n_1 a_{pk} X^k$)と表せます.$f(X)$ が既約だから $f_1(X)$ も既

約です．もしも $f_1(X)$ が分離的ならば，$h(X) = f_1(X)$ とします．非分離的ならば，同じ操作で，$f_1(X) = f_2(X^p)$ となる多項式 $f_2(X)$ が得られますから，$f(X) = f_2(X^{p^2})$ です．$\deg f(X) > \deg f_1(X) > \cdots >$ ですから，このような操作を有限回（e 回）続けると，$h(X) = f_e(X)$ が分離的になるので (5.2.3) が得られます．次に (5.2.3) を仮定すると，$f'(X) = ph'(X^p)X^{p-1} = 0$ ですから $f(X)$ は重根を持ち，非分離的なことが分かります． ∎

注意 5.3 この定理の意味は，$\beta = \alpha^{p^e}$ とすると，β は分離多項式 $h(X) \in k[X]$ の根で，α は純非分離多項式 $g(X) = X^{p^e} - \beta \in k(\beta)[X]$ の根であるということです．しかし，普通対象となるほとんどの体上の多項式は分離的です．

非分離多項式の現れる場合は標数が $p \neq 0$ のときですが，次の定理があります．

定理 5.4 標数 $p \neq 0$ の体を k とすると，次の条件は同値である．
(5.4.1)　すべての $a \in k$ について，$a = \alpha^p$ となる $\alpha \in k$ が存在する．
(5.4.2)　$k[X]$ には非分離多項式は存在しない．

証明 (5.4.1) の条件が成立して，しかも $f(X) \in k[X]$ が非分離的ならば，定理 5.2 より，$f(X) = h(X^p)$ ($\exists h(X) \in k[X]$) ですが，
$$h(X) = \sum a_i X^i, \quad a_i = \alpha_i^p \quad (\exists \alpha \in k)$$
と置くと $(x+y)^p = x^p + y^p$ より $h(X^p) = (\sum \alpha X^i)^p$ が得られますから，$f(X)$ の既約性に矛盾してしまいます．

また，非分離多項式が存在しないならば，任意の a について，$f(X) = X^p - a$ は $f'(X) = pX^{p-1} = 0$ となるので，既約ではありません．しかし，k の代数閉包 $\bar{k}$ では $f(X) = (X-\alpha)^p$ ($\exists \alpha \in \bar{k}$, $a = \alpha^p$) なので，$k[X]$ での $f(X)$ の既約因子は $g(X) = (X-\alpha)^q$ ($1 \leq q < p$) の形です．$q > 1$ ならば，α は重根で $g(X)$ は非分離的ということになりますから，$q = 1$．つまり，$g(X) = X - \alpha \in k[X]$ ですから，$\alpha \in k$ です． ∎

この定理から，すべての有限体上の多項式環には非分離多項式はありません[*17]．$k[X]$ に非分離多項式の存在しないとき k を**完全体**と云います．

[*17] k の標数が $p > 0$ のとき，$F : k \to k$, $F(a) = a^p$ は環の準同型写像で，k が体なら単

3.5 分離拡大と非分離拡大

もちろん，標数が 0 の体はすべて完全体です．

K が k の代数拡大体で**すべての** K の元が $k[X]$ のある分離多項式の根であるとき，K を k の**分離拡大**であると云います．そうでないときは**非分離拡大**と云います．特に，完全体の代数拡大はすべて分離拡大です．また K が k の代数拡大体で，すべての K の元が $k[X]$ のある純非分離多項式の根であるとき，K を k の**純非分離拡大**であると云います．

さて，拡大 K/k が分離拡大であるという定義は，すべての K の元について条件が満たされることを要求しています．これは検証する場合が無限にありますから，そう単純ではありません．しかし，次の定理 5.6 から，k に分離的な元，つまり分離多項式 $f(X)$ の根を添加して得る拡大体は分離拡大になります．まず次の補題が基本的です．

補題 5.5 α が分離多項式 $f(X) \in k[X]$ の根で，$K = k(\alpha)$ としたとき，$a \in K$ が $\bar{k}$ の任意の k 自己同型写像で不動であれば a は k の元である．

証明 $\deg f(X) = n$ とすると，$f(X)$ は n 個の相異なる根

$$\alpha_1 = \alpha, \ldots, \alpha_n$$

を持っています．定理 1.3 より，

$$a = c_0 \cdot 1 + c_1 \alpha + \cdots + c_{n-1} \alpha^{n-1} \quad (c_i \in k)$$

と表すことができます．$\bar{k}$ の任意の k 自己同型写像 σ を K に制限したものは，K の k 上の共役写像

$$\sigma_i(\alpha) = \alpha_i \quad (i = 1, \ldots, n)$$

のいずれかです．仮定より $\sigma(a) = a$ ですから，σ を動かすと，それらから $c_0, \ldots, c_{n-1}$ に関する次の連立 1 次方程式が得られます．

$$\begin{aligned} a &= c_0 \cdot 1 + c_1 \alpha_1 + \cdots + c_{n-1} \alpha_1^{n-1} \\ a &= c_0 \cdot 1 + c_1 \alpha_2 + \cdots + c_{n-1} \alpha_2^{n-1} \\ &\cdots\cdots\cdots\cdots\cdots\cdots\cdots\cdots\cdots\cdots\cdots \\ a &= c_0 \cdot 1 + c_1 \alpha_n + \cdots + c_{n-1} \alpha_n^{n-1} \end{aligned}$$

このとき，

射で，更に k が有限体なら全単射です．即ち，任意の $a \in k$ に対して $\alpha^p = a$ となる $\alpha \in k$ が存在します．

$$\text{係数行列式} = (-1)^{\frac{n(n-1)}{2}} \prod_{i<j}(\alpha_i - \alpha_j) \neq 0$$

ですから，上の連立方程式にクラーメルの公式が使えます．しかし，

$$\det\begin{pmatrix} 1 & \alpha_1 & \cdots & a & \cdots & \alpha_1^{n-1} \\ 1 & \alpha_2 & \cdots & a & \cdots & \alpha_2^{n-1} \\ \vdots & \vdots & & \vdots & & \vdots \\ 1 & \alpha_n & \cdots & a & \cdots & \alpha_n^{n-1} \end{pmatrix} = 0$$

ですから $i>0$ に対して $c_i=0$ となり，従って $a=c_0\in k$ となります．■

定理 5.6 α が分離多項式 $f(X)\in k[X]$ の根であれば，$K=k(\alpha)$ は k の分離拡大である．

証明 $f(X)$ の根を $\alpha_1=\alpha,\ldots,\alpha_n$ とすると，任意の k 同型写像でこれらは共役に写るので，集合として変りません．また k 上の $\bar{k}$ の任意の同型写像 σ を K に制限すると，$\sigma_i(\alpha)=\alpha_i$ $(i=1,\ldots,n)$ で決る K の相異なる共役写像 σ_i $(i=1,\ldots,n)$ のいずれかです．だから $a\in K$ を

$$a = c_0\cdot 1 + c_1\alpha + \cdots + c_{n-1}\alpha^{n-1} \quad (c_i\in k)$$

と表すと，σ がすべての k 同型写像を動いたとき，$\sigma(a)$ たちのうち相異なるものは，適当に順番を変えれば $i=i,\ldots,m;\ m\leq n$ について

$$\sigma_i(a) = a_i = c_0\cdot 1 + c_1\alpha_i + \cdots + c_{n-1}\alpha_i^{n-1}$$

とできます．このとき，集合として，

$$\{a_1,\ldots,a_m\} = \{\sigma(a_1),\ldots,\sigma(a_m)\}$$

ですから，

$$g(X) = \prod_{i=1}^{m}(X-a_i)$$

について，$\sigma(g(X))=g(X)$ が分かります．補題より，これは単根のみを持つ k 係数多項式で a を根に持っていますから，a は分離多項式の根となります．■

次に分離拡大の連鎖律について述べます．

定理 5.7 (分離拡大の連鎖律) K/L と L/k が共に分離拡大であれば，K/k も分離拡大である．

3.5 分離拡大と非分離拡大

証明 $a \in K$ は代数拡大の連鎖律から，k 上代数的ですから，ある $k[X]$ の既約多項式 $f(X)$ の根です．また $L[X]$ の既約分離多項式 $g(X)$ の根でもあります．$k \subset L$ より，$f(X)$ は $L[X]$ の元でもあるので，
$$f(X) = g(X)^e h(X) \quad (h(X) \in L[X],\ g(X) \nmid h(X))$$
と割り切れています．$f(X)$ が分離的であることを背理法で示しましょう．もし $f(X)$ が非分離的なら，定理 5.2 から $f'(X) = 0$ です．よって，
(#) $\qquad\qquad 0 = eg(X)^{e-1}g'(X)h(X) + g(X)^e h'(X)$
となります．両辺を $g(X)^{e-1}$ で割って $X = a$ を代入すると，$g(a) = 0$, $g'(a) \neq 0$ だから
$$0 = eg'(a)h(a) + g(a)h'(a) = eg'(a)h(a)$$
です．e が p で割り切れなければ，$h(a) = 0$ となりますから，$g(X)|h(X)$ で矛盾します．ゆえに $p|e$ です．$h(X)$ の各既約成分に対して同じことが云えますから，$f(X) = l(X)^p$ となる $l(X) \in L[X]$ が取れます．L/k が分離的ですから，$b \in L, b^p \in k$ なら $b \in k$ が示せるので，$l(X)^p \in k[X]$ から $l(X) \in k[X]$ ですが，これは $f(X)$ を既約としたことに矛盾します．よって，$f'(X) \neq 0$ ですから，$f(X)$ は分離多項式であることが分かります．■

系 5.8 k 上分離的な元を $\alpha_1, \ldots, \alpha_n$ とすると，
$$K = k(\alpha_1, \ldots, \alpha_n)$$
は k の分離拡大である．

証明 $K_i = k(\alpha_1, \ldots, \alpha_i)$ とすると，拡大系列
$$k \subset K_1 \subset \cdots \subset K_n$$
は分離拡大の系列になっているからです．■

5.9 k が完全体でないときには，非分離拡大があることになりますが，それを K とすると，この拡大体はどのようにして得られるのかを実は定理 5.2 が示していることを説明しましょう．

簡単のために，K が k の代数拡大で $K = k(\alpha)$ と一つの元を添加した場合を考えます．α の k 上の最小多項式を $f(X)$ とすると，ある既約分離多項式 $h(X)$ によって，$f(X) = h(X^{p^e})$ ですから，$\beta = \alpha^{p^e}$ は $h(X)$ の根

で k 上分離的です．だから $L = k(\beta)$ は k の分離拡大です．そして α は $g(X) = X^{p^e} - \beta$ という $L[X]$ の純非分離多項式の根ですから，$K = L(\alpha)$ は L の拡大次数 p^e の純非分離拡大です．このように，代数拡大は分離拡大 L/k に純非分離拡大 K/L を重ねたものとして得られるのです．L は K/k の最大分離部分体です．

分離拡大 L/k の拡大次数 $[L:k]$ を拡大 K/k の**分離次数**と呼び $[K:k]_s$ で表し，純非分離拡大 K/L の拡大次数 $[K:L]$ を拡大 K/k の**非分離次数**と呼び $[K:k]_i$ で表します*18．これらは $f(X)$ の分離次数，非分離次数とそれぞれ一致します．拡大次数の連鎖律より，

(5.9.1) $\qquad [K:k] = [K:L][L:k] = [K:k]_s[K:k]_i$

となります．また K の k 上の共役写像は，定理4.6 より，$f(X)$ の相異なる根の個数だけあります．従って，1個の元を添加して得られる代数拡大 K/k について，

(5.9.2) $\quad K/k$ の共役写像の個数 $= [K:k]_s = \deg h(X) = [L:k]$

が得られます．特に純非分離拡大には自明でない共役写像がないことも分かります．

代数拡大 K/k が有限個の元を添加して得られるときも同様で，分離拡大 L/k に非分離拡大 K/L を重ねて得られることも，分離拡大の連鎖性から容易に分かります．このときも，分離次数，非分離次数を上と同様に定義すれば，(5.9.1), (5.9.2) が成立するのは明らかでしょうが，より詳しくは次の定理5.11 と定理5.12 を見て下さい．

5.10 (単拡大) さて，$K = \mathbb{Q}(\sqrt{2}, \sqrt{3})$ と置くと，

$$\sqrt{2} = \frac{1}{2}((\sqrt{2} + \sqrt{3}) - (\sqrt{2} + \sqrt{3})^{-1})$$

$$\sqrt{3} = \frac{1}{2}((\sqrt{2} + \sqrt{3}) + (\sqrt{2} + \sqrt{3})^{-1})$$

ですから，$K = \mathbb{Q}(\sqrt{2} + \sqrt{3})$ で K は $\mathbb{Q}$ 上 1 個の数 $\sqrt{2} + \sqrt{3}$ で生成されます．1個の元で生成される拡大体を**単拡大体**と云いますが，これは特殊な場合ではありません．

---

*18 分離=separable, 非分離=inseparable の頭文字の s, i です．

3.5 分離拡大と非分離拡大

定理 5.11 k の任意の有限次分離拡大 K は単拡大体である．

証明 まず k が無限個の元を含む場合を考えましょう．

2 個の元で生成される拡大体 $K = k(\alpha, \beta)$ について示せば，後は帰納法で成立します．さて，α, β のそれぞれの満たす k 係数既約多項式を $f(X), g(X)$ として，$\bar{k}$ での分解を

$$f(X) = \prod_{i=1}^{n}(X - \alpha_i) \ (\alpha = \alpha_1)$$

$$g(X) = \prod_{j=1}^{m}(X - \beta_j) \ (\beta = \beta_1)$$

とすると，これらは分離多項式なので，相異なる根を持っています．従って，$\gamma_{ij,kl} = (\alpha_i - \alpha_j)/(\beta_k - \beta_l) \ (1 \leq i < j \leq n, 1 \leq k < l \leq m)$ はすべて相異なる元です．また k は無限個の元を持っていますから，これらのどの元とも異なる $c \in k$ が存在します．そこで，$\gamma = \alpha + c\beta = \alpha_1 + c\beta_1$ とすると，次のように，$K = k(\gamma)$ が分かります．即ち，$f_1(X) = f(\gamma - cX)$ とすると，$f_1(\beta_1) = f(\alpha_1) = 0$ ですが，$i > 1$ なら，c の選び方から，

$$\alpha_1 + c(\beta_1 - \beta_i) \neq \alpha_j \ (j = 1, \ldots, n)$$

なので，$f_1(\beta_i) = f(\alpha_1 + c(\beta_1 - \beta_i)) \neq 0$ です．よって，$g(X), f_1(X)$ の共通根は β_1 だけです．だからこの二つの多項式の最大公約式は $X - \beta$ ですが，これはユークリッドの互除法で計算できますから，$k(\gamma)$ 係数のはずです．よって，$\beta \in k(\gamma)$．これから $\alpha = \gamma - c\beta \in k(\gamma)$ なので，$K \subset k(\gamma)$ となりますが，明らかに $\gamma \in K$ ですから，$K = k(\gamma)$ が成立します．

次に k が有限体であれば，$k^\times = k \setminus \{0\}$ は巡回群ですから[19]，その生成元を α とすれば，$K = k(\alpha)$ であることは明らかでしょう． ∎

定理 5.12 有限次分離拡大 K/k の k 共役写像の個数は拡大次数 $[K : k]$ に一致する．逆に

$$[K : k] = K/k \text{ の } k \text{ 共役写像の個数}$$

ならば，K/k は分離拡大である．

---

[19] 2 章の定理 1.12 参照．

証明 前半は定理 5.11 より K/k は単拡大ですから定理 4.6 に帰着します．逆は (5.9.2) より明らかでしょう． ∎

問題 3.5

1. 完全体 k の任意の代数拡大体 K は完全体である．
2. 標数が 0 でない体 k 上の有理関数体 $k(X_1, \ldots, X_n)$ は完全体ではない．
3. K を標数が 2 の体とし，$K[X]$ の既約多項式

$$f_1(X) = X^2 - a_1, \quad f_2(X) = X^2 - X - a_2 \quad (a_1, a_2 \in K)$$

の分解体をそれぞれ L_1, L_2 とするとき，L_1 から L_2 への K 同型は存在するか？

4. K を標数 $p > 0$ の体とする．K のある拡大体の元 u, v について，

$$u^p, v^p \in K, \quad [K(u,v) : K] = p^2$$

とするとき，$K(u,v)$ が K 上一つの元で生成されないことを示せ．

5. K を標数 $p > 0$ の体，L/K を代数拡大で $[L:K] < \infty$ とする．K に L のすべての元の p 乗を添加した体を $K(L^p)$ と書く．このとき，$L/K(L^p)$ が純非分離拡大であることを示せ．

6. K を標数 $p > 0$ の体，L/K を純非分離拡大で $[L:K] < \infty$ とすると，

$$K = K_0 \subset K_1 \subset \cdots \subset K_n = L \quad [K_i : K_{i-1}] = p$$

を満たす拡大体の系列が存在することを示せ．

7. K は無限体とする．$f(X) \in K[X], a \in K$ に対して，$d_n(f) \in K[X]$ を

$$f(X + a) = \sum_{n \in N} d_n(f)(a) X^n$$

が成立するように定めると，

$$d_n\left(\sum_i a_i X^i\right) = \sum_i a_i \binom{i}{n} X^{i-n}$$

となることを示せ．これより，$a \in K$ が $f(X)$ の k 重根となる必要十分条件が $d_i(f)(a) = 0 \ (i = 0, 1, \ldots, k-1), d_k(f)(a) \neq 0$ であることを示せ．

3.6 ガロワの基本定理

6.0 分離的な正規拡大 K/k を特に**ガロワ拡大**と云います．標数が 0 のときや，有限体などの完全体を考えているときには正規拡大はガロワ拡大と同意義です．

さて，正規拡大 K の任意の元の k 上の**共役写像**（k 共役写像とも略称）による像はまた K の元ですから，K の k 共役写像は K の k 自己同型写像です．よって，これらの全体は，写像の合成で積を定義することができるので，群になります．単位元は恒等写像です．この群を Aut(K/k) と書くことにしましょう[*20]．ガロワ拡大のときは Aut(K/k) は**ガロワ群**と呼ばれ，$Gal(K/k)$ という記号で表すのが一般的です．

一般に集合 S の元の個数を $\#S$ で表しますが，そうすると，

定理 6.1　　$\#Gal(K/k) = [K:k]$

であることが (5.9.1) より分かります．実際 K は分離拡大ですから，定理 5.11 より，拡大次数 $[K:k] = n$ とすると，n 次の k 係数既約多項式 $f(X)$ の根となる元 α を添加した単拡大 $K = k(\alpha)$ です．

$$f(X) = \prod_{i=1}^{n}(X - \alpha_i) \quad (\alpha = \alpha_1 \text{ とする})$$

と K で分解したとき，定理 4.6 により，共役写像は

$$\sigma_i(\alpha) = \alpha_i \quad (i = 1, \ldots, n)$$

で定まるもので尽くされますから，

(6.1.1)　　$Gal(K/k) = \{\sigma_i \mid i = 1, \ldots, n\}, \quad \#Gal(K/k) = n$

であることが分かります．またガロワ拡大 K/k の中間体 E $(k \subset E \subset K)$ に対して，K の E 共役は k 共役でもあるのですべて K に一致しますから，K/E がガロワ拡大であることも分かります．

例 6.2　$\alpha = \sqrt{2} + \sqrt{3}$, $K = \mathbb{Q}(\alpha)$ とすると，α は $\mathbb{Q}$ 係数既約多項式 $f(X) = X^4 - 10X^2 + 1 = (X - \sqrt{2} - \sqrt{3})(X - \sqrt{2} + \sqrt{3})(X + \sqrt{2} - \sqrt{3})(X + \sqrt{2} + \sqrt{3})$

[*20] Aut は automorphism（自己同型写像）の略です．

の根になります．
$$\alpha_1 = \alpha, \quad \alpha_2 = \sqrt{2} - \sqrt{3}, \quad \alpha_3 = -\sqrt{2} + \sqrt{3}, \quad \alpha_4 = -\sqrt{2} - \sqrt{3}$$
と置きましょう．$\alpha_3 = \sqrt{3} - \sqrt{2} = 1/\alpha$ ですから，
$$\sqrt{2} = (\alpha - 1/\alpha)/2, \quad \sqrt{3} = (\alpha + 1/\alpha)/2$$
が分かります．従って
$$\alpha_2 = -1/\alpha, \quad \alpha_3 = 1/\alpha, \quad \alpha_4 = -\alpha$$
$$K = \mathbb{Q}(\alpha_1) = \mathbb{Q}(\alpha_2) = \mathbb{Q}(\alpha_3) = \mathbb{Q}(\alpha_4)$$
となるので，$K/\mathbb{Q}$ はガロワ拡大です．また，$\sigma_i(\alpha) = \alpha_i \quad (i = 1, \ldots, 4)$ で決る共役写像を考えると，
$$G = \mathbf{Gal}(K/\mathbb{Q}) = \{\sigma_i \mid i = 1, \ldots, 4\}$$
となり，$\sigma_1 = e$（単位元），$\sigma_i^2 = e \ (i = 2, 3, 4)$ もすぐ分かります．G の真の部分群は位数が 2 ですから，
$$H_2 = \{e, \sigma_2\}, \quad H_3 = \{e, \sigma_3\}, \quad H_4 = \{e, \sigma_4\}$$
の 3 個で尽くされます．さて，
$$\sigma_2(\sqrt{2}) = \sigma_2((\alpha - 1/\alpha)/2) = (\alpha_2 - 1/\alpha_2)/2 = (-1/\alpha + \alpha)/2 = \sqrt{2},$$
$$\sigma_3(\sqrt{2}) = (\alpha_3 - 1/\alpha_3)/2 = (1/\alpha - \alpha)/2 = -\sqrt{2},$$
$$\sigma_4(\sqrt{2}) = (\alpha_4 - 1/\alpha_4)/2 = (-\alpha + 1/\alpha)/2 = -\sqrt{2}$$
なので，$\sigma_1 = e, \sigma_2$ は $\sqrt{2}$ を不変にします．同様に，$\sigma_1 = e, \sigma_3$ は $\sqrt{3}$ を不変にします．また $\sigma_1 = e, \sigma_4$ は $\sqrt{6}$ を不変にします．

だから，$H_m \ (m = 2, 3, 4)$ はそれぞれ K の部分体である
$$K_2 = \mathbb{Q}(\sqrt{2}), \quad K_3 = \mathbb{Q}(\sqrt{3}), \quad K_4 = \mathbb{Q}(\sqrt{6})$$
の元を固定し，逆に K_m の元を固定する $\mathbf{Gal}(K/\mathbb{Q})$ の元が部分群 H_m となることが分かります．また
$$H_m = \mathbf{Gal}(K/K_m) \quad (m = 2, 3, 4)$$
となっています．この関係を，対応する体と群の包含関係をそれぞれ左と右に書いたものが次の図になります．

3.6 ガロワの基本定理

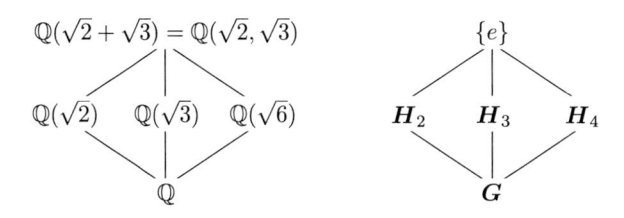

```
ℚ(√2 + √3) = ℚ(√2, √3)           {e}
      /  |  \                    /  |  \
ℚ(√2) ℚ(√3) ℚ(√6)            H_2  H_3  H_4
      \  |  /                    \  |  /
         ℚ                          G
```

図 3.2

今 K/k をガロワ拡大で $G = Gal(K/k)$ をそのガロワ群とします．拡大 K/k の中間体 E に対して，

(6.3) $$G(E) = \{\sigma \in G \mid \sigma(\alpha) = x \quad (\forall x \in E)\}$$

で定義される G の部分集合を考えると，これは G の部分群になります．何故なら，$\forall \sigma, \forall \tau \in G(E)$ と任意の $x \in E$ に対して，

$$\sigma \cdot \tau^{-1}(x) = x$$

となるからです．この部分群を E の**固定群**と云います．

K/E は始めに述べたようにガロワ拡大で，K の任意の E 上の共役写像は $k \subset E$ より，k 共役写像でもありますから，実は $Gal(K/E) = G(E)$ が分かります．

一方，G の部分群 H に対して，

(6.4) $$K(H) = \{\alpha \in K \mid \sigma(\alpha) = \alpha \quad (\forall \sigma \in H)\}^{*21}$$

で定義される K の部分集合は部分体になることが分かります．これは同型写像が四則演算を保存することから直ちに分かります．この部分体を H の**固定体**と云います．ここで基本的な補題を証明しておきましょう．

補題 6.5 (アルティンの補題) [*22] 群 G から，体 K の乗法群 $K^\times$ への相異なる準同型写像 $\sigma_1, \ldots, \sigma_n$ は K 上線型独立である．即ち，任意の $x \in G$ に対して，

(*) $$\sum_{i=1}^{n} a_i \sigma_i(x) = 0 \quad (a_1, \ldots, a_n \in K)$$

[*21] これを K^H と表す仕方も一般的です．しかしこの節では上付きの下付きのような記述を避けるためにこの記法を用います．
[*22] この人の名前は 2 章の定理・定義 9.14 にも出てきました．

が成立すれば, $a_1 = \cdots = a_n = 0$ である.

証明 $\sigma_i(x) \in K^\times$ なので, $n=1$ のときは, $a_1\sigma_1(x) = 0$ より直ちに $a_1 = 0$ を得ます. $n > 1$ として, $n-1$ 個の準同型写像について, 既に示されていたと仮定します. 今 $y \in G$ を $\sigma_1(y) \neq \sigma_n(y)$ なるものとすると, $(*)$ に $\sigma_n(y)$ をかけると,

(a) $$\sum_{i=1}^{n} a_i \sigma_n(y) \sigma_i(x) = 0$$

を得ます. 一方 $(*)$ で x を yx で置き換えると, $\sigma_i(yx) = \sigma_i(y)\sigma_i(x)$ だから,

(b) $$\sum_{i=1}^{n} a_i \sigma_i(y) \sigma_i(x) = 0$$

(a), (b) 両式の差を取ると,

$$\sum_{i=1}^{n-1} a_i (\sigma_n(y) - \sigma_i(y)) \sigma_i(x) = 0$$

がすべての $x \in G$ について成立します. この式は $n-1$ 個の和ですから, 帰納法の仮定より $a_i(\sigma_n(y) - \sigma_i(y)) = 0$ $(i = 1, \ldots, n-1)$ です. $\sigma_n(y) \neq \sigma_1(y)$ ですから, 第一項の係数を見ると, $a_1 = 0$ であることが分かります. 従って, (a) は $n-1$ 項からなるので, 帰納法をもう一度使えば, $a_2 = \cdots = a_n = 0$ が分かります. ∎

この補題を使って, 次の定理を証明します.

定理 6.6 (アルティンの定理) G を体 K の自己同型群の有限部分群とする. k を G の固定体, 即ち

$$k := \{\alpha \in K \mid \sigma(\alpha) = \alpha \ (\forall \sigma \in G)\}$$

とすると, K/k はガロワ拡大で, $\mathrm{Gal}(K/k) = G$ である. 特に体の拡大次数と群の位数に対して

(6.6.1) $$[K : k] = \#(G)$$

が成立する.

証明 $G = \{\sigma_1, \ldots, \sigma_n\}$, $\#G = n$ だとしておきます. σ_i は仮定より, k の元を不変にします.

$[K : k] = n$ を証明しましょう. $[K : k] = r < n$ ならば, K の k 基底

3.6 ガロワの基本定理

$\{\omega_1,\ldots,\omega_r\}$ に対して，連立方程式

$$\sum_{i=1}^{n} \sigma_i(\omega_j) x_i = 0 \ (j=1,\ldots,r)$$

は，変数の個数が式の個数より多いので，すべては 0 でない解（非自明解）

$$(x_1,\ldots,x_n) = (a_1,\ldots,a_n)$$

を持ちますから，

$$\sum_{i=1}^{n} \sigma_i(\omega_j) a_i = 0 \quad (j=1,\ldots,r)$$

が成立します．

$$f = \sum_{i=1}^{n} a_i \sigma_i \quad \text{(つまり} \quad f : K \to K, \ f(\alpha) = \sum_{i=1}^{n} a_i \sigma_i(\alpha))$$

と置くと f は k 線型写像で $f(\omega_j) = 0 \ (i=1,\ldots,r)$ ですから，$f = 0$ です．これより補題 6.5 から $(a_1,\ldots,a_n) = (0,\ldots,0)$ となるので矛盾が生じます．よって，$[K:k] \geq n$ が分かります．

$[K:k] \leq n$ を示す前に，K 上の写像 T を

$$T(\alpha) = \left(\sum_{i=1}^{n} \sigma_i\right)(\alpha) = \sum_{i=1}^{n} \sigma_i(\alpha)$$

と定義します．G が群ですから，任意の $\sigma \in G$ に対して，$\sigma G = G$ となります．よって，

$$\sigma T(\alpha) = \sum_{i=1}^{n} \sigma \sigma_i(\alpha) = \sum_{i=1}^{n} \sigma_i(\alpha) = T(\alpha)$$

ゆえに $T(\alpha)$ は k の元であることが分かります．また，各 σ_i は k 線型写像ですから，T も k 線型写像です（この T をトレース写像と云います）．補題 6.5 より

$$T = \sum_{i=1}^{n} \sigma_i : K \to k \quad (T(\alpha) = \sum_{i=1}^{n} \sigma_i(\alpha))$$

は 0 写像ではないので，$T(\alpha) \neq 0$ なる $\alpha \in K$ があります．

さて，$[K:k] \leq n$ を示しましょう．もし，$[K:k] > n$ ならば，k 上線型

独立な K の元 $\beta_1,\ldots,\beta_{n+1}$ が存在します．今度は，連立方程式
$$\sum_{j=1}^{n+1}\sigma_i^{-1}(\beta_j)x_j = 0\ (i=1,\ldots,n)$$
を考えると，変数の個数が方程式の個数より多いので，やはり非自明な解 $(x_1,\ldots,x_{n+1})=(a_1,\ldots,a_{n+1})\in K^{n+1}$ が得られます．例えば，$a_1\neq 0$ とします．この解と共に，$(ca_1,\ldots,ca_{n+1})$ $(\forall c\in K)$ も解です．$T\neq 0$ だから，c を適当に選んで，ca_1 を a_1 と考えれば，$T(a_1)\neq 0$ と仮定できます．
$$\sum_{j=1}^{n+1}\sigma_i^{-1}(\beta_j)a_j = 0\ (i=1,\ldots,n)$$
に σ_i を作用させて，i について加えると，
$$0 = \sum_{i=1}^{n}\left(\sum_{j=1}^{n+1}\sigma_i(a_j)\beta_j\right) = \sum_{j=1}^{n+1}\left(\sum_{i=1}^{n}\sigma_i(a_j)\right)\beta_j = \sum_{j=1}^{n+1}T(a_j)\beta_j$$
となり，$T(\alpha_j)\in k$, $T(a_1)\neq 0$ なので，$\beta_1,\ldots,\beta_{n+1}$ が k 上線型独立であることに矛盾します．従って，$[K:k]=n=\#G$ です．

G の元は K の k 自己同型写像ですから，定理 5.12 より，K/k は分離拡大でガロワ拡大となり，$\mathrm{Gal}(K/k)=G$ が分かります． ∎

次の例は高等学校の数学で 2 次方程式や 3 次方程式を扱うときに出てくる「根と係数の関係」を一般の場合にどうなるかを述べたものです．

例 6.7 (基本対称式) k を体，$K=k(X_1,\ldots,X_n)$ を有理関数体，$G=S_n$ を n 次の対称群とし，$\sigma\in G$ を $r(X_1,\ldots,X_n)\in K$ に
$$\sigma r(X_1,\ldots,X_n) = r(X_{\sigma(1)},\ldots,X_{\sigma(n)})$$
で作用させると，G は K の自己同型群になります．このとき，上の補題より，K は G の固定体 $K(G)$ のガロワ拡大で，そのガロワ群は G です．さて，この体は $X_1,\ldots,X_n$ の基本対称式
$$s_1 = \sum_{i=1}^{n}X_i,\ldots,s_k = \sum_{i_1<\cdots<i_k}X_{i_1}\cdots X_{i_k},\cdots,s_n = X_1\cdots X_n$$
を含んでいますから，$E=k(s_1,\ldots,s_n)\subset K(G)$ です．よって，
(6.7.1) $\qquad [K:E]\geq [K:K(G)]=\#G=\#S_n=n!$

3.6 ガロワの基本定理

一方 X_1 は

$$f_1(X) = \prod_{i=1}^{n}(X - X_i) = X^n - s_1 X^{n-1} + \cdots + s_n \in E[X]$$

の根ですから，$[E(X_1) : E] \leq n = \deg f_1(X)$ を得ます．

同様に X_2 は，$E_1 = E(X_1)$ とすると

$$f_2(X) = \prod_{i=2}^{n}(X - X_i) = f_1(X)/(X - X_1) \in E_1[X]$$

の根だから，$[E_1(X_2) : E_1] \leq n - 1 = \deg f_2(X)$ です．以下

$$\begin{aligned} E_k &= E(X_1, \ldots, X_k) = E_{k-1}(X_k), \\ f_{k+1}(X) &= \prod_{i=k+1}^{n}(X - X_i) = f_k(X)/(X - X_k) \in E_k[X] \end{aligned}$$

とすると，$E \subset E_1 \cdots \subset E_n = K$ だから，

(6.7.2) $\quad [K : E] = [K : E_{n-1}][E_{n-1} : E_{m-2}] \cdots [E_1 : E] \leq n!$

(6.7.1), (6.7.2) より，$[K : E] = n!$ ですから，$E = K(G)$ です．即ち，対称群 S_n で不変な有理式はすべて基本対称式の k 上の有理式であることが分かりました．

定理 6.8 (ガロワの基本定理) K/k をガロワ拡大で $G = \text{Gal}(K/k)$ とする．このとき，

(a) 中間体 E にその固定群 $G(E)$ を対応させる写像と，G の部分群 H にその固定体 $K(H)$ を対応させる写像は互いに逆写像でこれによって，中間体と部分群の間に一対一の対応が付く．即ち，

$$G(K(H)) = H, \quad K(G(E)) = E$$

(b) 上記の対応で包含関係が逆転する．即ち，$k \subset E_1 \subset E_2 \subset K$ ならば，$G(E_2) \subset G(E_1)$ であり，逆に $H_1 \subset H_2$ ならば，$K(H_1) \supset K(H_2) \subset K$ である（図 3.3 参照）．

$$\begin{array}{ccccc} K & \supset & E & \supset & k \\ \updownarrow & & \updownarrow & & \updownarrow \\ \{e\} & \subset & G(E) & \subset & G \end{array}$$

図 3.3

(c) 任意の中間体 E に対して，K/E はガロワ拡大で，

$$\text{Gal}(K/E) = G(E)$$

(d) 任意の部分群 H に対して，その固定体を $E = K(H)$ とすると，
$$[K : E] = \#H, \quad H = Gal(K/E)$$
(e) 共役部分体には共役部分群が対応する[*23]．即ち，中間体 E の k 共役体を $E' = \sigma(E)$ ($\sigma \in Gal(K/k)$) とすると，
$$G(E') = G(\sigma(E)) = \sigma G(E) \sigma^{-1}$$
(f) 中間体 E が k 上のガロワ拡大になるのは固定群 $G(E)$ が正規部分群であるときに限る．さらにこのとき
$$Gal(E/k) \cong G/G(E)$$

証明 中間体 E に対して，$Gal(K/E) = G(E)$ は定義から分かります．一方 $E \subset E' = K(G(E))$ は明らかですが，アルティンの定理から，
$$[K : E'] = \#G(E) = \#Gal(K/E) = [K : E]$$
ですから $E = E' = K(G(E))$ となります．

逆に G の部分群 H に対する固定体を $E = K(H)$ とすると，やはりアルティンの定理から，K/E はガロワ拡大で $Gal(K/E) = H$ です．これは $H = G(E) = G(K(H))$ を意味しますから，(a) が成立します．(b) は明らかです．(c) については既に述べてあります．(d) はアルティンの定理そのものです．

(e) については σE の任意の元 $x' = \sigma(x)$ ($x \in E$) に対して，
$$\sigma G(E) \sigma^{-1}(x') = \sigma G(E) \sigma^{-1}(\sigma(x)) = \sigma G(E)(x) = \sigma(x) = x'$$
なので，$E' \subset K(\sigma G(E) \sigma^{-1})$ です．だから (b) より，
$$\sigma G(E) \sigma^{-1} \subset G(E')$$
となります．しかし，σ は K/k の k 自己同型なので，
$$\#(\sigma G(E) \sigma^{-1}) = \#G(E) = [K : E] = [K : E'] = \#G(E')$$
(a) と合わせると，$\sigma G(E) \sigma^{-1} = G(E') = G(\sigma E)$ で (e) が成立します．(f) は中間体 E/k がガロワ拡大になるのは任意の $\sigma \in G$ に対して，$\sigma(E) = E$ が成立することで，これは (e) から，$\sigma G(E) \sigma^{-1} = G(E') = G(E)$ であることですから G は正規部分群です．$Gal(E/k)$ の任意の元 σ は K の k 自己

[*23] 群の共役の概念と体の共役の概念の定義が無関係でないことが分かるでしょう．

3.6 ガロワの基本定理

同型（$Gal(K/k)$ の元）に拡張できます．二つの拡張 $\tau, \eta \in Gal(K/k)$ について，$\tau^{-1}\eta \in G(E)$ です．即ち，$\eta \in \tau G(E)$．

逆に $\eta \in \tau G(E)$ なら，τ, η は E 上で同じ作用をしますから，σ と剰余類 $\tau G(E)$ の対応は全単射です．よって，

$$Gal(E/k) \cong Gal(K/k)/G(E)$$

■

この定理の対応関係で包含関係が逆転しますから，次の系が得られます．

系 6.9 K/k をガロワ拡大で $G = Gal(K/k)$ とする．E_1, E_2 を K/k の中間体とし，$H_i = G(E_i)$ $(i = 1, 2)$ を対応する G の部分群とすると，
(6.9.1) $\qquad M = K(H_1 \cap H_2) = E_1 \cdot E_2$ （合併体）
(6.9.2) $\qquad F = K(H_1 \cdot H_2) = E_1 \cap E_2$
が成立する．但し $E_1 \cdot E_2$ は E_1 と E_2 を含む K の最小の部分体，$H_1 \cdot H_2$ は H_1, H_2 が生成する G の部分群とする（図 3.4 参照）．

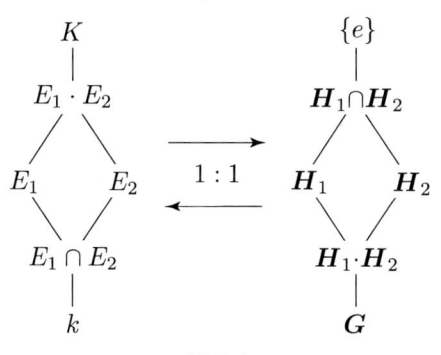

```
        K                           {e}
        |                            |
     E_1·E_2                      H_1∩H_2
       / \         ──→             / \
      /   \                       /   \
     E_1   E_2     1:1           H_1   H_2
      \   /        ←──            \   /
       \ /                         \ /
     E_1∩E_2                     H_1·H_2
        |                            |
        k                            G
```

図 3.4

証明 $H_1 \cap H_2 \subset H_1, H_2$ なので，上記の逆転関係から，$E_i \subset K(H_1 \cap H_2)$ $(i = 1, 2)$ ですから，当然 $E_1 \cdot E_2 \subset K(H_1 \cap H_2)$ となります．従って，$G(E_1 \cdot E_2) \subset H_i$ $(i = 1, 2)$ を考えれば，

$$H_1 \cap H_2 \subset G(E_1 \cdot E_2) \subset H_1 \cap H_2$$

ですから，挟み撃ちで，$H_1 \cap H_2 = G(E_1 \cdot E_2)$．これは定理の (a) より，(6.9.1) と同等です．同じような議論で (6.9.2) も示せますが，これは練習として読者にお任せしましょう． ■

例えば，K が $\mathbb{Q}$ 上の $X^3 - 2$ の分解体のとき，3根を $\alpha_1 = \sqrt[3]{2}, \alpha_2 = \omega\sqrt[3]{2}, \alpha_3 = \omega^2\sqrt[3]{2}$ $(\omega = \frac{-1+\sqrt{-3}}{2})$ とすると，3根の置換を考えることによって，$\mathbf{Gal}(K/\mathbb{Q}) \cong S_3$ となり，部分体と，対応する部分群の包含関係は下図で表せます．ここで，S_3 のただ一つの真の正規部分群 $A_3 = \langle(123)\rangle$ に対して部分体 $\mathbb{Q}(\omega)$ が対応し，他の部分体は $\mathbb{Q}$ 上ガロワ拡大でないことに注意しましょう[*24]（図 3.5 参照）．

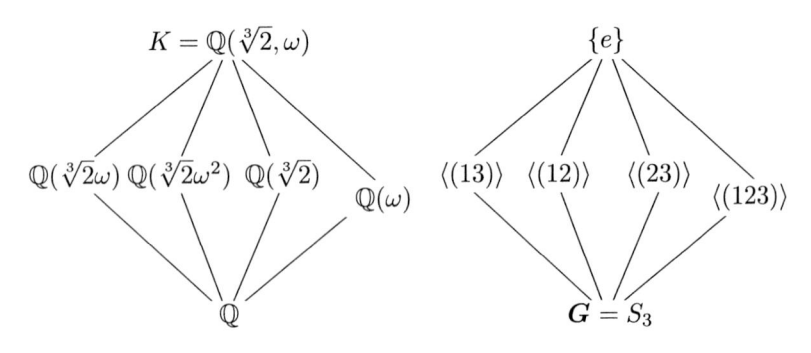

図 3.5

次の定理はよく使われて大変有用です．

定理 6.10 (推進定理) K と L を体 k の有限次拡大体とし，$F = K \cap L$ をそれらの共通部分体，$M = K \cdot L$ を合併体とする．今，K/F がガロワ群 G を持つガロワ拡大とすると，M/L もガロワ拡大で，そのガロワ群 $\mathbf{Gal}(M/L)$ は G に同型である．

証明 拡大 K/F は単拡大ですから，ある F 係数既約多項式 $f(X)$ の根 θ を F に添加して得られます．従って，$K = F(\theta), M = L(\theta)$ です．仮定より K/F がガロワ拡大なので，$f(X)$ のすべての根 $\theta_1 = \theta, \ldots, \theta_n$ は K に含まれ，G は $\sigma_i(\theta) = \theta_i$ $(i = 1, \ldots, n)$ で定まる n 個の F 同型から成ります．つまり，G は $f(X)$ の定めるガロワ群です．今 θ の満たす L 係数既約多項式を $g(X)$ とすると，$g(X)$ は $f(X)$ を割り切っているので，θ の L 共役はすべて M に含まれます．従って M/L もガロワ拡大です．さて，多項式の係数はその根の基本対称式ですから，$g(X)$ の係数も θ_i たちのいくつかの基本

[*24] 置換群の記号については 4 章の §2 参照．

3.6 ガロワの基本定理

対称式ですが，これらはすべて K の元ですから，$g(X)$ は K 係数既約多項式です．しかし，元々 $g(X)$ は L 係数なので，$g(X)$ が F 係数既約多項式ということになります．従って，$g(X) = f(X)$ ですから，$\mathbf{Gal}(M/L)$ は $f(X)$ の定めるガロワ群となります． ∎

この定理を系 6.9 に適用すると，
(6.10.1)　　　$\mathbf{Gal}(E_1/F) \cong \mathbf{Gal}(M/E_2)$, $\mathbf{Gal}(E_2/F) \cong \mathbf{Gal}(M/E_1)$
が得られます．

最後にガロワの定理の応用の例として，複素数体が代数閉体であることを証明しましょう[*25]．他の応用は第 4 章で群論の知識が充実した後の第 5 章まで待って頂くことにします．

定理 6.11 $\mathbb{C}$ は代数閉体である．

証明　まず 3 次以上の奇数次の実係数多項式が $\mathbb{R}$ 上既約でないことは中間値の定理から分かりますから，$\mathbb{R}$ 上の真の拡大体の拡大次数は偶数であることが分かります．別の述べ方をすれば，拡大次数が奇数である $\mathbb{R}$ の拡大体は $\mathbb{R}$ 自身しかありません．

さて，定理を示すには $\mathbb{C}$ 上に代数的な α に対して，$\mathbb{C} = \mathbb{C}(\alpha)$ を示せばよいわけです．

今 $\mathbb{C}(\alpha)$ を含む $\mathbb{R}$ 上の最小のガロワ拡大を K とし，$G = \mathbf{Gal}(K/\mathbb{R})$ とすれば，$\#G = [K : \mathbb{R}] = [K : \mathbb{C}][\mathbb{C} : \mathbb{R}]$ は偶数ですから，$[K : \mathbb{R}] = 2^s d$（d は奇数）と置きます．

シローの定理から，G の 2 シロー群 P を取れば，P に対応する固定体 $E = K(P)$ の $\mathbb{R}$ 上の拡大次数はガロワの定理から $\#G/\#P = d$ で奇数になります．最初に注意したように，$\mathbb{R}$ は奇数次の拡大体を持ちませんから，$E = \mathbb{R}$，従って，$P = G$ で $\#G = 2^s$ です．中間体 $\mathbb{C}$ に対応する部分群を $H = G(\mathbb{C})$ とすると，$\#H = 2^{s-1}$ です．$s = 1$ ならば，$\#G = 2$ で，$K = \mathbb{C}$ ですから，$\mathbb{C} = \mathbb{C}(\alpha)$ です．もしも $s > 1$ ならば，素数巾位数の群は巾零群ですから，H は指数が 2 である部分群を持ち（4 章の例 6.10, 命題 6.11 参照），これに対応する固定体 L は $\mathbb{C}$ の 2 次拡大体です．よって，$L = \mathbb{C}(\beta)$

[*25] ただ，証明のために 4 章で扱うシローの定理を先取りして使います．

で β は $\mathbb{C}$ 係数の 2 次多項式の根となります．この方程式を
$$f(X) = X^2 + aX + b \quad (a, b \in \mathbb{C})$$
とすると，$\beta = (-a + \sqrt{a^2 - 4b})/2$ としても構いません．しかし，複素数の平方根はまた複素数ですから，$\beta \in \mathbb{C}$ となります．よって，$L = \mathbb{C}$ で矛盾が生じます．■

問題 3.6

1. K/k がガロワ拡大であるとき，$k[X]$ の既約多項式 $f(X)$ が $K[X]$ で $f(X) = g_1(X) \cdots g_r(X)$ と分解すれば，$\deg g_1(X) = \cdots = \deg g_r(X)$ であることを証明せよ．
2. $K = \mathbb{Q}(\sqrt[4]{2}, i)$ として，$G = \text{Gal}(K/\mathbb{Q})$ を求め，更に，部分体と部分群の対応を定めよ．
3. ζ_7 を 1 の原始 7 乗根とする．$K = \mathbb{Q}(\zeta_7)$ の部分体を求めよ．特に，この体に $\sqrt{-7}$ が含まれることを示せ．
4. $\alpha = \sqrt{2} + \sqrt[3]{2}$ を含む最小のガロワ拡大 K とその $\mathbb{Q}$ 上のガロワ群を求めよ．またこの ガロワ拡大のすべての部分体と対応する部分群を決定せよ．
5. K/k が 3 次のガロワ拡大で，K のある元 α が $\alpha + 1$ と共役であるとする．このとき，体の標数と α の K 上の最小多項式を求めよ．
6. K/k が 3 次のガロワ拡大で，K のある元 α が 2α と共役であるとする．このとき，体の標数と α の k 上の最小多項式を求めよ．
7. $K = \mathbb{Q}(\sqrt[3]{3}, \sqrt{-3})$ として，$G = \text{Gal}(K/\mathbb{Q})$ を求め，更に，部分体と部分群の対応を定めよ．
8. $K = \mathbb{Q}(X)/(X^6 + 432)$ は $\mathbb{Q}$ のガロワ拡大であることを示し，そのガロワ群を求めよ．
9. k を 1 の原始 n 乗根 ζ を含む体とする．また，$a \in k$ について，r を $a^r \in k^n = \{x^n \mid x \in k\}$ となる最小の正整数とすれば，$K = k(\alpha)$ (α は $X^n - a = 0$ の 1 根) は k のガロワ拡大で，$G = \text{Gal}(K/k)$ は位数 r の巡回群であることを示せ．
10. k を 1 の原始 n 乗根 ζ を含む体とする．乗法群 $k^\times$ の部分群 H について，剰余群 $H/(H \cap k^n)$ が巡回群の直積 $C_{r_1} \times \cdots \times C_{r_h}$ に分解されるとき，これら巡回群の生成元の代表元を $a_{r_1}, \ldots, a_{r_h} \in H$ とする．このとき，$\alpha_s^n = a_s$ なる k の代数閉体の元 α_s を添加した拡大体 $K = k(\alpha_{r_1}, \ldots, \alpha_{r_h})$ は k のガロワ拡大で，そのガロワ群は上の剰余群に同型であることを示せ．(拡大 K/k を**クンマー拡大**と云います．問題 9 はその特殊なもの．)

第 4 章

群の構造

4.1 群の集合への作用

　群という概念が数学に於て大変基本的であるのは，その構造が一つの二項演算しか持たないという意味で単純であるということもありますが[*1]，この節で見るように，いろいろな集合への作用が千変万化で面白いということが大きな理由になっています．また，研究の対象となる群そのものも，集合や，代数的，幾何的な対象への作用（変換群と云います）から出現することが多いのです．実際，群の概念の歴史的な起源は方程式の根を置換する作用でした．

　群の集合への作用は，集合の元の個数を数えるという応用も持っています．また後で述べるように，正多面体の合同群を観察すると，群の作用と，正多面体の面，辺，頂点の個数が相互に関連し合っている様子もよく分かるのです．

定義 1.1 群 G の集合 X への作用とは，$a \in G$ と $x \in X$ に対して $a.x \in X$ が次の条件を満たすように定められていることを云います（群の演算は第 1 章では "$\circ$" を使っていましたが，この章では単に ab と書くことにしま

[*1] 単純とは程遠い群もしょっちゅう登場します．特に，単純群（自明でない正規部分群を持たない群）の中には「モンスター」と呼ばれる大変に大きくて複雑な構造を持つ群もあります．

す．また，G の単位元を e で表します）．

(1.1.1)　　$(ab).x = a.(b.x)$　　　$(a,b \in G, x \in X)$,　　$e.x = x$　　$(\forall x \in X)$

この定義から導かれる簡単な性質をいくつか挙げてみましょう．

まず，$a,b \in G, x \in X$ に対して $a.x = y$ と置くと，両辺に a^{-1} をかけると (1.1.1) を使って，$a^{-1}.y = a^{-1}.(a.x) = (a^{-1}a).x = e.x = x$ となります．また，$a.x = b.x = x$ と仮定すると $(ab).x = a.(b.x) = a.x = x, a^{-1}.x = x$ です．これから

命題・定義 1.2 (1) $x \in X$ に対して $G_x = \{a \in G \mid a.x = x\}$ と置くと G_x は G の部分群である．この群を x の**固定群**（stabilizer）と云う．

(2) $x \in X$ に対して，$G.x = \{a.x \mid a \in G\}$ を G の**軌跡**（orbit）と云う．

(3) ある $x \in X$ に対して $G.x = X$ となるとき，G の X への作用は**可移的**（transitive）であると云う．

(4) X のすべての元を固定する $a \in G$ が単位元のみのとき，G の X への作用は**忠実**（faithful）であると云う．

$x, y \in X$ に対し，もし $a \in G.x, y = a.x$ とすると，$\forall b \in G, b.x = (ba^{-1}).y$ ですから $G.x = G.y$ が云えます．つまり，X の各元はちょうど一つの G の軌跡に属しています[*2]．また，G が可移的であることは，「どの $x, y \in X$ に対しても $a.x = y$ となる $a \in G$ が存在すること」と云っても同じです．

群の集合への作用をいろいろ見てみましょう．

例 1.3 (1) $G = \mathbb{R}^\times, X = \mathbb{R}^2$ として，次の三つの G の作用を比較してみましょう．$(a \in \mathbb{R}^\times, (x,y) \in \mathbb{R}^2$ とする.$)$

(a)　　$a.(x,y) = (ax, ay)$,

(b)　　$a.(x,y) = (ax, a^2 y)$,

(c)　　$a.(x,y) = (ax, a^{-1} y)$.

このとき，$P = (x,y) \in X$ を通る軌跡として（a を消去すれば，(x,y) を通る曲線が得られます），$xy \neq 0$ のとき，(a) では直線，(b) では放物線，(c) では双曲線が得られます（(a), (b) では原点は除く）．

(2)　群 G と部分群 H を考えるとき，$a.x = ax$ $(a \in H, x \in G)$ と置くと

[*2] つまり，X は軌跡の和に分解し，相異なる軌跡は交わりません．

H の G への作用が定まります．この作用の軌跡は第 1 章の §3 で見た H に関する右剰余類です．

(3) 群 G のもう一つの重要な作用があります．$a, x \in G$ に対して，$a.x = axa^{-1}$ と置くと，$a.(b.x) = a(b.x)a^{-1} = a(bxb^{-1})a^{-1} = (ab)x(ab)^{-1} = (ab).x$ ですからこの作用は条件 (1.1.1) を満たします．この作用での軌跡を G の**共役類**と云います．

(4) 対称群 S_n は自然に集合 $\{1, 2, \ldots, n\}$ に作用します（簡単のため，$[n] = \{1, 2, \ldots, n\}$ と置きます）．この作用はもちろん可移的です．S_n の部分群 G は同じ作用で $[n]$ に作用しますが，この作用が可移的のとき G を**可移的な** S_n の部分群と云います．

(5) 3 章の例 6.7 でも見ましたが，$R = \mathbb{Z}[X_1, X_2, \ldots, X_n]$ を $\mathbb{Z}$ 上の n 変数の多項式環とします．S_n は

(1.3.1) $$\sigma.f(X_1, \ldots, X_n) = f(X_{\sigma(1)}, \ldots, X_{\sigma(n)})$$

として R に作用します．こうして定義された

$$\sigma : R \to R \quad \text{（同じ記号 } \sigma \text{ を使います）}$$

は環の同型写像にもなっていることがすぐに確かめられます．この (4), (5) の例は S_n の性質を見るときに基本的な作用です．

軌跡と固定群に関する次の性質が群の集合への作用の基本的な性質になります．

命題 1.4 群 G が集合 X に作用するとき，$x \in X$ に対して $H = G_x$ と置くとき，写像 $\phi : G/H \to G.x$, $\phi(a.H) = a.x$ は全単射である．

証明 まず，上の ϕ の定義が *well-defined*，即ち，左剰余類 aH の代表元の取り方によらないことを示す必要があります．もし a の代りに $b = ah$ ($h \in H$) を取ったとき，$b.x = (ah).x = a.(h.x) = a.x$ ですから，大丈夫です．また，$a, b \in G, a.x = b.x$ とすると，両辺に左から a^{-1} をかけると $x = (a^{-1}b).x$ となるので $a^{-1}b \in H$，即ち，$b \in aH$ が示せました．これは，ϕ が単射であることを示しています．$G.x$ の定義から ϕ が全射ですから，証明できました． ∎

この命題は集合の元の個数を求めるのに大変有用です．

系 1.5 G が有限群のとき $|G.x| = [G : G_x]$. 即ち，軌跡 $G.x$ の元の個数は固定群 G_x の指数に等しい．特に，G の X への作用が可移的であるとき $|X|$ は $|G|$ の約数である．

例 1.6 (1) n 個の元を持つ集合 $T = \{1,\ldots,n\}$ の k 個の元を持つ部分集合の集合を X と置きます．X の元の個数 $_nC_k$ を求めてみましょう．

n 次対称群 S_n の元 σ と $A \in X$ に対して $\sigma(A) = \{\sigma(i) | i \in A\}$ もやはり X の元ですから，$\sigma.A = \sigma(A)$ と置いて S_n の X への作用が定まります．簡単のために $A = \{1,\ldots,k\} \in X$ と置きましょう．任意の $B = \{i_1,\ldots,i_k\} \in X$ に対して $\sigma.A = B$ となる $\sigma \in S_n$ が取れますから[*3]，$S_n.A = X$, 即ち S_n が X に可移的に作用しているのは明らかです．次に固定群 $(S_n)_A$ を求めてみましょう．$\sigma.A = A$ となるためには，A の元は A に写せばよいのですから，

$$\sigma.A = A \iff \sigma = \tau\tau', \tau \in S(1,\ldots,k), \tau' \in S(k+1,\ldots,n)$$

(ここで $S(1,\ldots,k), S(k+1,\ldots,n)$ はそれぞれ集合 $\{1,\ldots,k\}, \{k+1,\ldots,n\}$ の置換群) となります．ゆえに，$_nC_k = [S_n : (S_n)_A]$ ですが，$(S_n)_A$ の形から，$|(S_n)_A| = k!(n-k)!$ となり，$_nC_k = \frac{n!}{k!(n-k)!}$ が得られました．

(2) 正 4 面体 Δ を保つ Δ の中心のまわりの回転の群を G とします．この G を**正 4 面体群**と云います．$|G|$ を求めてみましょう．Δ の頂点の集合を V と置き，$v \in V$ を取ると，$G.v = V$ となるのは明らかです．$g \in G, g.v = v$ とすると，g は v を中心とする回転になります．v からは 3 本の辺が出ていますから，$|G_v|=3$ です．ゆえに $|G| = |V||G_v| = 4.3 = 12$ が分かります．同様にして**正 8 面体群**，**正 20 面体群**の位数も求めることができます（問題 4.1-5 参照）．

例 1.3 の (3) で見た G の G に対する共役による作用は理論上とても重要です．

定義 1.7 (1) 群 G の元 x,y に対して，$y = axa^{-1}$ となる $a \in G$ が存在するとき，x と y は**共役** (conjugate) であると云う．$x \in G$ と共役な元の集合を $C(x)$ で表し，x を含む**共役類**と云う．

[*3] 例えば $\sigma(j) = i_j\ (1 \leq j \leq k)$ とします．

4.1 群の集合への作用

(2) G の二つの部分群 H, H' に対して $aHa^{-1} = H'$ となる $a \in G$ が存在するとき，H と H' は**共役**であると云う．

上の"共役"を取る作用の固定群から，次の G の部分群が定義されます．（部分群になることを確かめましょう．）

定義 1.8 (1) $a \in G$ に対して，
$$Z(a) = \{x \in G \mid ax = xa\}$$
を a の**中心化群**，G の部分群 H に対して，
$$N(H) = \{a \in G \mid aH = Ha\}$$
を H の**正規化群**と云う[*4]．

(2) $Z_G = \{a \in G \mid \forall x \in G, ax = xa\}$ を G の**中心**と云う．

中心化群の定義により $a \in Z(a)$ は明らかですから，$Z(a)$ は巡回群 $\langle a \rangle$ を含みます．また，$H \subseteq N(H)$ も定義から明らかです[*5]．また，命題 1.4 より a を含む G の共役類と $G/Z(a)$，H と共役な部分群の集合と $G/N(H)$ との間に全単射が存在します．特に

$$a \text{ を含む共役類が } a \text{ のみ} \iff a \in Z_G$$

も明らかでしょう．

G の元はちょうど一つの共役類に属します．G が有限群のとき，それぞれの共役類の元の個数を加え合せると，当然 G の位数になります．中心の元は一つにまとめて，

(1.9) $$|G| = |Z_G| + \sum |C(a_i)| = |Z_G| + \sum [G : Z(a_i)]$$

（ここで $\{a_i\}$ は中心以外の各共役類から一つずつ代表元を取ったもの）という等式ができますが，この等式を G の**類等式**と云います．この等式はいろいろな応用を持っていますが，その一例を示しましょう．

命題 1.10 群 G の位数が素数 p の巾のとき（このような群を p **群**と云います），G の中心 Z_G は少なくとも p 個の元を含む．

証明 $|G| = p^n$ と置くと，G の類等式 (1.9) で，$|C(a_i)|$ の項は 1 より大き

[*4] 特に G を明らかにしたいときには $N_G(H)$ と書きます．
[*5] $Z(a) = \langle a \rangle, N(H) = H$ となる例もあります．

く，p^n の約数ですからすべて p の倍数です．従って，$|Z_G|$ も p の倍数になるわけです． ∎

この性質を用いると，次の結果も示せます．

命題 1.11 p が素数のとき位数 p^2 の群はアーベル群である[*6]．

証明 位数 p^2 の群 G の中心 Z_G の位数は命題 1.10 とラグランジュの定理より p または p^2 です．$Z_G = G$ なら勿論 G はアーベル群ですから $|Z_G| = p$ としてみましょう．すると $Z_G = \langle a \rangle$ と書けます（$a \in Z_G, a \neq e$）．$b \in G, b \notin Z_G$ を取ると a と b は可換です（$a \in Z_G$!）．しかしこのとき G は a と b で生成されてしまうので，アーベル群になり，$G = Z_G$ です！ゆえに $|Z_G| = p$ ということはありません． ∎

ここで，後でいろいろな例を作るときに必要となる群の自己同型群を少し考察しましょう．

1.12 群 G の自己同型の集合 $\{\phi : G \to G \mid \phi$ は群の同型写像$\}$ は，写像の合成に関して群になります．この群を G の**自己同型群**と云い，$\mathrm{Aut}(G)$ と書きます．$\mathrm{Aut}(G)$ の単位元は恒等写像（1_G と書きます）です．

自己同型の例として，$a \in G$ に関する共役の写像

(1.12.1) $\qquad \psi_a : G \to G, \quad \psi_a(x) = axa^{-1}$

があります．$\psi_a\ (a \in G)$ の形の自己同型を G の**内部自己同型**と云います．$a, b \in G$ に対して $\psi_a \psi_b = \psi_{ab}$ が成立するのは容易に分かりますから，

(1.12.2) $\qquad \Psi : G \to \mathrm{Aut}(G), \quad \Psi(a) = \psi_a$

は群の準同型写像です．$\mathrm{Im}(\Psi)$ は内部自己同型全体のなす部分群ですが，この部分群を $I(G)$ と書きます．また，$\psi_a = 1_G \iff axa^{-1} = x\ (\forall x \in G)$ ですから $\mathrm{Ker}(\Psi) = Z_G$ です．同型定理から

(1.12.3) $\qquad\qquad G/Z_G \cong I(G)$

が分かります．また，$\tau \in \mathrm{Aut}(G)$ と $a, x \in G$ に対して $\tau(\psi_a(x)) = \tau(axa^{-1}) = \tau(a)\tau(x)\tau(a)^{-1} = \psi_{\tau(a)}(\tau(x)) \in I(G)$ より，$\tau \cdot \psi_a \cdot \tau^{-1} = \psi_{\tau(a)}$

[*6] 位数 p の群は巡回群のみです．また位数 p^3 の非アーベル群で互いに同型でないものが2種類存在します．

4.1 群の集合への作用

が云えるので，$I(G)$ は Aut (G) の正規部分群です．

例 1.13 (1) 加法群 $\mathbb{Z}$ の自己同型群を調べましょう．$\mathbb{Z}$ は 1 で生成されますから，$\tau \in $ Aut $(\mathbb{Z})$ に対して $\tau(1)$ も $\mathbb{Z}$ の生成元です．しかし $\mathbb{Z}$ の生成元は ± 1 の二つだけですから，$\tau(1)$ は ± 1 のどちらかです．また $\tau(n) = n\tau(1)$ ですから τ は $\tau(1)$ だけで決ってしまいます．従って Aut $(\mathbb{Z}) = \{\pm 1\}$ です（つまり，Aut $(\mathbb{Z}) = U(\mathbb{Z})$ [*7]と思えます）．

(2) 位数 n の巡回群 C_n に対しても，上と同じ理由で Aut $(C_n) = U(\mathbb{Z}/(n))$ が成立します．特に，|Aut $(C_n)| = \phi(n)$ です[*8]．

(3) 内部自己同型しか持たない（即ち，Aut $(G) = I(G)$ となる）群もあります．例えば $G = S_n$（n 次対称群，§2 参照）に対して，$n \geq 3, n \neq 6$ のとき Aut $(G) = I(G)$，$G = S_6$ のとき $[$Aut $(G) : I(G)] = 2$ であることが知られています．

問題 4.1

1. (1) G が有限群，$H \subsetneq G$ が部分群のとき，$\bigcup_{x \in G} x^{-1} H x \subsetneq G$ を示せ．
   (2) $G = \boldsymbol{GL}(2, \mathbb{C})$, H を G の上半三角行列全体の部分群とすると，
   $$\bigcup_{x \in G} x^{-1} H x = G$$
   となることを示せ．
2. 位数 55 の群 G の 39 個の元を持つ集合 X への作用は必ず固定点を持つことを示せ．
3. 等式
   $$(*) \qquad 1 = \frac{1}{n_1} + \cdots + \frac{1}{n_r}$$
   で次の条件 (a), (b) を満たすものを考える．
   (a) $n_1, \ldots, n_r$ は正整数で $n_1 \geq n_2 \geq \cdots \geq n_r$，
   (b) $n_2, \ldots, n_r$ は n_1 の約数．
   上の等式の解を考えることにより次を示せ．
   (1) 共役類が 2 個の有限群は位数 2 の巡回群のみである．

[*7] 一般に，環 R の単数群を $U(R)$ と書きました．
[*8] $\phi(n)$ はオイラーの関数です．

(2) 共役類が 3 個の有限群でアーベル群でないものは位数 6 である．
(3) 共役類が 4 個の有限群の位数は何か．
4. 体 k に対して $\mathbb{P} = k \cup \{\infty\}$ と置く（$\mathbb{P}$ を体 k 上の**射影直線**という）．$G = GL(2, k)$ の $\mathbb{P}$ への作用を，

$$\sigma(x) = \begin{pmatrix} a & b \\ c & d \end{pmatrix}(x) = \frac{ax + b}{cx + d}$$

但し，$cx + d = 0$ のときは $\sigma(x) = \infty$，$\sigma(\infty) = a/c$ と定義する．このとき，
(1) この定義は条件 (1.1.1) を満たし，かつ G の $\mathbb{P}$ への作用が可移的であることを示せ．
(2) 点 $0, 1, \infty$ の固定群 G_0, G_1, G_∞ を求めよ．
5. 命題・定義 1.2 の (2) の正 4 面体群と同様に正 6, 8, 12, 20 面体群を定義し，それぞれ，$G(6), G(8), G(12), G(20)$ で表す．このとき，
(1) $G(6), G(8)$ の位数を求めよ．また，正 6 (8) 面体の各面の中心を結ぶと正 8 (6) 面体ができることから $G(6) \cong G(8)$ を示せ．
(2) 正 6 面体の向い合った 4 組の頂点を結ぶ 4 つの直線を考えて $G(8) \cong S_4$ を示せ．
(3) (1) と同様に $G(12) \cong G(20)$ を示し，$G(20)$ の位数を求めよ（3 種類の正多面体群 $G(4), G(8), G(20)$ は英語ではそれぞれ tetrahedral, octahedral, icosahedral group と呼ばれている）．
(4)* $G(20) \cong A_5$ を示せ．
6. p 群 G が有限集合 X に作用している（p は素数）．

$$X^G = \{x \in X \mid g.x = x (\forall g \in G)\}$$

を X の固定元の集合とするとき，$|X^G| \equiv |X| \pmod{p}$ を示せ．
7. (1) $n \geq 3$ のとき，対称群 S_n の中心は単位群であることを示せ．
(2) S_4 は (12) と (1234) で生成される（命題 2.17 参照）ことから $S_4 \cong I(S_4) \cong \mathrm{Aut}\,(S_4)$ を示せ．
8. (1) 群 G が集合 $[n] := \{1, 2, \ldots, n\}$ に作用し，すべての $[n]$ の元を固定する G の元は単位元のみと仮定する．このとき，G は S_n のある部分群と同型であることを示せ．
(2) 群 G の G 自身への作用を $a.x = ax$ で定める．この作用で，$|G| = n$ のとき，G は S_n の部分群と同型であることを示せ．
(3) k を任意の体とする．(1) の仮定の下に，写像 $f : G \to GL(n, k)$ を $f(g) = (a_{ij})$，但し，

$$a_{ij} = \begin{cases} 1 & (g(j) = i \text{ のとき}) \\ 0 & (g(j) \neq i \text{ のとき}) \end{cases}$$

と置く．このとき，f は準同型写像で，かつ単射であることを示せ（従って，G は $GL(n, k)$ の部分群と同型である）．
9. 群 G が $[G : H] = n$ である部分群 H を持つとき，G は $[G : K] \leq n!$ であるような正規部分群を持つことを示せ．

4.2 対称群

群の二つの重要な例として対称群 S_n と一般線型群 $GL(n, \mathbb{C})$ があります．対称群が大変基本的であるということの理由として，例えば任意の有限群はある対称群 S_n の部分群と同型であるという事実が挙げられますし，また，対称群は場合の個数を数える数え上げ組合せ論（enumerative combinatorics）の宝庫でもあります．このように対称群は群論を勉強し始める人が最初に親しむ群であると同時に現在でも第一線の数学者の研究対象でもあるという大変興味深い対象です．

さて，第1章 §1 で見たように，集合 X から X への全単射の集合を $S(X)$ と書きました．特に $X = \{1, 2, \ldots, n\}$ のとき $S(X) = S_n$ と書き，**n 次対称群**と云います．以下では簡単に
$$[n] = \{1, 2, \ldots, n\}$$
と書きます．まず，S_n の元の記述の仕方を定めましょう．

各元 $\sigma \in S_n$ は $[n]$ から $[n]$ への写像ですから，

$$\tag{2.1} \begin{pmatrix} 1 & 2 & \cdots & n \\ i_1 & i_2 & \cdots & i_n \end{pmatrix}$$

で $\sigma(1) = i_1, \sigma(2) = i_2, \ldots, \sigma(n) = i_n$ を示します．なお，(2.1) では上の列は $(1, 2, \ldots, n)$ と順番に書きましたが，写像を定めれば十分ですから順番でなくともよいわけです．例えば (2.1) の σ の逆写像は

$$\tag{2.2} \sigma^{-1} = \begin{pmatrix} i_1 & i_2 & \cdots & i_n \\ 1 & 2 & \cdots & n \end{pmatrix}$$

となります．

また，群の演算 $\tau\sigma$ は写像の合成です．写像の合成の約束として，右側から先に写像しますから，例えば

$$\tag{2.3} \begin{pmatrix} 1 & 2 & 3 & 4 \\ 2 & 4 & 3 & 1 \end{pmatrix} \begin{pmatrix} 1 & 2 & 3 & 4 \\ 3 & 4 & 1 & 2 \end{pmatrix} = \begin{pmatrix} 1 & 2 & 3 & 4 \\ 3 & 1 & 2 & 4 \end{pmatrix},$$

$$\begin{pmatrix} 1 & 2 & 3 & 4 \\ 3 & 4 & 1 & 2 \end{pmatrix} \begin{pmatrix} 1 & 2 & 3 & 4 \\ 2 & 4 & 3 & 1 \end{pmatrix} = \begin{pmatrix} 1 & 2 & 3 & 4 \\ 4 & 2 & 1 & 3 \end{pmatrix}$$

となります．

上の $\sigma \in S_n$ の表し方は最も基本的なものですが，σ の性質はこの表し方ではよく分かりません．置換の性質を見るには次の巡回置換への分解が便利です．

例えば

(2.4) $$\sigma = \begin{pmatrix} 1 & 2 & 3 & 4 & 5 & 6 & 7 & 8 & 9 \\ 3 & 8 & 4 & 2 & 9 & 5 & 7 & 1 & 6 \end{pmatrix}$$

を考えると，1 は 3 へ，3 は 4 へ，4 は 2 へ，2 は 8 へ写され，8 が 1 に帰ります．従って，$1 \to 3 \to 4 \to 2 \to 8 \to 1$ という長さ 5 のサイクルができます．同様に，$5 \to 9 \to 6 \to 5$ という長さ 3 のサイクルもできています．また，7 は自分自身に写されていますから，長さ 1 のサイクルとも云えます．これを図示すると次の図のようになります．

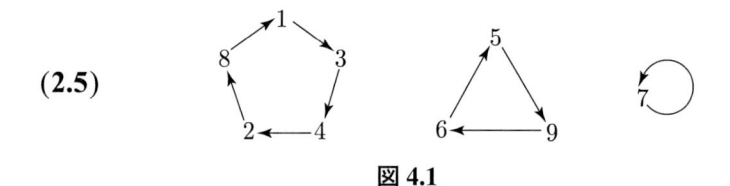

(2.5)

図 4.1

ここで，$i_1 \to i_2 \to \cdots \to i_r \to i_1$ と一つのサイクルを作っている置換を $(i_1, i_2, \ldots, i_r)$ と書き，このような置換を**巡回置換**と呼びます．最初の書き方では

$$(i_1, i_2, \ldots, i_r) = \begin{pmatrix} i_1 & i_2 & \cdots & i_r \\ i_2 & i_3 & \cdots & i_1 \end{pmatrix}$$

となります．この表し方で (2.4) の例を書くと，$\sigma = (13428)(596)$ と二つの巡回置換の積になります[*9]．このとき，二つの巡回置換は共通の文字を持たないので，順序を変えて $(596)(13428)$ と書いても同じ結果である

[*9] この例では 7 は動いていないので (7) と書いても書かなくても同じですから，7 は書きません．同様に，動かない元は（単位元 (1) 以外は）書きません．

4.2 対称群

ことに注意しましょう．この書き方を一般化すると次の命題になります．

命題 2.6 すべての置換 $\sigma \in S_n$ は互いに共通の文字を持たない巡回置換の積に書くことができる（この積を "σ の巡回置換への分解" と云います）．

もちろん，上の議論から分かるように，σ の巡回置換への分解は，積の順序を除いて一通りに決ります．この分解は集合 $[n]$ への巡回群 $\langle\sigma\rangle$ の作用の軌跡に $[n]$ を分解したものです．

定義 2.7 $\sigma = (i_1,\ldots,i_{r_1})(j_1,\ldots,j_{r_2})\cdots(k_1,\ldots,k_{r_s})$ と互いに共通の文字を持たない巡回置換の積に書いたとき，σ は $(r_1,\ldots,r_s)$ 型の置換であるという[*10]．また，2 つの置換 σ,τ がどちらも $(r_1,\ldots,r_s)$ 型の置換であるとき，σ と τ は **同じ型を持つ** と云う．

この分解の応用をいくつか見てみましょう．

一般の群 G に於て，$a,b \in G$ に対して $ab = ba$, $\langle a\rangle \cap \langle b\rangle = \{e\}$ が成立するならば，a,b,ab の位数に対して

$$(2.7.1) \qquad \operatorname{ord}(ab) = \operatorname{LCM}(\operatorname{ord}(a), \operatorname{ord}(b))$$

が成立しますから（問題 1.3-9 参照），

命題 2.8 $\sigma = (i_1,\ldots,i_{r_1})(j_1,\ldots,j_{r_2})\cdots(k_1,\ldots,k_{r_s})$ が σ の巡回置換への分解とすると $\operatorname{ord}\sigma = \operatorname{LCM}(r_1,\ldots,r_s)$.

もう一つの重要な応用として共役類があります．巡回置換 $(i_1,\ldots,i_r)$ と $\sigma \in S_n$ に対して $\sigma(i_1,\ldots,i_r)\sigma^{-1}$ を計算してみますと，

$$(2.9) \qquad \sigma(i_j) \xrightarrow{\sigma^{-1}} i_j \xrightarrow{(i_1,\ldots,i_r)} i_{j+1} \xrightarrow{\sigma} \sigma(i_{j+1})$$

ですから，

$$(2.9.1) \qquad \sigma(i_1,\ldots,i_r)\sigma^{-1} = (\sigma(i_1),\ldots,\sigma(i_r))$$

となります．更に，

$$(2.10) \quad \sigma(i_1,\ldots,i_{r_1})(j_1,\ldots,j_{r_2})\cdots(k_1,\ldots,k_{r_s})\sigma^{-1}$$
$$= (\sigma(i_1,\ldots,i_{r_1})\sigma^{-1})(\sigma(j_1,\ldots,j_{r_2})\sigma^{-1})\cdots(\sigma(k_1,\ldots,k_{r_s})\sigma^{-1})$$

[*10] 1 文字の巡回置換 (k) は書いても書かなくても同じなので，ここで定義した置換の型についても，$(r_1,\ldots,r_s)$ と書いても $(r_1,\ldots,r_s,1,\ldots,1)$ と書いてもよいことにしましょう．

$$= (\sigma(i_1), \ldots, \sigma(i_{r_1}))(\sigma(j_1), \ldots, \sigma(j_{r_2})) \cdots (\sigma(k_1), \ldots, \sigma(k_{r_s}))$$

となり，共役な置換は同じ型を持つことが分かります．また，逆に，同じ型を持つ二つの置換は互いに共役であることも上の議論から分かります．まとめると，

命題 2.11 二つの置換が互いに共役であることと同じ型を持つことは同値である．

S_n に共役類はいくつあるでしょうか？命題 2.11 より，S_n の共役類の数は "型" の個数に等しくなります．型というのは，結局 n 個の数をいくつかの部分に分割することです．

例えば，$n = 4$ のときは
$$4 = 4, \ 3+1, \ 2+2, \ 2+1+1, \ 1+1+1+1$$
の 5 つ，$n = 5$ のときは，
$$5 = 5, \ 4+1, \ 3+2, \ 3+1+1, \ 2+2+1, \ 2+1+1+1, \ 1+1+1+1+1$$
の 7 個の型があります．例えば $5 = 3+2$ に対応する S_5 の置換の例として，$(123)(45)$ が挙げられます．

また n の分割
$$n = r_1 + r_2 + \cdots + r_k$$
に対応する共役類の元の個数を求めるとき，$r_1, r_2, \ldots, r_k$ の中に同じ数字がどれだけ現れるかで議論が異なってくるので，同じ数字をまとめて

(2.11.1) $$n = a_1 . 1 + a_2 . 2 + \cdots + a_n . n$$

という書き方を採用しましょう．但し，$a_i = 0$ も勿論許すわけです．このとき，対応する共役類の個数は

(2.11.2) $$\frac{n!}{1^{a_1} a_1! 2^{a_2} a_2! \cdot n^{a_n} a_n!}$$

となります（証明は演習問題にします）．これを用いて S_4, S_5 の類等式を求めると，それぞれ上記の 4, 5 の分割に対応して
$$24 = 6 + 8 + 3 + 6 + 1,$$
$$120 = 24 + 30 + 20 + 20 + 15 + 10 + 1$$
となります．

4.2 対称群

2.12 この類等式を使って S_4, S_5 の正規部分群を求めてみましょう．正規部分群は部分群で共役を取ることで閉じていますから，(1) いくつかの共役類の和集合で，(2) 単位元を含み，(3) 位数は群の位数の約数です．ですから上の類等式の 1 を含むいくつかの数の和で，24（または 120）の約数になるものをまず求めると全体と 1 だけという自明なものを除くと，S_4 では

    (a)   3+1   と   (b)   8+3+1

S_5 では

    (c)   24+15+1   と   (d)   24+20+15+1

の各 2 種類です．このうち (c) は例えば $(12345)((12)(34)) = (135)$ となって指定された共役類に入らないので部分群にはなりません．(b), (d) はそれぞれ交代群 A_4, A_5 に対応しています（交代群についてはこの後で述べます）[11]．

(a) に対応する四つの元を書いてみると実際に部分群になることが分かります．この群を**クラインの四元群**と云い，V_4 と書きます．

(2.12.1) $V_4 = \{(1), (12)(34), (13)(24), (14)(23)\}$

上の結果をまとめると，

(2.12.2) S_4 の真の正規部分群は V_4, A_4 の二つ，S_5 の真の正規部分群は A_5 のみである．

一番簡単な巡回置換は 2 文字の置換 (i, j) です．この形の置換を**互換**と云います．巡回置換 $(i_1, i_2, \ldots, i_k)$ は

(2.12.3) $(i_1 i_2 \cdots i_k) = (i_1 i_2)(i_2 i_3) \cdots (i_{k-1}, i_k)$

と書けますから次が云えます．

命題 2.13 すべての置換は互換の積で表される．

ある置換 $\sigma \in S_n$ の互換の積としての表し方には，いろいろのものがあります．例えば $(123) = (12)(23) = (13)(23)(13)(23)$ です．しかし[12]，

---

[11] 20 個の元を持つ S_5 の共役類は (abc) と $(abc)(de)$ の二つの型がありますが，部分群になるのは前者だけです．

[12] 行列式を定義するときに見たように．

命題 2.14 群の準同型写像 sgn : $S_n \to \{\pm 1\}$ で, 互換 τ に対しては sgn $(\tau) = -1$ であるものが存在する.

従って, $\sigma \in S_n$ を $\sigma = \tau_1 \tau_2 \cdots \tau_k$ と表すとき k が偶数 $\iff$ sgn $(\sigma) = 1$ なので, k が偶数か奇数かは積の表示の仕方によらない.

証明 $\sigma \in S_n$ の n 変数多項式環への作用を例 1.3 の (5) で定義しました. 特に, $R = \mathbb{Z}[X_1, X_2, \ldots, X_n]$ の**差積**と呼ばれる特別な多項式

$$\Delta = \prod_{i<j}(X_i - X_j)$$

を用いて σ の**符号** sgn (σ) を

$$\sigma(\Delta) = \text{sgn}(\sigma)\Delta$$

で定義します. Δ の形から, sgn (σ) が ± 1 のどちらかであることは明らかです. また, $X_i - X_j$ が $X_j - X_i$ に写されるときに "$-$" が現れるので, σ の**逆転対**と**逆転数**をそれぞれ

(2.14.1)　　　$I(\sigma) = \{(i,j) \in [n] \times [n] \mid i < j$ かつ $\sigma(i) > \sigma(j)\}$
(2.14.2)　　　$i(\sigma) = I(\sigma)$

と定義すると

(2.14.3)　　　　　　　　sgn $(\sigma) = (-1)^{i(\sigma)}$

となります. $\sigma = (ij)$ $(i < j)$ が互換のとき

$$I(\sigma) = \{(i,k) | i < k < j\} \cup \{(k,j) | i < k < j\} \cup \{(i,j)\}$$

ですから $i(\sigma) = 2(j-i) - 1$ は奇数で sgn $(\sigma) = -1$ です. また $\alpha, \beta \in S_n$ に対して $\alpha(\beta(\Delta)) = (\alpha\beta)(\Delta)$ が云えますから, sgn : $S_n \to \{\pm 1\}$ は準同型写像です. ∎

定義 2.15 $\sigma \in S_n$ に対して, sgn $(\sigma) = 1$ のとき σ を**偶置換**, sgn $(\sigma) = -1$ のとき σ を**奇置換**という. 偶置換全体のなす S_n の部分群を n 次**交代群**と云い A_n で表す. $A_n = \text{Ker}(\text{sgn})$ だから A_n は S_n の正規部分群である.

交代群 A_n は $n \geq 5$ のとき, 単純群（自明でない正規部分群を持たない群）であり, 抽象的な群論でも, 方程式の理論でも大変重要な群です. 実際 5 次以上の一般の代数方程式が一般解法を持たない理由は A_n が単純群

4.2 対称群

であることなのです.

この節の最後の話題として, S_n の生成元を考えましょう.

アミダくじはよくご存知と思いますが, 実はアミダくじは最高の S_n の記述方法なのです[*13]. 今 n 人でするアミダくじを考えましょう. するとタテ棒が n 本あり i 番目と $i+1$ 番目のタテ棒の間に引く横棒は, 置換 $(i, i+1)$ と思えます. こうして, 上の方から置換を行うと思うと, 例えば図 4.2 のアミダくじは $(12)(34)(23)(45)(34)(45) = \begin{pmatrix} 1 & 2 & 3 & 4 & 5 \\ 2 & 4 & 5 & 3 & 1 \end{pmatrix}$ を図式化したものだと思えます[*14]. アミダくじでどんな置換も作れるのは n に関する帰納法で容易に示せますから, 次の命題が得られます.

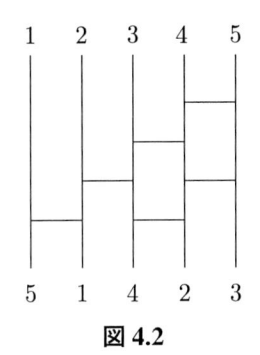

図 4.2

命題 2.16 S_n は $\{(12), (23), \ldots, (n-1, n)\}$ の $n-1$ 個の互換で生成される.

これから次の結果も得られます.

命題 2.17 (1) S_n は (12) と $(12\cdots n)$ で生成される.

(2) S_n は $(12), (13), \ldots, (1n)$ の $n-1$ 個の互換で生成される.

(3) A_n は $\{(123), (124), \ldots, (1, 2, n)\}$ の $n-2$ 個の長さ 3 の巡回置換で生成される[*15].

[*13] "最高の" はちょっと云い過ぎと思われるかもしれませんが, 実は S_n のコクセター群としての表現がまさにアミダくじなのです. 残念ながら本書ではそこまでは踏みこめませんので [Hum] 等を参照して下さい.

[*14] この定義では, 例えば 1 が 2 の下にあるので, 1 が 2 番目の位置に動かされたと解釈しています. アミダくじの上下の数字を見て 1 が 5 に写されると思うと, 演算の順序が逆になり, 逆写像が得られます.

[*15] この結果は A_n ($n \geq 5$) が単純群であることを示すのに必要です.

証明 (1) $\alpha = (12\cdots n)$ と置くと, $\alpha(12)\alpha^{-1} = (23)$, $\alpha^2(12)\alpha^{-2} = (34)$ という具合に各 $(i, i+1)$ が (12) と α で書けるので, (2.17) より S_n のすべての元が (12) と α で書けます.

(2) $(1, n)(1, n-1)\cdots(13)(12) = (12\cdots n)$ から (1) に帰着します.

(3) A_n の元は (2) より偶数個の $\{(12), (13), \ldots, (1, n)\}$ の積で書けます. ゆえに, $\{(12), (13), \ldots, (1, n)\}$ の 2 個ずつの積とも考えられます. $(12)(1k) = (12k)$ $(k \neq 2)$ ですから, $(1i)(ik) = (1i)(12)(12)(1k) = (12i)^{-1}(12k)$ となり (3) が示せました. ∎

問題 4.2

1. S_n の元の最大の位数と, その位数を持つ元の形を $n \leq 10$ について求めよ.
2. 等式 (2.12.2) を証明せよ.
3. (1) $\sigma = (12\cdots n) \in S_n$ を長さ n の巡回置換とするとき, $Z(\sigma)$ (定義 1.8 参照) は σ で生成される巡回群であることを示せ. (Hint: σ と共役な元の個数から $Z(\sigma)$ の位数が分かる.)
   (2) $\tau = (12\cdots n-1) \in Sy_n$ を長さ $n-1$ の巡回置換とするとき, $Z(\tau)$ も τ で生成される巡回群であることを示しなさい.
4. $\sigma \in A_n$ の S_n での中心化群を $Z := Z(\sigma)$ と置く.
   (1) Z が A_n に含まれないとき, σ の S_n での共役類は, そのまま A_n での共役類であることを示せ. また, $Z \subset A_n$ のとき, σ の S_n での共役類は, 2 つの同じ個数の元を持つ A_n での共役類に分かれることを示せ.
   (2) $Z \subset A_n$ のとき σ は次の条件 (*) を満たす n の分割 $n = r_1 + r_2 + \cdots + r_k$ に対応していることを示せ.
   (*) 各 r_i は奇数で, すべて異なる.
   (3) A_5, A_6 の類等式を求めよ.
5. G が S_n の部分群で, 位数が p の巾 (p は素数) とする. $n < p^2$ とするとき G が $(p, \ldots, p)$ 型の可換群であることを示せ.
6. $\sigma \in S_n$ に対して, $\#\{(i, j) | i, j \in [n], i < j \text{ かつ } \sigma(i) > \sigma(j)\}$ を σ の**逆転数**と云う.
   (1) σ をアミダくじで表すときの最小本数は逆転数に等しいことを示せ.
   (2)* S_n の元で逆転数が d であるものの個数は, 次の多項式 F_n の t^d の係数に等しいことを示せ.
   $$F_n = (1-t^2)(1-t^3)\cdots(1-t^n)/(1-t)^{n-1}$$

4.3 直積，半直積   **181**

7. $n \geq 5$ のとき S_n の正規部分群は A_n のみであることを使って，S_n の真の部分群 G で $[S_n : G] < n$ であるものは A_n に限ることを示せ（問題 4.1-9 参照）．
8. p が素数，G が S_p の可移的部分群とする．このとき，$G \triangleright K \neq \{e\}$ も可移的であることを示せ．
9. [15 ゲーム]　4×4 の箱の中に 15 枚のコマが入っている．1 箇所ある空所には，となりのどちらかのコマを動かせる．こうして数字を並べ変えていくゲームを **15 ゲーム** と云う（図 4.3 参照）．

(a)
1	2	3	4
5	6	7	8
9	10	11	12
13	14	15	

(b)
1	2	3	4
5	6	7	8
9	10	11	12
13	15	14	

(c)
15	14	13	12
11	10	9	8
7	6	5	4
3	2	1	

(d)
6	7	8	9
5	14	15	10
4	13	12	11
3	2	1	

図 4.3

(a) の配置を基準にすると，並べ変えは $\sigma \in S_{15}$ を定める．例えば，(b) は互換 $(14, 15)$ に，(c) は $\sigma(1) = 15, \sigma(2) = 14, \ldots$ となる置換に対応する．このとき，ある配置が (a) から並べ変えられる $\Longleftrightarrow$ 対応する置換 σ が偶置換を示せ．例えば，(a) から (b) には並べ換えできない．（これを売出した頭のよい人物は，(a) から (b) に並べ変えた人に対して膨大な賞金をかけ，このゲームに熱中する者がどこでも見られたという話が伝わっている．もちろん，賞金を払う心配は不要だった．）また，(c), (d) の配置は (a), (b) のどちらに並べ換えられるか？

4.3　直積，半直積

既に知っている群から新しい群を作ろうとするとき，一番手軽な方法が二つの群の直積を作ることです．逆に，ある群が二つの部分群の直積になっていることもしばしば起こります．この場合はその群はもっと簡単なものに分解されて構造が分かりやすくなります．

直積は簡単ですが，そう面白い例は作れません．そこで半直積という概

念があります．二つの群 K, H の半直積は，集合としては K と H の積ですが，演算を少し "ひねった" ものです[*16]．半直積まで考えるとかなり変化に富んだ例を考えることができます．

定義 3.1 二つの群 G_1, G_2 の直積集合 $G_1 \times G_2$ の演算を

$$(a_1, a_2)(b_1, b_2) = (a_1 b_1, a_2 b_2) \quad (a_1, b_1 \in G_1, a_2, b_2 \in G_2)$$

と定義すると新しい群ができます．この群をやはり $G_1 \times G_2$ と表し G_1 と G_2 の**直積**と云います．G_1, G_2 の単位元をそれぞれ e_1, e_2 とするとき，$G_1 \times G_2$ の単位元が (e_1, e_2)，(a_1, a_2) の逆元が (a_1^{-1}, a_2^{-1}) となるのは容易に示せます．

3.2 G_1 から $G_1 \times G_2$ への写像 i_1 を $i_1(a_1) = (a_1, e_2)$ と定義すると，i_1 は準同型写像です．明らかに i_1 は単射ですから，

(3.2.1) $\quad G_1 \cong \operatorname{Im}(i_1) = \{(a_1, e_2) \mid a_1 \in G_1\} \subset G_1 \times G_2$

となります．以下 G_1 と $\operatorname{Im}(i_1)$ を同一視して，G_1 を $G_1 \times G_2$ の部分群と思うことにします．同様に G_2 も $G_1 \times G_2$ の部分群と思います．

$$G_1 = \{(a_1, e_2) \mid a_1 \in G_1\}, \quad G_2 = \{(e_1, a_2) \mid a_2 \in G_2\}$$

このとき $(b_1, b_2)(a_1, e_2)(b_1, b_2)^{-1} = (b_1 a_1 b_1^{-1}, b_2 e_2 b_2^{-1}) = (b_1 a_1 b_1^{-1}, e_2)$ ですから G_1, G_2 は $G_1 \times G_2$ の正規部分群です．

また，$(a_1, a_2) = (a_1, e_2)(e_1, a_2) = (e_1, a_2)(a_1, e_2)$ ですから，$G_1 \times G_2 = G_1 . G_2$ も成立しています．

3.3 上で分かったことをまとめてみましょう．

(1) G_1, G_2 は $G_1 \times G_2$ の正規部分群である．
(2) $G_1 \cap G_2 = \{(e_1, e_2)\}$．
(3) $G_1 . G_2 = G_1 \times G_2$．
(4) G_1 の元と G_2 の元は互いに可換．

実は (4) は (1) と (2) から得られる性質ですから (問題 4.3-2 参照)，基本的なのは (1), (2), (3) です．実は群の直積はこれらの性質で決定されます．

[*16] 数学では，少し変更することを "ひねる" と表現します．

4.3 直積, 半直積

定理 3.4 群 G の正規部分群 H, K で条件

(1) $G = HK$, (2) $H \cap K = \{e\}$

を満たすものが取れるとき, G は直積 $H \times K$ に同型である.

証明 まず最初に, (3.3) の最後に述べた注意から, $hk = kh$ ($\forall h \in H, \forall k \in K$) が云えることを注意しておきます. 写像 $\phi: H \times K \to G$ を $\phi(h, k) = hk$ で定めます. $hk = kh$ ($\forall h \in H, \forall k \in K$) が成立することから, ϕ は準同型写像です. また, $G = HK$ ですから ϕ は全射です.

あとは ϕ が単射であることを示せば十分ですが, $\phi(h, k) = hk = e$ とすると, $h = k^{-1} \in H \cap K$ となります. $H \cap K = \{e\}$ でしたから $h = k = e$ が云えて ϕ は単射になります. ゆえに ϕ は同型写像となり, 証明ができました. ∎

例 3.5 (1) 複素数 $z \neq 0$ に対し, $z = |z|e^{i\theta}$ と書け, $|z| \in \mathbb{R}_+, e^{i\theta} \in U$, また $\mathbb{R}_+ \cap U = \{1\}$ ですから, $\mathbb{C}^* \cong \mathbb{R}_+ \times U$ が云えます.

(2) n は奇数と仮定して, $G = GL(n, \mathbb{R})$ を考えます. $H = \mathbb{R}^* I_n = \{cI_n | c \in \mathbb{R}^*\}$ (I_n は単位行列), $K = SL(n, \mathbb{R})$ と置きます. このとき定理 3.4 の条件 (1), (2) が容易に確かめられるので (n が奇数という条件はどこで必要でしょうか?), $G \cong H \times K$ が云えます.

群 G が直積 $G \cong H \times K$ になっているとき G は完全に H と K で記述できるのですが, 直積になるというのはかなり強い性質でなかなか成立しません. それに直積を作ってもそれほど面白い群はでてきません.

次に述べる**半直積**(semi-direct product)の概念は直積の概念をちょっと弱めたものですが, かなり多様な群を記述できます.

定義 3.6 群 G の部分群 K, H で

(1) $G = KH$, (2) $K \cap H = \{e\}$, (3) $K \triangleleft G$

を満たすものが取れるとき, G は K と H の**半直積**であると云い,

(3.6.1) $\qquad G = K \rtimes H \quad$ または $\quad G = H \ltimes K$

と書く[*17].

[*17] この定義で K と H の役割は非対称です ($\ltimes, \rtimes$ には, それぞれ $\triangleleft, \triangleright$ が含まれますが,

直積を特徴づけた定理 3.4 と比較してみると，違っているのは H が正規部分群と仮定していない所だけです．このために，$h \in H, k \in K$ に対して $hk = kh$ は一般には成立しません．しかし埋め込み写像 $H \to G$ と標準全射 $G \to G/K$ の合成写像を考えると同型定理から次は成立します（1 章の定理 4.11 参照）．

命題 3.7 $G \cong K \rtimes H$ のとき，$H \cong G/K$. 従って $\#G = \#K \#H$.

半直積の例を置換群，線型群から探してみましょう．

例 3.8 (1) $G = S_4$ とします．1 章の例 4.10 で見たように，$H = S_3, K = V_4$ と置くと，$K \triangleleft G, G = KH, K \cap H = \{(1)\}$ ですから $S_4 = S_3 \rtimes V_4$ が云えます．同様に $A_4 = A_3 \rtimes V_4$ も成立します．

(2) 体 k 上の一般線型群 $GL(n,k)$ の部分集合で，$T(n,k)$ を上半三角行列全体，$D(n,k)$ を対角行列全体，$U(n,k)$ を対角成分がすべて 1 の上半三角行列全体とします．これらの $T(n,k), D(n,k), U(n,k)$ が $GL(n,k)$ の部分群になることは容易に示せます．また，$U(n,k) \triangleleft T(n,k), T(n,k) = D(n,k)U(n,k), D(n,k) \cap U(n,k) = \{I_n\}$ もチェックできますから $T(n,k) = D(n,\mathbb{R}) \rtimes U(n,\mathbb{R})$ です．

上で例に挙げた半直積は，直積ではないことも明らかでしょう．

3.9 半直積と直積はどこまでが同じでどこが違うのでしょうか．G, K, H が (3.6) の条件を満たしているとします．このとき，写像

(3.9.1) $\qquad \phi : K \times H \to G, \quad \phi((k,h)) = kh$

を考えましょう．定義 3.6 の条件 (1) から ϕ は全射ですし，条件 (2) から ϕ は定理 3.4 の証明と同様に，単射になります．ですから半直積は集合としては直積と思えます．

直積と違うのは ϕ が**準同型でない** ことです．実際，$k, k' \in K, h, h' \in H$ に対して，$(kh)(k'h') = (kk')(hh') \iff hk' = k'h$ ですが，この条件は半直積では仮定していません．

その三角形の頂点が向いている方が正規部分群です）．また，直積 $K \times H$ は同型を除いてただ一つですが，半直積 $K \rtimes H$ には同型でないものがあります．例えば直積も半直積です．

4.3 直積，半直積

今 $K \triangleleft G$ ですから，$h \in H$ に対して $hkh^{-1} \in K$ で，写像 $k \to hkh^{-1}$ は群 K の自己同型写像を与えます．また，$\alpha : H \to \operatorname{Aut}(K)$ を[*18] $\alpha(h) : k \to hkh^{-1}$ と定めると，α は群の準同型写像です．

逆に，二つの群 H, K と準同型写像 $\alpha(h) : k \to hkh^{-1}$ が与えられたとき[*19]，新しい群 G を次のように構成することができます．

定理・定義 3.10 (半直積の構成) 群 H, K と準同型写像 $\alpha : H \to \operatorname{Aut}(K)$ が与えられたとき，直積集合 $K \times H$ に演算を

(3.10.1) $\qquad (k, h)(k', h') = (k(\alpha(h)(k')), hh')$

と定義すると[*20]群になり，この群を G と表すと $G = K \rtimes H$ である．

この群を

(3.10.2) $\qquad\qquad G = K \rtimes_\alpha H$

と表す．

証明 この定義で群ができることは (1 章の §1) の条件 (G1)–(G3) をチェックしなければいけません．結合法則は面倒ですが，定義に忠実に従うと出るので読者にお任せします（α が準同型写像であることを使います）．G の単位元が (e_K, e_H)，(k, h) の逆元が $(\alpha(h^{-1})(k^{-1}), h^{-1})$ であることは容易に分かります． ∎

系 3.11 準同型写像 $\alpha : H \to \operatorname{Aut}(K)$ が自明なものしか存在しないとき[*21]，$K \rtimes H \cong K \times H$，即ち，$K$ と H の半直積は直積である．

半直積の例は二面体群などたくさん挙げられますが，次の節で扱いますので，§4 を参照して下さい．

問題 4.3

1. 定理・定義 3.10 で示した G が，実際に群の公理を満たすことを示せ．
2. 群 G の正規部分群 H, K が条件 $H \cap K = \{e\}$ を満たすとき，$h \in H$ と $k \in K$

[*18] $\operatorname{Aut}(K)$ は群 K の自己同型写像のなす群です．
[*19] この段階では H と K とは全く無関係な群でもかまいません．
[*20] $\alpha(h)(k')$ と書くのは煩雑なので $k'^{\alpha(h)}$ と書くこともあります．
[*21] 一番簡単な例としては $|H|$ と $|\operatorname{Aut}(K)|$ が互いに素なときが挙げられます．

に対して，常に $hk = kh$ であることを示せ．
3. 群 G_1 から G_2 への写像が自明なものだけのとき，$\Phi : \mathrm{Aut}\,(G_1) \times \mathrm{Aut}\,(G_2) \to \mathrm{Aut}\,(G_1 \times G_2), \Phi(\alpha_1, \alpha_2)(g_1, g_2) = (\alpha_1(g_1), \alpha_2(g_2))$ は同型写像であることを示せ．
4. k が標数 p の有限体のとき，$GL(p,k) \cong SL(p,k) \times k^* I_p$ を示せ（$k^* I_p = \{\alpha . I_p | \alpha \in k^*\}$, I_p は単位行列）．$n \neq p$ に対して $GL(n,k) \cong SL(n,k) \times k^* I_n$ は成り立つか？
5. 二つの準同型写像 $\alpha, \beta : H \to \mathrm{Aut}\,(K)$ に対して，二つの半直積の間の同型写像 $\Phi : G_1 = K \rtimes_\alpha H \to G_2 = K \rtimes_\beta H$ で，$\Phi(K) = K$ であるものが存在するための条件を求めよ．
6. 環 A に対して，$M(n,n;A)$ で $A-$ 係数の $n \times n$ 行列の集合，

$$GL(n,A) = \{X \in M(n,n:A) \mid \det X \in U(A)\}$$

と置くと，$GL(n,A)$ の元は逆行列を持つ．
(1) G が巡回群 C_m の n 個の直積 C_m^n と同型のとき，$\mathrm{Aut}\,G \cong GL(n, \mathbb{Z}/(m))$ を示せ（p は素数とする）．
(2) a,b が互いに素な整数のとき，$\mathbb{Z}/(ab) \cong \mathbb{Z}/(a) \times \mathbb{Z}/(b)$ より $GL(n, \mathbb{Z}/(ab)) \cong GL(n, \mathbb{Z}/(a)) \times GL(n, \mathbb{Z}/(b))$ を示せ．
(3) 素数 p に対して $GL(n, \mathbb{F}_p)$ の位数を求めよ．
(4) 行列の各成分を $\mathbb{F}_p$ へ写像して，群の準同型写像 $\pi : GL(n, \mathbb{Z}/(p^l)) \to GL(n, \mathbb{F}_p)$ ができる．このとき，$\mathrm{Ker}\,(\pi)$ の位数を求めよ．
(5) $n = 2, 3, 4, 5, 6$ に対して，$GL(2, \mathbb{Z}/(n))$ の位数を求めよ．

4.4 いろいろな群の例

群の理論をやっていても，群とはどんなものか具体的なイメージがないと話が分かりにくいと思います．この節では「いろいろな群と遊ぼう」という趣旨でいきたいと思います．なお，この節で扱う群は有限群とします．

例 4.1 (巡回群) 何といっても一番簡単な群は巡回群です．位数 n の巡回群を C_n と書いています．また，例 1.13 で $\mathrm{Aut}\,(C_n) \cong U(\mathbb{Z}/(n))$ を注意しました．いろいろな群の部分群としての巡回群を見てみましょう．例えば，$(1, 2, \ldots, n)$ の生成する S_n の部分群，$\exp\left(\dfrac{2\pi}{n}i\right)$ の生成する $\mathbb{C}^\times$ の部分群は，どちらも位数 n の巡回群です．このように，ある抽象的

4.4 いろいろな群の例

な群を具体的な意味を持った群として表すことを群の**表現**と云います。巡回群でも、一見すると巡回群に見えない場合もあります。問題 1.3-9 で分かるように、n, m が互いに素な整数のとき $C_n \times C_m \cong C_{mn}$ です。例えば、$(1, 2, \ldots, n)$ と $(n+1, n+2, \ldots, n+m)$ で生成される S_{n+m} の部分群、$\exp\left(\dfrac{2\pi}{n}i\right)$ と $\exp\left(\dfrac{2\pi}{m}i\right)$ で生成される $\mathbb{C}^\times$ の部分群は、それぞれ $(1, 2, \ldots, n)(n+1, \ldots, n+m)$、$\exp\left(\dfrac{2\pi}{nm}i\right)$ で生成される巡回群です。また、どんな有限アーベル群もいくつかの巡回群の直積と同型となるのを 2 章の系 8.4 で見ました。その意味では "有限アーベル群の構造は分かった" と云えるわけです。

例 4.2 (二面体群) アーベル群の次に簡単な例として**二面体群**があります。二面体群 D_n $(n \geq 3)$ は正 n 角形 (Σ と呼びましょう) を保存する合同変換の群です。このような合同変換には次の 2 種類があります。

(1) Σ の中心を軸とする回転。Σ を保つので角度は $0, \dfrac{2\pi}{n}, \ldots, \dfrac{2(n-1)\pi}{n}$ の n 個の可能性があります。

(2) Σ の中心を通る軸に関する折り返し。これも n 個の可能性があります。

というわけで、二面体群 D_n は位数 $2n$ の群です。Σ の頂点に 1 から順に n までの番号を付けると、D_n の元は頂点の置換で書くことができます。角度 $\dfrac{2\pi}{n}$ の回転と、頂点 1 を通る軸に関する折り返しをそれぞれ a, b と書くと、a, b はそれぞれ次のような置換で書けます。

$$a = (1, 2, \ldots, n), \quad \begin{array}{l} b = (2, n)(3, n-1) \cdots \left(\dfrac{n}{2}, \dfrac{n}{2}+2\right) \quad (n \text{ は偶数}) \\ b = (2, n)(3, n-1) \cdots \left(\dfrac{n+1}{2}, \dfrac{n+3}{2}\right) \quad (n \text{ は奇数}) \end{array}$$

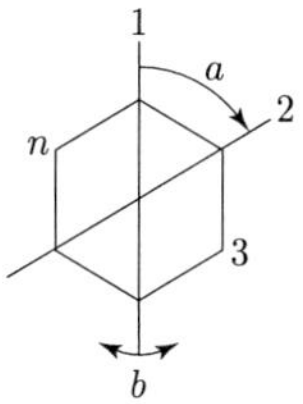

図 4.4

また，平面の座標を Σ の中心が原点，頂点 1 が点 $(0, 1)$ となる座標系に関して行列で表すと，

(4.2.1) $\qquad a = \begin{pmatrix} \cos\frac{2\pi}{n} & -\sin\frac{2\pi}{n} \\ \sin\frac{2\pi}{n} & \cos\frac{2\pi}{n} \end{pmatrix}, \quad b = \begin{pmatrix} -1 & 0 \\ 0 & 1 \end{pmatrix}$

となります．

このとき，明らかに ord $(a) = n$, ord $(b) = 2$ で，$b^{-1}ab = bab = (n, n-1, \ldots, 1) = a^{-1}$ となります．従って D_n はアーベル群ではありません．

これで n が偶数，$n \geq 6$ のとき位数 n の非可換群が必ず存在することが分かりました．逆に，$n = 2p$, p は素数で $p > 2$ のとき，位数 n の群は巡回群 C_n，二面体群 D_p のどちらかと同型になることが (5.10) で示されます．

さて，D_n の二つの部分群 $K = \langle a \rangle$ と $H = \langle b \rangle$ を考えます．このとき，定義 3.6 の半直積の条件が満たされています．実際，$|K| = n$ ですから $[D_n : K] = 2$ なので $K \triangleleft D_n$, $KH = D_n$ と $K \cap H = \{e\}$ も容易に確かめられます．言い換えると，

(4.2.2) $\qquad\qquad\qquad D_n \cong C_n \rtimes C_2$

となっています．

例 4.3 ($C_n \rtimes C_m$) D_n を半直積という面から一般化したものは，2 つの巡回群の半直積です．$K = \langle a \rangle \cong C_n$, $H = \langle b \rangle \cong C_m$ を 2 つの巡回群とします．例 1.13 の (2) で見たように，Aut $(C_n) \cong U(\mathbb{Z}/(n))$ です．今，$r \in \mathbb{Z}/(n)$ を $\mathbb{Z}/(n)$ の $r^m = 1$ を満たす元とします．このとき $\phi: H \to$ Aut (C_n), $\phi(b^k)(a) = a^{r^k}$ は準同型写像なので，定理・定義 3.10 の方法で半直積 $G = K \rtimes_\phi H$ ができます．

K, H の生成元をそれぞれ a, b と書き，(3.10.1) で k, h, k', h' をそれぞれ e_K, b, a, b^{-1} と置くと $bab^{-1} = \phi(b)(a) = a^r$ となります．また，逆にこの関係式で G の演算が決定されます．

抽象群としてはこれでよいのですが，もっと具体的な群で G と同型なものを探してみましょう．

$K = \langle \sigma \rangle \subset S_n$, $\sigma = (1, 2, \ldots, n)$ としてみましょう．$\sigma^r = (1, r+1, 2r+1, \ldots, n-r+1)$ ですから，$\tau = \begin{pmatrix} 2 & 3 & \cdots & n \\ r+1 & 2r+1 & \cdots & n-r+1 \end{pmatrix}$ と置くと

4.4 いろいろな群の例

$\tau\sigma\tau^{-1} = \sigma^r$ となります．ですから ord$(\tau) = m$ のとき，$\langle\sigma,\tau\rangle \subset S_n$ は G と同型です．

この G は $GL(m,\mathbb{C})$ の部分群としても表現できます．$n = 7, m = 3, r = 2$ の場合を示すと（e_7 は 1 の 7 乗根を示しています），

$$G \cong \left\langle A = \begin{pmatrix} e_7 & 0 & 0 \\ 0 & e_7^2 & 0 \\ 0 & 0 & e_7^4 \end{pmatrix}, B = \begin{pmatrix} 0 & 1 & 0 \\ 0 & 0 & 1 \\ 1 & 0 & 0 \end{pmatrix} \right\rangle$$

となります．一般的には A を対角線上に $(e_n, e_n^r, \ldots, e_n^{r^{m-1}})$ を並べた対角行列，B を巡回置換 $(1, 2, \ldots, m)$ に対応する置換行列（第 j 列は $j + 1$ 成分が 1，他は 0）とするとき，$A^n = B^m = I_m, BAB^{-1} = A^r$ となり，$\langle A, B \rangle \cong G$ が云えます．

例 4.4 (四元数群) 複素数体を更に拡大した数体として**ハミルトンの四元数体** $\mathbb{H}$ があります．$\mathbb{H}$ は $\mathbb{R}$ 上四つの基底 $\{1, i, j, k\}$ で生成される線型空間で，積は

(4.4.1) $\qquad i^2 = j^2 = k^2 = -1, ij = k = -ji, jk = i = -kj$

で定義されます．定義からも分かるように，この積は可換ではありませんが，$\mathbb{H}$ の 0 でない元は逆元を持ちます[*22]．$\mathbb{H}$ の 8 つの元 $\{\pm 1, \pm i, \pm j, \pm k\}$ が積に関して群をなすのは容易に分かります．この群

(4.4.2) $\qquad\qquad Q = \{\pm 1, \pm i, \pm j, \pm k\}$

を**四元数群**と呼びます．Q は位数 8 の群です．

Q と二面体群 D_4 はどちらも位数 8 の非可換群ですが，位数 2 の元が D_4 では 4 個あるのに Q では -1 だけですから，同型ではありません．

この群を抽象的に定義するときは，生成元を考えます．i と j で他の元がすべて表せますから，Q は i と j で生成されます．(4.4.1) より i, j はどちらも位数は 4 です．また，関係式は $jij^{-1} = -i = i^{-1}$ が成立します．逆に，ある群 G が二つの位数 4 の元で生成され，関係式 $bab^{-1} = a^{-1}$ を満たすとき[*23]，G は位数 8 の群になります．

[*22] このような，体の公理から積の可換性を除いた公理を満たす数体を斜体あるいは division ring と呼びます．

[*23] 正確には関係式が $bab^{-1} = a^{-1}$ のみのとき．

これが分かると，Q と同型な群を $\boldsymbol{GL}(2,\mathbb{C})$ の部分群から見つけることができます．例えば，

(4.4.3) $\left\langle A = \begin{pmatrix} i & 0 \\ 0 & -i \end{pmatrix}, B = \begin{pmatrix} 0 & 1 \\ -1 & 0 \end{pmatrix} \right\rangle \subset \boldsymbol{GL}(2,\mathbb{C})$

は $A^2 = B^2 = -I_2, BAB^{-1} = A^{-1}$ を満たしますから，Q と同型な群です[*24]．

こうして $\boldsymbol{SL}(2,\mathbb{C})$ の部分群として Q を表現してみると，この群の一般化ができることが分かります．即ち，$e_{2n} = \exp(\frac{\pi}{n}i)$ として，

(4.4.4) $\left\langle A_n = \begin{pmatrix} e_{2n} & 0 \\ 0 & e_{2n}^{-1} \end{pmatrix}, B = \begin{pmatrix} 0 & 1 \\ -1 & 0 \end{pmatrix} \right\rangle \subset \boldsymbol{SL}(2,\mathbb{C})$

を考えると，$(A_n)^n = B^2 = -I_2, BA_nB^{-1} = A_n^{-1}$ ですから位数 $4n$ の群になります．この群を Q_n と書きます[*25]．

例 4.5 (S_4 の部分群) 四次方程式の理論では，S_4 の部分群の様子を知ることが重要です．S_4 くらいなら部分群を全部分類しても大したことがないのでやってみましょう．

(4.5.1) 部分群の位数は $|S_4| = 24$ の約数ですから，1, 2, 4, 8, 3, 6, 12, 24 の 8 つの可能性があります．まず，1, 24 は自明ですし，位数 12 の部分群は §2 で見たように交代群 A_4 だけです．

(4.5.2) 次に，位数 2, 3 の部分群は巡回群で，生成元を与えれば決まります．

　位数 2 の元は命題 2.11 で見たように $\langle (i, j) \rangle$ の形のものが 6 個，$\langle (ij)(kl) \rangle$ の形のものが 3 個あります．位数 3 の部分群は $\langle (ijk) \rangle$ の形のものが 4 個あります[*26]．4 個の位数 3 の部分群は互いに共役です．

(4.5.3) 位数 3 の部分群 H に対して，H と共役な部分群が 4 個ありますから $[S_4 : N(H)] = 4$ です．従って $|N(H)| = 6$ で，H と $N(H)$ は 1 対 1 に対応しますから[*27]，位数 6 の部分群も 4 個あり，互いに共役です．これらの群は S_3 と同型で 1, 2, 3, 4 のどれかの文字の固定群になっています．

[*24] $\det A = \det B = 1$ ですから，実は $\boldsymbol{SL}(2,\mathbb{C})$ の部分群です．
[*25] この群は二面体群（dihedral group）との類似性から binary dihedral group という名前が付いています．
[*26] 位数 3 の元が 8 個で，位数 3 の部分群には位数 3 の元が 2 個ずつありますから，位数 3 の部分群は半分の 4 個あります．
[*27] 位数 6 の群については 1 章の例 3.16 参照．

4.4 いろいろな群の例

(4.5.4) ちょっと §5 の結果を先取りさせてもらいますが,位数 8 の部分群は S_4 の 2 シロー群で,定理 5.3 より互いに共役です.また,2 シロー群の個数は,定理 5.5 から,奇数で 24 の約数ですから 3 個です[*28].位数 8 の部分群として,二面体群 $D_4 = \langle (1234), (24) \rangle$ があります.上の一般論から,位数 8 の群はこの群と共役であることが分かります.

(4.5.5) 残った位数は 4 ですが,位数 4 の部分群 H は 3 種類に分かれます.まず H が巡回群のとき, $H = \langle ijkl \rangle$ の形で,互いに共役なものが 3 個あります. H が巡回群でないとき, H の各元の位数は 1 か 2 です.まずクラインの四元群 V_4 があり,正規部分群です(命題 2.13 参照).それ以外のとき, H は必ず互換 (i, j) を含みます. (i, j) に対する S_4 の共役による作用を考えると,共役な元が 6 個ありますから, (i, j) と可換な元は 4 個あります.位数 4 の群はアーベル群になるのを命題 1.11 で見ましたから, H は (i, j) の中心化群と一致します.例えば, $H = \langle (1, 2), (3, 4) \rangle$ が挙げられます.このような群は 3 個あり,互いに共役です.

以上をまとめると,次の表になります.

表 4.1

位数	2	3	4	6	8	12
部分群の個数	9	4	7	4	3	1

問題 4.4

1. n が奇数のとき, $D_{2n} \cong D_n \times C_2$ を示せ.
2. $\mathrm{Aut}(D_n)$ はどんな群か?
3. (1) 4 元数群 Q の部分群はすべて正規部分群であることを示せ.
   (2) $n \geq 2$ に対して Q_n の中心の位数は 2 で, Q_n の部分群はすべて中心を含むことを示せ.
   (3) $n \geq 2$ に対して Q_n と同型な $GL(2, \mathbb{R})$ の部分群は存在しないことを示せ.
   (4) 4 元数群 Q と同型な S_n の部分群は $n \leq 7$ では存在しないことを示せ.
4. $SL(2, \mathbb{C})$ の元の $\mathbb{P}^1 = \mathbb{C} \cup \{\infty\}$ への作用を問題 4.1-4 のように定めるとき,6 点 $\{0, \pm 1, \pm i, \infty\}$ を(全体として)動かさない元の全体のなす群を G と置

[*28] (2.12) で見たように,位数 8 の部分群は正規部分群ではありません.

く．このとき，全準同型写像 $\pi : G \to S_4$ で，$\mathrm{Ker}\,\pi = \{\pm I\}$ が存在することを示せ．

4.5 シローの定理

　有限群 G の持つ第一の不変量はその位数です．G の性質はその位数によって大変大きな制約を受けます．最も代表的な例が位数が素数の場合で，素数位数の群は巡回群しかありません．でも，ある位数 n を持つ群が巡回群しかないような n は素数とは限りません．例えば位数が 15, 33, 35 の群はやはり巡回群しかありません．このように群論にも整数の性質が大きく関わりますが，その関わりを記述するのがシローの定理です．

　有限群 G の部分群 H の位数はラグランジュの定理により $|G|$ の約数ですが，逆に任意の $|G|$ の約数 m を与えたとき，G が必ず位数 m の部分群を持つとは限りません．例えば，位数 12 の群 A_4 は位数 6 の部分群を持ちません．また，この節の最後で見ますが，位数 120 の群 S_5 は位数 15, 30, 40 の部分群を持ちません．しかし m が素数の巾のときには**シローの定理**により必ず位数 m の部分群が存在します．

　$|G|$ を割り切る素数 p を一つ取りましょう．以下では p を固定して議論をすることにします．位数が p の巾の部分群を **p 部分群**と云います．

定理・定義 5.1 (シローの第一定理) G に含まれる p の最大の巾を p^a と置くとき，G は位数 p^a の部分群を持つ．このような位数 p^a の部分群を G の **p シロー群**（または p シロー部分群）と云う．

証明 $|G| = p^a r$ と置きます．仮定より $(r, p) = 1$ です．G の部分集合で p^a 個の元を持つものをすべて考えましょう．
$$X = \{T \subset G \mid |T| = p^a\}$$
と置きます．このとき G は左平行移動により X に作用します．
$$\sigma . T = \{\sigma t \mid t \in T\} \quad (T \in X,\ \sigma \in G)$$
この作用による $T \in X$ の軌跡を Y と置きましょう．$Y = G.T$ です．今 $|Y|$ が p で割り切れないと仮定してみましょう．$|Y| = [G : G_T]$ ですから，G_T の位数は p^a の倍数です．しかし $t \in T$ を固定すると，$G_T . t \subset T$ で

$|G_T.t| = |G_T|$ ですから $|G_T| \leq |T| = p^a$ となり，$|G_T| = p^a$，即ち G_T が求める p シロー群です．

ですから $|Y|$ が p で割り切れない軌跡 Y の存在が示せればよいわけです．もしこのような Y が存在しないとすると，すべての軌跡の元の個数が p の倍数ですから $|X|$ も p の倍数になる筈です．しかし次の補題により $|X|$ が p の倍数でないことが分かり定理が示されます．∎

補題 5.2 $|X| = \binom{rp^a}{p^a} \equiv r \pmod{p}$

証明 二項係数の性質より，左辺は $(A+1)^{rp^a}$ を展開するときの A^{p^a} の係数です．一般に

(5.2.1) $\quad (A_1 + A_2 + \cdots + A_n)^p \equiv (A_1^p + A_2^p + \cdots + A_n^p) \pmod{p}$

が成立します．これを繰り返すと

(5.2.2) $\quad (A_1 + A_2 + \cdots + A_n)^{p^a} \equiv (A_1^{p^a} + A_2^{p^a} + \cdots + A_n^{p^a}) \pmod{p}$

も云えます．これを使うと，

$$(A+1)^{rp^a} = ((A+1)^r)^{p^a}$$
$$= (A^r + \cdots + rA + 1)^{p^a}$$
$$\equiv (A^{rp^a} + \cdots + r^{p^a} A^{p^a} + 1) \pmod{p}$$

となり，フェルマーの小定理により $r^p \equiv r^{p^a} \equiv r \pmod{p}$ ですから，証明ができました．∎

p シロー群の存在が示せましたが，一般に p シロー群は 1 個とは限りません．例えば P が p シロー群ならば P と共役な部分群も同じ位数を持ちますからやはり p シロー群です．実は，どの二つの p シロー群も互いに共役であることが示せます．

定理 5.3 (シローの第二定理) (1) 群 G の p シロー群はどの二つも互いに共役である．

(2) G の p 部分群 H は必ずある p シロー群に含まれる．

証明 まず簡単な補題を示します．

補題 5.4 群 G の p シロー群 P と p 部分群 H を取るとき，

$$H \cap N(P) = H \cap P$$

が成立する．

証明 一般に左辺が右辺を含むのは明らかですから，左辺が右辺に含まれることを示せば十分です．$H_1 := H \cap N(P)$ と置くと 1 章の命題 4.6 より $H_1.P$ は $N(P)$ の部分群になり

$$H_1.P/P \cong H_1/H_1 \cap P$$

が成立します．しかし上の式で左辺の位数は $r = [G : P]$ の約数ですから p と互いに素，一方右辺は H の部分群の剰余群ですから p 群です．従って同型な両辺は共に単位群になってしまいます．ゆえに $H_1 = H_1 \cap P$ 即ち $H_1 \subset P$ が云えるので補題が示せました． ∎

定理 5.3 の証明に戻ります．補題 5.4 の P と H を考えます．$h \in H$ に対して hPh^{-1} の形の p シロー群を P と H 共役な p シロー群と云います．このような p シロー群の個数は $[H : H \cap N(P)]$ ですが補題 5.4 により $[H : H \cap P]$ と等しくなります．この個数は 1 または p の巾であることに注意しましょう．

さて P と共役な p シロー群の個数は $[G : N(P)]$ に等しいので r の約数です．これらを $\{P_1, \ldots, P_k\}$ と置きましょう．これらの p シロー群を H 共役なものに分けると，上の注意により 1 個または p の巾に分割され，k は p と互いに素なので P_i の H 共役が P_i のみである P_i が存在します．このとき $[H : H \cap P_i] = 1$ 即ち $H \subset P_i$ となり (2) が示せました．また，H が p シロー群のときは $H = P_i$ となる i が取れるわけですから，(1) も示せました．また，p シロー群 $H \neq P$ に対して P と H 共役な部分群の個数は $[H : H \cap P]$ に等しいので必ず p の倍数になります．H と H 共役な p シロー群はもちろん H だけですから，次の結果も得られます．

定理 5.5 $|G| = rp^a, (r, p) = 1$ と置くとき，G の p シロー群の個数を k と置くと，

$$k \mid r \quad \text{かつ} \quad k \equiv 1 \pmod{p}$$

G の p シロー群は互いに共役なので，次の事実が云えます．

系 5.6 G の p シロー群が正規部分群 $\iff$ G の p シロー群はただ一つ．

例 5.7 位数 15, 45 の群 G を考えましょう．素因数分解は $15 = 3.5, 45 =$

4.5 シローの定理

$3^2 \cdot 5$ となりますが,9 の約数で $r \equiv 1 \pmod{5}$ となる r は 1 以外に存在しないので,G の 5 シロー群 H_5 は正規部分群になります.同様に G の 3 シロー群 H_3 も正規部分群になるので,定理 3.4 を使うと G は H_3 と H_5 の直積であることが示せます.素数 p に対して位数 p, p^2 の群はアーベル群であることを命題 1.11 で見ましたから G はアーベル群になります.位数が 15 の場合には G は (2.7.1) により巡回群になります.

このような論法を使うと位数 15, 35, 45, 51, ... の群はシロー群の直積となることが示せます.

5.8 それではシロー群が正規部分群でないときにはシローの定理はどのような応用を持つでしょうか.今 G の p シロー群の個数が t 個だとします.それらの p シロー群を $H_1, \ldots, H_t$ としましょう.$\sigma \in G$ に対して,$\sigma H_i \sigma^{-1}$ はやはり p シロー群ですから $H_1, \ldots, H_t$ のどれかです.このように共役を取ることによって σ は p シロー群の集合の置換を引き起こします.§1 で見たように,G の集合 $\{H_1, \ldots, H_t\}$ への作用は準同型写像 $G \to S_t$ を作ります.また,どの二つの p シロー群も共役であることから,この写像での G の像は S_t の可移的部分群になります.特に,像の位数は t の倍数になっています.

例 5.9 (1) G が位数 12 の群で G の 3 シロー群が正規部分群でなければ,G は A_4 と同型である.

(2) G が位数 24 の群で G の 2 シロー群,3 シロー群のどちらも正規部分群でないなら,G は S_4 と同型である.

証明 (1) G の 3 シロー群の個数が 1 でないとすると,補題 5.4 より個数は 4 以外にありません.上で説明したように,このとき準同型写像 $\phi: G \to S_4$ ができます.$\mathrm{Im}\,\phi$ は 4 個のシロー群に可移的に作用しますから $\mathrm{Im}\,\phi$ の位数は 4 の倍数で 4 か 12 です.しかし $\mathrm{Im}\,\phi$ の位数が 4 のとき $\mathrm{Ker}\,\phi$ の位数は 3 となり G は位数 3 の正規部分群を持ちます.これは G の 3 シロー群が正規部分群でないという仮定に反しますから,ϕ は単射,すなわち G は S_4 の位数 12 の部分群と同型です.S_4 の位数 12 の部分群は A_4 だけですから証明ができました.(2) の証明も同じようにできます.∎

シローの定理を用いて特殊な位数の群をすべて決定してみましょう．

5.10 (位数 $2p$ の群) まず，p が素数のとき，位数 p の群は巡回群，位数 p^2 の群もアーベル群であるのは命題 1.11 で見ました．

次に，位数 $2p$ （p は素数，$p > 2$) の群 G を考えましょう．G がアーベル群なら（2 章の系 8.4）により G は巡回群です．

G の p シロー群を H としましょう．$|H| = p$ より H は巡回群，$[G : H] = 2$ より（または定理 5.5，系 5.6 から）$H \triangleleft G$ です．$H = \langle a \rangle$ となる $a \in H$ を取り，$b \in G$ を ord $(b) = 2$ とします．$bab = bab^{-1} \in H = \langle a \rangle$ ですから $bab = a^s$ と書ける筈です．しかし $b^2 = e$ ですから，$a = b^2 a b^2 = b(bab)b = ba^s b = a^{s^2}$ で，$s^2 \equiv 1 \pmod{p}$ ですから，$bab = a^{-1}$ となり（$s = 1$ とするとアーベル群になりますから $s = -1$），$G = \langle a, b \rangle$ ですから $G \cong D_p$ と二面体群と同型です．まとめると，

位数 $2p$ （p は素数，$p > 2$) の群は C_{2p} または D_p と同型である．

5.11 (位数 pq の群) 今度は $|G| = pq$ の群を考えましょう．ここで p, q は素数で $2 < p < q$ とします．

まず q シロー群を K と置きます．$|K| = q$ ですから K は巡回群なので，$K = \langle a \rangle$ と置きます．定理 5.5，系 5.6 から $K \triangleleft G$ も分かります．

次に p シロー群を考えますが，定理 5.5 から p シロー群の個数は 1 か q で，q 個あるのは $q \equiv 1 \pmod{p}$ の場合に限ります．p シロー群が 1 個の場合は，$G \cong C_p \times C_q \cong C_{pq}$ となり，G は巡回群です．

では $q \equiv 1 \pmod{p}$ で，p シロー群が正規部分群でない場合を考えましょう．1 つの p シロー群を H と置くと，定義 3.6 から $G \cong K \rtimes H$ です．定理・定義 3.10 の構成から，G は $\alpha : H \cong C_p \to \text{Aut}(K) \cong U(\mathbb{Z}_q) \cong C_{q-1}$ で決まります．自明でない α の取りかたは $p - 1$ 個ありますが，そのうちどれを取っても $K \rtimes_\alpha H$ は同型な群になることが分かります（問題 4.4-5 参照）．このとき，$H = \langle b \rangle$ と置くと $b^{-1}ab = a^s, s^p \equiv 1 \pmod{q}$ となります．

以上の議論をまとめると，

$|G| = pq, p, q$ は素数で $p < q$ のとき，

(5.11.1) $q \not\equiv 1 \pmod{p}$ のとき，G は巡回群．

(5.11.2) $q \equiv 1 \pmod{p}$ で，G が巡回群でないとき，G は $a^q = b^p = e$, $b^{-1}ab = a^s$ ($s^p \equiv 1 \pmod{q}$) を満たす 2 つの元 a, b で生成される.

5.12 (位数 8 の群) 次に $|G| = 8$ の場合を見てみましょう．G がアーベル群のときは，2 章の (8.5.1) により $C_8, C_4 \times C_2, C_2 \times C_2 \times C_2$ のどれかと同型です．G がアーベル群でないとき，問題 1.1-12 から G は位数 4 の元を持ちます．ord $a = 4$ とし，$K\langle a\rangle$ と置くと $[G:K] = 2$ なので $K \triangleleft G$ です．$b \in H$ を取ると，$b^{-1}ab \in K$, ord $(b^{-1}ab) = 4$ です．また，$b^{-1}ab = a$ のときは G がアーベル群になりますから，$b^{-1}ab = a^{-1}$ です．生成元の関係式から，ord $b = 2$ のとき $G \cong D_4$, ord $b = 4$ のとき $G \cong Q$ （例 4.4 参照）となります．まとめると，

位数 8 の群は $C_8, C_4 \times C_2, C_2 \times C_2 \times C_2, D_4, Q$ のどれかと同型.

以上で位数が 10 以下の群の構造はすべて分かったことになります．こんな風にして，素因数の少ない位数を持つ群の構造は完全に決めることができます．位数 12, $4p$, $2p^2$ などの場合を問題にしておきましたから面白いと思う人はやってみて下さい．シローの定理の威力が分かります．

さて，既約な 5 次方程式のガロワ群は S_5 の可移的な部分群です．このような部分群がどの位あるか調べてみましょう．ここでもシローの定理が活躍します．

5.13 (S_5 の可移的部分群) S_5 の可移的部分群の位数は系 1.5 より 5 の倍数です．逆に，位数が 5 の倍数の S_5 の部分群 G は (12345) と共役な元を含みますから，可移的になります．さて，$|S_5| = 120$ の約数で 5 の倍数である数は 5, 10, 20, 40, 15, 30, 60, 120 の 8 個です．位数 60 の部分群は正規部分群ですから (2.12) で A_5 しかないことを見ました．また，位数 5 の部分群は $\langle(12345)\rangle$ と共役です．

さて，例 5.7 で位数 15 の群は巡回群であることを見ました．しかし，S_5 には位数 15 の元はありませんから，S_5 は位数 15 の部分群を持ちません．

また，位数 30 の部分群 G があったとすると，G は位数 15 の元を含みませんから，G の 5 シロー群は G の正規部分群ではありません．しかしそうすると，定理 5.5 より G は 6 個の 5 シロー群を持ち，それぞれの 5 シロー群に位数 5 の元が 4 個ずつありますから，G は位数 5 の元を 24 個,

すなわち S_5 の位数 5 の元を全部含むことになります．しかし位数 5 の元すべてが生成する S_5 の部分群は S_5 の正規部分群ですから，A_5 になります．ゆえに，S_5 は位数 30 の部分群も持たないことが分かります．

次に，G が 10, 20, 40 のどれかの位数を持つ群とします．すると定理 5.5, 系 5.6 から G の 5 シロー群は G の正規部分群です．一方，S_5 の中で $H = \langle (12345) \rangle$ の正規化群 $N(H)$ を考えると，S_5 は 5 シロー群を 6 個持ちますから，$N(H)$ の位数は 20 です．即ち，位数 40 の部分群も存在せず，位数 20 の部分群は $N(H) = \langle (12345), (2354) \rangle$ と共役[*29]です．また，$|G| = 10$ の部分群は上の $N(H)$ の正規部分群ですから，$N(H) \cap A_5 = \langle (12345), (25)(43) \rangle$ と共役です．この群は，(5.10) で見たように，二面体群 D_5 と同型です．

以上で S_5 の可移的部分群がすべて分かりました．

問題 4.5

1. 標数 p の有限体 $k, |k| = q$ に対して，
   (1) 群 $G = GL(n, k)$ の位数を求めよ．
   (2) $U(n, k)$（上半三角行列で，対角成分がすべて 1 の行列の作る群）は G の p シロー群であることを示せ．
2. 位数 12 の群は (1) C_{12}，(2) $C_6 \times C_2$ (3) $D_6 \cong D_3 \times C_2$ (4) Q_3 (5) A_4 のどれかと同型であることを示せ．
3. 位数 $4p$ (p は素数，$p \geq 5$) の群 G がアーベル群でないとき，G は次の群のどれかと同型であることを示しなさい．
   $p \equiv 3 \pmod 4$ のとき (1) D_{2p}, (2) Q_p.
   $p \equiv 1 \pmod 4$ のとき 上の (1), (2) と (3) $a^p = b^4 = e, b^{-1}ab = a^s$ (s は $U(\mathbb{Z}_p)$ の位数 4 の元）を満たす a, b で生成される群．
4. 位数 $2p^2$ (p は素数，$p \geq 3$) の群 G がアーベル群でないとき，G は D_{p^2} または $D_p \times C_p$ と同型であることを示せ．
   次の表は，素数でない 20 以下の数に対してその位数の群で互いに同型でないものがいくつあるかを示している．確認せよ（位数 16 以外はすべて

[*29] $(2354)(12345)(2354)^{-1} = (13524) = (12345)^2$ ですから，右辺の群が $C_5 \rtimes C_4$ と同型で位数 20 であることが分かります．

本文と問題で扱っている).

	4	6	8	9	10	12	14	15	16	18	20
アーベル群	2	1	3	2	1	2	1	1	7	2	2
非アーベル群	0	1	2	0	1	3	1	0	7	2	3
計	2	2	5	2	2	5	2	1	14	4	5

5. (1) 位数 30 の群 G は位数 5 または 6 の正規部分群を持つことを示せ．
   (2) 位数 56 の群の 7 シロー群または 2 シロー群は正規部分群であることを示せ．
6. (1) 位数 60 の群の 5 シロー群が正規でないなら $G \cong A_5$ であることを示せ．
   (2) 位数 100 以下の非可換単純群は位数が 60 のものしかなく，A_5 と同型であることを示せ．
7. (1) 位数 200 の群は必ず可換な正規部分群を持つことを示せ．
   (2) 位数 392 の群は位数 7 または 49 の正規部分群を持つことを示せ．

4.6 可解群，巾零群

群 G が正規部分群 N を持つとき，商群 G/N ができます．ある意味で G は N と G/N に分解すると云えます．こうして巡回群まで"分解"されるのが**可解群**です．

可解（solvable）という言葉は，実はガロワ理論から来ています．方程式の根がもとの体から四則と根号のみを用いて表せるとき，その方程式が**代数的に解ける**と云います．実は，ある方程式が「代数的に解ける」ことと，その方程式のガロワ群が可解群であることが同値であることが示せます．この本でのガロワ理論の最終目標も，その定理を証明することに置いています．

巾零群の概念は，可解群の概念と似ています．可解群は交換子群の列が単位群まで降りることと同値ですが，巾零群は中心列が G まで昇ることと同値です．少し調べると，巾零群は可解群よりも大分狭い概念であることが分かり，有限群の場合には，G が巾零群であることと，G が各 p シロー群の直積と同型であることが同値であることが分かります．

一般係数の n 次方程式のガロワ群は S_n ですが，S_n は $n \geq 5$ のとき可解群ではないことが示せます．このことが 5 次以上の一般方程式に代数的解

法がないことの群論的背景になっています．

定義 6.1 群 G の元 x, y に対し，$[x, y] := xyx^{-1}y^{-1}$ を x と y の**交換子**という．交換子の集合で生成される[*30]G の部分群を G の**交換子群**と云い，$D(G)$ と書く．

(6.1.1) $$D(G) = \langle [x, y] \mid x, y \in G \rangle$$

$[x, y] = e \iff xy = yx$ ですから，交換子 $[x, y]$ は x と y が交換可能かどうかを量るものです．特に，

(6.1.2) $$D(G) = \{e\} \iff G はアーベル群$$

が云えます．また，準同型写像 $f : G \to G'$ に対して，

(6.1.3) $$f([x, y]) = [f(x), f(y)]$$

であることも注意しておきましょう．

交換子 $[x, y]$ と共役な元を考えましょう．$a, x, y \in G$ に対して，
$$a[x, y]a^{-1} = axyx^{-1}y^{-1}a^{-1} = (axa^{-1})(aya^{-1})(axa^{-1})^{-1}(aya^{-1})^{-1}$$
$$= [axa^{-1}, aya^{-1}]$$

ですから，交換子と共役な元はやはり交換子です．従って，次の命題が云えます．

命題 6.2 交換子群 $D(G)$ は G の正規部分群である．

交換子群は可解群の理論で大変重要な役割を果たしますが，一番基本的なのは次の定理です．

定理 6.3 群 G の部分群 H に関する次の条件は同値である．
  (1) $D(G) \subseteq H$．
  (2) $H \triangleleft G$ かつ G/H はアーベル群．

証明 まず (2) を仮定してみましょう．$x \in G$ に対して，$\bar{x} := xH \in G/H$ と置きます．どんな 2 元 $x, y \in G$ に対しても，G/H はアーベル群ですから，G/H に於て $[\bar{x}, \bar{y}] = \bar{e}$ です．従って，$[x, y] \in H$ となり，(1) が示せます．

逆に，(1) を仮定して，$h \in H, a \in G$ を取ると，$aha^{-1} = [a, h]h$ で，

[*30] 交換子の積がまた交換子になるとは限りません．

4.6 可解群，巾零群

$[a,h] \in D(G) \subseteq H$ ですから，$aha^{-1} \in H$ となり，$H \triangleleft G$ が云えます．また，G/H の交換子群は $D(G)$ の G/H での像ですから，$D(G/H) = \{\bar{e}\}$ となり，G/H はアーベル群です． ∎

$D(G)$ の例をいくつか求めてみましょう．

例 6.4 (1) $G = S_n$, $(n \geq 3)$ とします．$x, y \in G$ に対して，$[x, y]$ は明らかに偶置換ですから $D(G) \subseteq A_n$ です．一方，異なる 3 文字 i, j, k に対して $[(ij), (jk)] = (ikj)$ ですから，$D(G)$ は長さ 3 の巡回置換をすべて含みます．ゆえに命題 2.17 の (3) より $D(G) = A_n$ です．

(2) $G = D_n$（二面体群）を考えましょう．G の生成元を a, b (ord $(a) = n$, ord $(b) = 2$, $bab = a^{-1}$) と置くと，$[a, b] = aba^{-1}b = a^2$ です．G の元は a^i か $a^i b$ のどちらかの形ですから，$D(G) = \langle a^2 \rangle$ が示せます．n が偶数のとき，$G/D(G)$ は位数 4 の，n が奇数のときは $G/D(G)$ は位数 2 のアーベル群です．

それでは，可解群の定義を述べましょう．

定義 6.5 群 G の部分群の列
$$G = H_0 \supset H_1 \supset H_2 \supset \cdots \supset H_n = \{e\}$$
で次の条件を満たすものが存在するとき，G は **可解群** であるという．

(1) $H_i \triangleright H_{i+1}$ $(i = 0, 1, \ldots, n-1)$,

(2) H_i/H_{i+1} はアーベル群 $(i = 0, 1, \ldots, n-1)$.

命題 6.2 より，上の条件 (1), (2) は次の条件 (3) と同値です．

(3) $H_{i+1} \supseteq D(H_i)$ $(i = 0, 1, \ldots, n-1)$.

従って，G が可解ということと，$G \supseteq D(G) \supseteq D(D(G)) \supseteq \cdots$ と順次交換子群を取っていったときに，何回目かに $\{e\}$ に達することと同値です．特に，アーベル群は自明な可解群です．

例 6.6 (1) $G = S_4$ のとき，$S_4 \supset A_4 \supset V_4 \supset \{e\}$ で $S_4/A_4 \cong C_2$, $A_4/V_4 \cong C_3$, V_4 もアーベル群ですから S_4 は可解群です．S_n $(n \geq 5)$ が可解群 **でない** ことを後に定理 6.13 で示します．

(2) 例 4.3 で扱った $C_n \rtimes C_m$ も $H = C_n \triangleleft G$ で $G/H \cong C_m$ ですから可解群です．特に二面体群 D_n も可解群です．

可解性の判定に次の定理が有効です．

定理 6.7 群 G の正規部分群 N に対し，
$$G \text{ が可解} \iff N, G/N \text{ が可解}$$

証明 G が可解と仮定して，$G = H_0 \supset H_1 \supset H_2 \supset \cdots \supset H_n = \{e\}$ が定理 6.3 を満たす G の部分群の列とします．同型定理により $(N \cap H_i)/(N \cap H_{i+1})$ は H_i/H_{i+1} の部分群と同型，$NH_i/NH_{i+1} \cong H_i/(H_i \cap NH_{i+1})$ は H_i/H_{i+1} の商群と同型ですからどちらもアーベル群です．ゆえに，$N \supset N \cap H_1 \supset N \cap H_2 \supset \cdots \supset \{e\}, G/N \supset (H_1 N)/N \supset (H_2 N)/N \supset \cdots \supset \{e\}$ は $N, G/N$ に対する定理 6.3 の条件を満たす部分群の列です．逆に $N, G/N$ が可解と仮定すると，$N, G/N$ に対して定理 6.3 を満たす部分群の列 $N = H_0 \supset H_1 \supset H_2 \supset \cdots \supset H_n = \{e\}$ と $G/N \supset K_1/N \supset K_2/N \supset \cdots \supset K_n/N = \{\bar{e}\}$ が取れますから，このとき
$$G \supset K_1 \supset K_2 \supset \cdots \supset N = H_0 \supset H_1 \supset H_2 \supset \cdots \supset H_n = \{e\}$$
は G の部分群の列で定理 6.3 の条件を満たしますから，G は可解です．■

上の証明の前半で次の命題が示せていることを注意しておきましょう．

命題 6.8 可解群の部分群，剰余群は可解群である．

次に巾零群を定義しましょう．可解群は交換子群の列を考えましたが，巾零群は中心の列を取ります．

定義 6.9 群 G の部分群の列

(6.9.1)　$G = H_0 \supset H_1 \supset H_2 \supset \cdots \supset H_n = \{e\}$，但し，$H_{i-1}/H_i \subseteq Z(G/H_i)$

を満たすものが存在するとき（中心の部分群はすべて正規部分群ですから，この条件から $H_i \triangleleft H_{i-1}$ $(i = 1, \ldots, n)$ も成立しています），G を**巾零群**と云う．

例 6.10 (0) まず，G がアーベル群なら $G = Z(G)$ ですから，アーベル群は自明な巾零群です．

(1) 位数が素数 p の巾である群（$\boldsymbol{p}$ **群**）は巾零群です．実際，$|G| = p^n$ のとき，命題 1.10 で $Z(G)$ が単位元以外の元を含むことを示しました．$G/Z(G)$ は位数の下がった p 群ですから，帰納法の仮定より部分群の列
$$G/Z(G) = H_0/Z(G) \supset H_1/Z(G) \supset \cdots \supset Z(G)/Z(G) = \{e\}$$

4.6 可解群，巾零群

が取れます．ゆえに $G = H_0 \supset H_1 \supset \cdots \supset Z(G) \supset \{e\}$ は (6.9) を満たす部分群の列です．

(2) 例 3.8 で紹介した $GL(n, k)$ の部分群 $U(n, k)$ も巾零群です（問題 4.6-4 参照）．

(3) G が自明でない群のとき，G が巾零なら，$Z(G)$ は単位元以外の元を含みます．例えば，S_n ($n \geq 3$) は $Z(S_n) = \{(1)\}$ですから巾零ではありません．

巾零群の一般的性質を少し見ましょう．

命題 6.11 (1) 巾零群の部分群，剰余群は巾零である．

(2) 巾零群は可解群である．

証明 (1) は可解群の証明と同様ですから読者にお任せしましょう（問題 4-6.1）．

(2) 巾零群 G に対して，部分群の列 (6.9.1) の列の長さ n に関する帰納法で示しましょう．$n = 1$ のとき，G はアーベル群ですから明らかです．また，$H_{n-1} \subset Z(G)$ ですから，アーベル群で，G/H_{n-1} は帰納法の仮定より可解です．ゆえに定理 6.7 から G も可解となります．

なお，$N \triangleleft G$ で $N, G/N$ が巾零でも G が巾零とは限らないことは，次の定理 6.12 からも明らかでしょう． ∎

実は，有限巾零群には，次の構造定理があります．

定理 6.12 有限群 G に関する次の命題は同値．

(1) G は巾零群．
(2) G はシロー群の直積と同型．
(2′) G の各シロー群はすべて G の正規部分群．
(3) G はいくつかの素数 p に対する p 群の直積と同型．
(4) G の極大部分群[*31]はすべて正規部分群である．

証明 (2), (2′), (3) の同値性は定理 3.4 から分かります．また，これらの条件から G が巾零であることを示すのは $Z(H \times K) = Z(H) \times Z(K)$ に注意す

[*31] G の真の部分群 H で，H と G の中間に部分群が存在しないものを G の極大部分群と云います．

れば p 群の場合に帰着します．ですから，(2), (2′), (3) が成立すれば G は巾零です．次に (1)$\Longrightarrow$(4) を見ましょう．G は定義 6.9 のような部分群の列を持つと仮定し，M を G の極大部分群とします．$M \supseteq H_i$ となる最小の i を取ります．$M/H_i \lhd G/H_i$ を示せば十分ですから，$H_i = \{e\}$，即ち，M は $Z(G)$ を含まないと仮定できます．すると，$x \in Z(G), x \notin M$ を取ると，明らかに $xM = Mx$ ですから，$x \in N_G(M)$ です．従って $N_G(M)$ は M を真に含む部分群ですから，M の極大性より，$N_G(M) = G$，即ち，$M \lhd G$ が示せました．

最後に (4)$\Longrightarrow$(2′) を示しましょう．$|G|$ を割り切る素数 p を取り，P を一つの p シロー群とします．$P \lhd G$ が示したいのですが，そうでないと仮定してみましょう．すると $N_G(P)$ は G の真の部分群です．このとき，$N_G(P)$ を含む極大部分群 M を取ります．((4) を仮定しているので，$M \lhd G$ です．) さて，$P \subseteq N_G(P) \subseteq M$ ですから P は M の p 群でもあります．さて，$a \in G, a \notin M$ を取ると，$P \ne aPa^{-1} \subseteq aMa^{-1} = M$ ですから，aPa^{-1} は M の別の p シロー群です．しかし M のすべての p シロー群は M の中で共役ですから，$aPa^{-1} = bPb^{-1}$ となる $b \in M$ が取れます．このとき，$b^{-1}a \in N_G(P) \subseteq M$ ですから $a = b(b^{-1}a) \in M$ となってしまい，仮定に矛盾してしまいます．ゆえに $P \lhd G$ が示せました． ∎

最後に，$n \ge 5$ のとき A_n が単純群であること，従って S_n が可解でないことを示しましょう．

定理 6.13 $n \ge 5$ のとき A_n は単純群，即ち自明でない正規部分群を持たない．

証明 $N \lhd A_n$ を単位群でない正規部分群とします．このとき $N = A_n$ を示したいのですが，証明は次の順序で行います．

(a) N が長さ 3 の巡回置換を含めば $N = A_n$．
(b) N は長さ 3 の巡回置換を含む．

[(a) の証明] N が長さ 3 の巡回置換を含むとき，必要なら番号を入れ替えて $(123) \in N$ と仮定します．すると $N \lhd A_n$ ですから，$k \ge 4$ に対して $(12)(3k)(123)^{-1}((12)(3k))^{-1} = (12k) \in N$ が云え，(2.18) (3) により $N = A_n$

4.6 可解群，巾零群

が示せます．

[(b) の証明] N の単位元以外の元の中で，動かす文字の数が一番少ない元を σ とします．σ が 3 文字しか動かさないときは (a) より $N = A_n$ です．

次に，σ が丁度 4 文字を動かすとすると，$\sigma = (a,b)(c,d)$ の形です．このとき $n \geq 5$ ですから a,b,c,d 以外の数字 e が取れて $\tau = (cde)$ と置くと $\tau\sigma\tau^{-1} = (ab)(de) \in N, \sigma(ab)(de) = (cde) \in N$ となり，σ の動かす文字の数の最小性に反します．

最後に σ が 5 文字以上を動かすとき N にもっと少ない文字しか動かさない元が存在することを示しましょう．このような σ は左から長さの長い巡回置換の順に書いて次の 3 つのタイプのどれかになります．

(α) $\sigma = (abcd\cdots)\cdots$, ($\beta$) $\sigma = (abc)(de\cdots)\cdots$,
(γ) $\sigma = (ab)(cd)(ef)\cdots$

このとき $\tau = (bcd), \sigma_1 = \tau\sigma\tau^{-1} \in N$ と置くと，それぞれの場合に

(α) $\sigma_1 = (acdb\cdots)\cdots$, ($\beta$) $\sigma_1 = (acd)(be\cdots)\cdots$
(γ) $\sigma_1 = (ac)(bd)(ef)\cdots$ [*32] となり，$\sigma_1 \neq \sigma$ かつ $\sigma_1^{-1}\sigma$ は $\{a,b,c,d\}$ 以外の文字をどれも動かさないことが分かります．ゆえに N は長さ 3 の巡回置換を含み，(a) から $N = A_n$ が示せました．∎

問題 4.6

1. 巾零群の部分群，剰余群も巾零であることを示せ．
2. p は素数とする．G の位数が p^3 でアーベル群でないとき，$D(G) = Z(G)$ で，位数 p の部分群であることを示せ．
3. $G/Z(G)$ が有限群のとき，位数 $|G/Z(G)|$ は素数ではないことを示せ．また，$|G/Z(G)|$ が 14, 15 になることはあるか？
4. k を体とし，$GL(n,k)$ の部分群 $T(n,k), U(n,k)$ を考える（例 3.8 参照）．$n \geq 2, k$ が 4 個以上の元を含むとき，
   (1) $GL(n,k)$ は可解でないことを示せ．
   (2) $T(n,k)$ は可解だが，巾零ではないことを示せ．

[*32] 明記されていない $\cdots$ の部分は σ も σ_1 も同じです．

(3) $U(n,k)$ は巾零であることを示せ.
5. シローの定理を用いて, 位数 72, 108 の群は可解であることを示せ (群 G の位数が $|G| = p^\alpha q^\beta$, p, q は素数のとき G が可解であることが知られている——バーンサイドの定理).
6. p は素数, G は S_p の**可解な**可移的部分群とする.
   (1) $H \triangleleft G$ のとき, H も可移的であることを示せ.
   (2) $\{e\} \neq H$ を G の極小正規部分群とする. このとき, $[H, H] \triangleleft G$ より H はアーベル群であることを示せ. また, $|H| = p$ であることを示せ.
   (3) $G \subset N_{S_p}(H)$ より, $|G| \leq p(p-1)$ を示せ (方程式 $X^p - 2 = 0$ の $\mathbb{Q}$ 上のガロワ群は可解で位数が $p(p-1)$ である (5 章の例 1.8). こんな簡単な方程式が可解群の中の最高次数の群を与えるとは!).

第5章

方程式とガロワ群

5.1 方程式のガロワ群

　代数方程式にガロワ群を対応させ，その群の構造で方程式の性質を調べるのがガロワ理論です．方程式 $f(X) = 0$ の根を $f(X)$ の係数の式で表すのが，方程式の一般解法です．2次方程式の一般解法はよく知られていますし，3次，4次方程式の根も四則と根号を用いて書くことができます．そこで，5次以上の方程式の根も四則と根号で表すことが可能かというのが5次方程式の一般解法の問題で[*1]，19世紀初頭にガロワ，アーベルが現れるまでの数百年間にわたって数学者たちを悩ませた問題です．

　結論を先に云うと，第3章の作図問題のときに，作図可能という条件が2次拡大の合成で得られるという条件が出てきましたが，ある数が四則と根号で表せるという性質は，ガロワ群に可解群という制限を与えます．逆に云うと，ガロワ群が可解でなければ，その方程式の根は，係数から四則と根号で表すことが**できない**ことが分かります．これが5次以上の一般方程式の代数的解法が存在しないことの理由なのです．

　この章で考える基礎体は k と書きます．また，k の代数閉包 Ω を一つ決

[*1] 根を四則と根号で表すことを方程式の「代数的解法」と云います．考えてみると，他にも根を表現する方法はあり得るわけですし，実際いろいろな関数を使って5次以上の方程式の根を記述する理論もあります．

めて，考えるすべての体は Ω の部分体とします．特に，K を k の代数拡大とするとき，$K \subset \Omega$，また $f \in K[X]$ の根も Ω の元と思うことにします．また，方程式は両辺に同じ数をかけても同じですから，これから考える f は**主多項式**[*2]と仮定します．また，この章では，体の拡大がガロワ拡大のときを扱うので，$f \in k[X]$ は**重根を持たない**ものだけを扱います．

定義 1.1 $f \in k[X]$ の分解体を K とするとき，ガロワ群 $\boldsymbol{Gal}(K/k)$ を **f のガロワ群**と云い $\boldsymbol{Gal}(f)$ と書く．

1.2 f の根 α を考えましょう．$\sigma \in \boldsymbol{Gal}(f)$ に対して，$f(\alpha) = 0$ ですから，$f(\sigma(\alpha)) = \sigma(f(\alpha)) = \sigma(0) = 0$ です．従って

(1.2.1) $\qquad \alpha$ が f の根，$\sigma \in \boldsymbol{Gal}(f) \Longrightarrow \sigma(\alpha)$ も f の根

ゆえに，$\sigma \in \boldsymbol{Gal}(f)$ から f の根の置換が生じます．また，f の根を $\{\alpha_1, \ldots, \alpha_n\}$ と置くと $K = k(\alpha_1, \ldots, \alpha_n)$ ですから，σ は $\sigma(\alpha_i)$ ($i = 1, 2, \ldots, n$) によって決定されます．ゆえに，$\bar{\sigma} \in S_n$ を

(1.2.2) $\qquad\qquad\qquad \bar{\sigma}(i) = j \Longleftrightarrow \sigma(\alpha_i) = \alpha_j$

と置くと，写像 $\sigma \to \bar{\sigma}$ は単射で，かつ明らかに準同型写像です．これをまとめると，

(1.2.3) $\quad \deg(f) = n$ のとき $\boldsymbol{Gal}(f)$ は S_n の部分群に同型である．

ですから，以下に於ては f のガロワ群は S_n の部分群と思うことにします．重要なことは，一般に f のガロワ群は S_n の真部分群になり，$\boldsymbol{Gal}(f)$ は f の根を勝手に置換できるのではないということです．

ガロワの基本定理（3 章の定理 6.8）から，$\alpha \in K$ に対して，$\alpha \in k \Longleftrightarrow \forall \sigma \in \boldsymbol{Gal}(f), \sigma(\alpha) = \alpha$ であることを思い出しておきましょう．

例 1.3 (0) 自明な例としては，f が $k[X]$ で 1 次式に分解するときは，k が f の分解体ですから $\boldsymbol{Gal}(f) = \{e\}$ です．

(1) $f(X) = g(X^2)$，$g \in k[X]$ の形の f を考えると，α が f の根なら $-\alpha$ も根です．しかし $\sigma \in \boldsymbol{Gal}(f)$ に対して，$\sigma(-\alpha) = -\sigma(\alpha)$ ですから σ は半分の根の行く先で決ってしまいます．

(2) $k = \mathbb{Q}$ として，$f = (X^2 - 2)(X^2 + 1)$ と $g = X^4 - 2X^2 + 9$ を考える

[*2] 最高次の係数が 1 の多項式．

5.1 方程式のガロワ群

と，どちらの分解体も $\mathbb{Q}(\sqrt{2}, i)$ ですから $\mathbf{Gal}(f) = \mathbf{Gal}(g)$ ですが，置換群としての表現は f の根を $(\alpha_1, \alpha_2, \alpha_3, \alpha_4) = (\sqrt{2}, -\sqrt{2}, i, -i)$, g の根を $(\beta_1, \beta_2, \beta_3, \beta_4) = (\sqrt{2}+i, \sqrt{2}-i, -\sqrt{2}+i, -\sqrt{2}-i)$ と置くと，$\mathbf{Gal}(f) = \langle (12), (34) \rangle$, $\mathbf{Gal}(g) = \langle (13)(24), (12)(34) \rangle = V_4$ となります．この二つの群の違いとして，例えば，$\mathbf{Gal}(f)$ の作用は可移的でなく，$\mathbf{Gal}(g)$ の作用は可移的です[*3]．

上の例の $\mathbf{Gal}(f)$ が可移的かどうかは重要な問題で，次のような判定法があります．

命題 1.4 $f \in k[X]$ が既約 $\iff$ $\mathbf{Gal}(f)$ が可移的部分群．

証明 まず f が既約と仮定すると，剰余環 $k[X]/(f)$ は体です．また，f の根 α_i に対して $\phi_i : k[X]/(f) \to k[\alpha_i]$, $\phi_i(X) = \alpha_i$ は同型写像です．ゆえに f の異なる根 α_i, α_j を取るとき，

(1.4.1) $\qquad \sigma_{ij} = \phi_j \circ \phi_i^{-1} : k[\alpha_i] \to k[X]/(f) \to k[\alpha_j]$

は同型写像で，$\sigma_{ij}(\alpha_i) = \alpha_j$ です．この同型写像は 3 章の定理 3.3 により，$\sigma \in \mathbf{Gal}(K/k)$ に拡張できますから，$\mathbf{Gal}(f)$ は可移的です．

逆に $f = gh$ と $k[X]$ で分解したとすると，f は重根を持たないとしましたから，g と h は共通根を持ちません．α を g の根，β を h の根とすると，$\sigma \in \mathbf{Gal}(f)$ に対して $g(\sigma(\alpha)) = \sigma(g(\alpha)) = 0$ ですから，$\sigma(\alpha)$ も g の根です．従って，$\sigma(\alpha) = \beta$ となる $\sigma \in \mathbf{Gal}(f)$ は存在せず，$\mathbf{Gal}(f)$ は可移的ではありません．∎

方程式のガロワ群の理論で**判別式**は重要です．

定義 1.5 $f \in k[X]$ の根が $\{\alpha_1, \alpha_2, \ldots, \alpha_n\}$ のとき，

(1.5.1) $\qquad \Delta = \Delta(f) = \prod_{i<j}(\alpha_i - \alpha_j),$

(1.5.2) $\qquad D(f) = (\Delta(f))^2 = \prod_{i<j}(\alpha_i - \alpha_j)^2,$

$D(f)$ を f の**判別式**と云います．Δ は根の差積ですから，$\sigma \in \mathbf{Gal}(f)$ に対

[*3] f の根への作用は可移的でなく，g の根への作用が可移的であるということ．

して
$$\sigma(\Delta) = \begin{cases} \Delta & (\sigma は偶置換) \\ -\Delta & (\sigma は奇置換) \end{cases}$$
となります．$Gal(f)$ の固定体は k ですから，$D(f) \in k$ で，$\Delta = \sqrt{D(f)}$ です．これより次の命題が云えます．

命題 1.6 $Gal(f) \subseteq A_n \iff \Delta = \sqrt{D(f)} \in k$.

(1.3) (2) の例をもう一度見てみましょう．$k = \mathbb{Q}, f = (X^2 - 2)(X^2 + 1), g = X^4 - 2X^2 + 9$ と置くと $\Delta(f) = 36\sqrt{2}i \notin \mathbb{Q}, \Delta(g) = -384 \in \mathbb{Q}$ となります．f と g は同じ分解体を持ちましたから，$Gal(f) \subseteq A_n$ という性質も方程式の取り方で変る性質です．

ここでガロワ群の例をいくつか見てみましょう．

例 1.7 $k = \mathbb{Q}$ とし，$f = X^4 - 2$ と置きます．f はアイゼンシュタインの既約性の判定法により既約で（第 2 章の定理 5.14），f の根は $\pm\sqrt[4]{2}, \pm\sqrt[4]{2}i$ ですから，f の分解体は $K = \mathbb{Q}(\sqrt[4]{2}, \sqrt[4]{2}i) = \mathbb{Q}(\sqrt[4]{2}, i)$ です．$[\mathbb{Q}(\sqrt[4]{2}) : \mathbb{Q}] = \deg f = 4$ で，$i \notin \mathbb{Q}(\sqrt[4]{2})$ ですから，$[K : \mathbb{Q}] = 8$ です．従って，$Gal(f) = Gal(K/\mathbb{Q})$ は S_4 の位数 8 の可移的部分群ですから，4 章の例 4.5 の S_4 の部分群の分類により，D_4 と同型です．

$a \in G = Gal(f)$ の置換群としての作用を見てみましょう．f の 4 つの根に
$$\alpha_1 = \sqrt[4]{2}, \alpha_2 = \sqrt[4]{2}i, \alpha_3 = -\sqrt[4]{2}, \alpha_4 = -\sqrt[4]{2}i$$
と番号を付け，以下この番号で S_4 の元と思います．

$a \in G$ を $a(\alpha_1) = \alpha_2$ に取ります．このとき，$\alpha_3 = -\alpha_1$ ですから，$a(\alpha_3) = -\alpha_2 = \alpha_4$ も分かります．$|G| = 8$ ですから，$a(\alpha_2) = \alpha_3, \alpha_4$ の 2 つの可能性がありますが，ここでは $a(\alpha_2) = \alpha_3$ と定めましょう．すると $i = \alpha_2/\alpha_1$ ですから，$a(i) = \alpha_3/\alpha_2 = i$ となります．また，a を置換 $\bar{a} \in S_4$ で表すと，$\bar{a} = (1234)$ となります（以下簡単のため，$G \subset S_4, a = (1234)$ と思います）．

もう 1 つの $b \in G$ として，$\mathbb{C}$ の共役写像 $\alpha \to \bar{\alpha}$ を K に制限したものを考えます．すると，$b(i) = -i, b(\alpha_1) = \alpha_1$ で，$b = (24)$ となります．これで，$G = \langle a, b \rangle$ と書けます．G の部分群の分類は 4 章の例 4.5 でやってあ

5.1 方程式のガロワ群

りますから，G の部分群の様子が，図 5.1 の右側のように分かります（但し，包含関係は上の方が小さい部分群です）．$K/\mathbb{Q}$ の中間体の様子はガロワの基本定理により右側の部分群の固定体を取ればよいのですが，2 つだけ計算例を示しておきます．あとはそれぞれの部分群の固定体が対応する位置にある体であることを確かめてみて下さい．

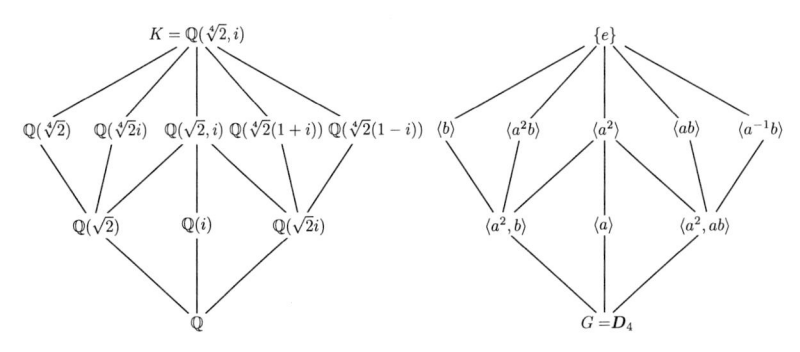

図 5.1

$\phi = a^2 b = (13)$ とし，$H = \langle \phi \rangle \subset G$ と置くと，ϕ は 2 を動かしませんから，$\phi(\alpha_2) = \alpha_2$ です．ゆえに $K(H) \subset \mathbb{Q}(\alpha_2)$ で，ガロワの基本定理（3 章の定理 6.8）より $[K(H) : \mathbb{Q}] = [G : H] = 4 = [\mathbb{Q}(\alpha_2) : \mathbb{Q}]$ ですから，$K(H) = \mathbb{Q}(\alpha_2)$ が云えます[*4]．

次に，$\psi = ab = (12)(34)$ と置き，$H' = \langle \psi \rangle$ とします．H' による固定体を求めるために，まず $\psi(i) = \psi(\alpha_2/\alpha_1) = \alpha_2/\alpha_1 = -i$ を注意します．K の $\mathbb{Q}$ 上の基底として，$\alpha_1^j, \alpha_1^j i$ $(j = 0, 1, 2, 3)$ が取れますから，K の任意の元 x は，
$$x = c_0 + c_1 \alpha_1 + c_2 \alpha_1^2 + c_3 \alpha_1^3 + c_4 i + c_5 \alpha_1 i + c_6 \alpha_1^2 i + c_7 \alpha_1^3 i$$
と書けます $(c_0, \ldots, c_7 \in \mathbb{Q})$．これから
$$\psi(x) = c_0 + c_1 \alpha_1 i - c_2 \alpha_1^2 - c_3 \alpha_1^3 i - c_4 i + c_5 \alpha_1 + c_6 \alpha_1^2 i - c_7 \alpha_1^3$$
となり，$\psi(x) = x \iff c_2 = c_4 = 0$ かつ $c_1 = c_5, c_3 = c_7$ が分かり，$K(H') = \mathbb{Q}(\alpha_1 + \alpha_2) = \mathbb{Q}((1+i)\sqrt[4]{2})$ が分かります．ややくどく説明しましたが，もしあなたが $\psi(\alpha_1 + \alpha_2) = \alpha_1 + \alpha_2$ に気が付けば，ガロワの基本定

[*4] $K(H)$ は H の固定体．

理より，$K(H') = \mathbb{Q}(\alpha_1 + \alpha_2)$ が得られます．

例 1.8 今度は，素数 p に対して，$f = X^p - 2$ の $k = \mathbb{Q}$ 上の分解体とガロワ群を調べましょう[*5]．このときやはり f はアイゼンシュタインの判定法より既約で，f の根は $\sqrt[p]{2}, \sqrt[p]{2}\xi, \ldots, \sqrt[p]{2}\xi^{p-1}$ ですから（ξ は 1 の p 乗根とします），f の分解体は

$$(1.8.1) \qquad K = \mathbb{Q}(\sqrt[p]{2}, \xi)$$

です．2 章の例 5.17 で $\Phi_p(X) = (X^p - 1)/(X - 1)$ の既約性を示しましたから $[\mathbb{Q}(\xi) : \mathbb{Q}] = p-1$ です．K は $\mathbb{Q}(\sqrt[p]{2}), \mathbb{Q}(\xi)$ を含んでいますから，$[K : \mathbb{Q}]$ は $p, p-1$ を割り切るので，$p(p-1)$ の倍数となり $[K : \mathbb{Q}] = p(p-1)$ が分かります．

$\sigma \in \mathbf{Gal}(f)$ は $\sigma(\sqrt[p]{2})$ と $\sigma(\xi)$ で決りますが，$\sigma(\sqrt[p]{2})^p = 2, \sigma(\xi)^p = 1$ を満たさなければいけないので，$\sigma(\sqrt[p]{2}) = \sqrt[p]{2}\xi^i$ ($0 \leq i \leq p - 1$), $\sigma(\xi) = \xi^j$ ($1 \leq j \leq p - 1$) とそれぞれ $p, p-1$ 通りの可能性があります．$|\mathbf{Gal}(f)| = [K : \mathbb{Q}] = p(p-1)$ ですから，$\sigma(\sqrt[p]{2}), \sigma(\xi)$ は上記の値をすべて独立に取り得ます．特に，

$\sigma(\sqrt[p]{2}) = \sqrt[p]{2}\xi, \quad \sigma(\xi) = \xi,$
$\tau(\sqrt[p]{2}) = \sqrt[p]{2}, \quad \tau(\xi) = \xi^s \quad$ (s は $U(\mathbb{Z}_p)$ の位数 $p - 1$ の元)

と置くと $\mathbf{Gal}(f)$ は σ と τ で生成され，$\sigma^p = \tau^{p-1} = 1_K, \tau\sigma\tau^{-1} = \sigma^s$ を満たします．f の根を $(\alpha_1, \alpha_2, \ldots, \alpha_p) = (\sqrt[p]{2}, \sqrt[p]{2}\xi, \ldots, \sqrt[p]{2}\xi^{p-1})$ と置くと，σ は $(1 2 \cdots p) \in S_p$ に，τ は $(2, s+1, s^2+1, \ldots) \in S_p$ に対応しています．特に $p = 5$ のときには 4 章の (5.12) の $\langle (12345), (2354) \rangle \subset S_5$ に対応しています．

例 1.9 ある体 k とその体上代数的に独立な $a_1, \ldots, a_n$ を考え，$k = k(a_1, \ldots, a_n)$ と置きます．

$$f = X^n + a_1 X^{n-1} + \cdots + a_{n-1} X + a_n,$$

K を f の分解体とすると，3 章の例 6.7 で見たように $[K : k] = n!, \mathbf{Gal}(f) = S_n$ です．

[*5] 以下の議論は 2 の代りに平方因子を持たないどんな数を考えても同じです．

5.1 方程式のガロワ群

問題 5.1

1. (1) $f = X^4 + aX^2 + b \in k[X]$ が既約で，重根を持たないとき，$Gal(f)$ は D_4, C_4, V_4 のいずれかと同型であることを示せ．
   (2) $f = X^6 + aX^4 + bX^2 + c \in k[X]$ が既約のとき，$Gal(f)$ の位数の最大値は何か？

2. (1) 任意の $a \in \mathbb{Z}$ に対して $f = X^3 + aX^2 + (a-3)X - 1$ は $\mathbb{Q}$ で根を持たないことを示せ．
   (2) α が f の一つの根のとき，$-\dfrac{1}{\alpha+1}$ も f の根であることを示せ．
   (3) $\sigma : \mathbb{C} \to \mathbb{C}$, $\sigma(x) = -\dfrac{1}{x+1}$ のとき，σ^3 は恒等写像であることを示せ．これより，$Gal(f) \cong C_3$ を示せ．

3. (1) $[\mathbb{Q}(\sqrt{2}, \sqrt[3]{2}) : \mathbb{Q}] = 6$ を示せ．(2) $\alpha = \sqrt{2} + \sqrt[3]{2}$ を含む最小のガロワ拡大とその $\mathbb{Q}$ 上のガロワ群を求めよ．

4. $f = \dfrac{1}{2}((X+1)^8 + X^8 + 1) \mathbb{Z}[X]$ と置くとき，
   (1) α が f の根なら，$\alpha^{-1}, -(\alpha+1)$ も f の根であることを示せ．
   (2) f は $\mathbb{Q}$ 上で既約な 2 次式と 6 次式の積であることを示せ．
   (3) $\mathbb{Q}$ 上で $Gal(f)$ を求めよ．

5. (1) K/k が 15 次のガロワ拡大のとき，K/k の中間体はいくつあるか？
   (2) K/k が 45 次のガロワ拡大のとき，$G := Gal(K/k)$ はアーベル群であることを示せ．また，K/k の中間体は，G が位数 9 の元を持つときと，持たないときにそれぞれいくつあるか？

6. $\alpha = \sqrt{6 + 3\sqrt{2} + 2\sqrt{3} + 2\sqrt{6}}$ と置くとき，
   (1) α の $\mathbb{Q}$ 上の最小多項式 f を求めよ．
   (2) f の他の根が $K := \mathbb{Q}(\alpha)$ の元であることを示して，$K/\mathbb{Q}$ がガロワ拡大であることを示せ．
   (3) $K/\mathbb{Q}$ の真の中間体 L を考えると，f が $L[X]$ で分解することより，L の可能性は四通りであることを示せ．
   (4) $Gal(f)$ の構造を決定せよ．

7. K/k が 8 次のガロワ拡大のとき，K/k の中間体の個数は，何個の可能性があるか．また，中間体の個数によってガロワ群が決ることを示せ（4 章の (5.12) 参照）．

5.2 3次, 4次方程式のガロワ群

　この節では3次, 4次方程式のガロワ群がどんな形になるかを調べてみましょう. 4次方程式までは "一般解法" があるのですが, 一般解法とガロワ群の正規部分群の列とは密接な関係があります. 4次方程式のガロワ群には結構いろいろな種類もありますからガロワ群に親しむのに役立つと思いますし, 一般の5次以上の方程式の考察の準備にもなると思います. 以下の議論ではガロワ群の一般論と具体的な数式の両面から問題を扱いたいと思っています.

　この章でも基礎体は k と書きます. また, 考える方程式 $f \in k[X]$ はいつも $k[X]$ で**既約**なものとします[*6]. 従って, ガロワ群 $Gal(f)$ は根の集合に可移的に作用します.

2.1 まず3次方程式を考えましょう.
$$f = X^3 + pX^2 + qX + r \quad (p,q,r \in k)$$
が $k[X]$ で既約とします. $X + p/3$ を新しい変数に取り直すと[*7]この多項式は

(2.1.1) $$f = X^3 + aX + b$$

の形になります. この形にしたほうが, 式がずっと見易くなりますから以下ではこの多項式を考えることにします. また, f の根を α, β, γ と置きます. これらの根は f の分解体 K の元と思います. 従って, $K[X]$ に於て

(2.1.2) $$f = X^3 + aX + b = (X-\alpha)(X-\beta)(X-\gamma)$$

となっています. これから "根と係数の関係"

(2.1.3) $$\alpha + \beta + \gamma = 0, \quad \alpha\beta + \beta\gamma + \gamma\alpha = a, \alpha\beta\gamma = -b$$

が得られます.

[*6] 既約でなければ次数の低い方程式を考えるのと同じです.

[*7] k の標数が3のときは除かなければいけません. 標数が2, 3のときの2, 3次方程式の理論は全く別のものになるので, ここでは扱いません (標数 p で p 乗根はあったとしてもただ一つですから, 標数2, 3では平方根, 立方根の意味が全く違ってしまうのです). なお, 標数 $p \geq 5$ に対しては議論は全く同じです.

5.2 3次，4次方程式のガロワ群

まず f のガロワ群 $Gal(f) = Gal(K/k)$ を決定しましょう．S_3 の可移的部分群は S_3 と A_3 だけですから，$Gal(f)$ が S_3 と A_3 のどちらになるかを決定すればよいのですが，いろいろな云い換えができます．

命題 2.2 3次方程式 f に関して次の条件は同値である．

(1) $Gal(f) = A_3$.
(2) $\Delta(f) = \sqrt{D(f)} \in k$ （$D(f)$ は f の判別式）．
(3) $k(\alpha) \cong k[X]/(f)$ は k のガロワ拡大．
(3′) $\beta, \gamma \in k(\alpha)$

証明 命題 1.6 で $Gal(f) \subseteq A_3 \iff \Delta = \sqrt{D(f)} \in k$ を見ましたから (1) と (2) は同値です．

また，(1) を仮定すると $[K:k] = |A_3| = 3$ ですから，$K = k[\alpha]$ となり (3) も出ます．逆に (3′) を仮定すると（(3′) はガロワ拡大の定義を言い換えただけです），$\Delta = (\alpha-\beta)(\alpha-\gamma)(\beta-\gamma) \in k[\alpha]$ です．$\Delta \notin k$ とすると，$\Delta^2 = D(f) \in k$ ですから，$k[\Delta]$ は k の 2 次拡大です．しかし，2 次拡大は 3 次拡大 $k[\alpha]$ には含まれませんから，$\Delta \in k$ でなければなりません．これで (2) が云えて証明が終わりました． ■

上の (3′) から (2) は一般論を使ってみましたが[*8]，勿論，具体的に (2) を示すこともできます．実際 $\Delta \in k$ とすると，$(\alpha-\beta)(\alpha-\gamma) = \alpha^2 - \alpha(-\alpha) - b/\alpha \in k[\alpha]$ ですから $\beta-\gamma = \frac{\Delta}{(\alpha-\beta)(\alpha-\gamma)} \in k[\alpha], \beta+\gamma = -\alpha \in k[\alpha]$ となり，$\beta, \gamma \in k[\alpha]$ が示せます．

2.3 ここで $D(f)$ を a, b で表しておきましょう．(2.1.2) より，

(2.3.1) $f' = 3X^2 + a = (X-\alpha)(X-\beta) + (X-\beta)(X-\gamma) + (X-\gamma)(X-\alpha)$

となります．この式に $X = \alpha, \beta, \gamma$ を代入すると，
$3\alpha^2 + a = (\alpha-\beta)(\alpha-\gamma), \quad 3\beta^2 + a = (\beta-\gamma)(\beta-\alpha), \quad 3\gamma^2 + a = (\gamma-\alpha)(\gamma-\beta)$
この三つの式の右辺の積が $-D(f)$ ですから，三つの等式の積を取って

$$-D(f) = (3\alpha^2 + a)(3\beta^2 + a)(3\gamma + a)$$
$$= 27b^2 + 9(\alpha^2\beta^2 + \beta^2\gamma^2 + \gamma^2\alpha^2)a + 3(\alpha^2 + \beta^2 + \gamma^2)a^2 + a^3$$

[*8] こういう証明の爽快感も捨てがたいのですが⋯．

$$= 27b^2 + 9a^3 - 6a^3 + a^3 = 27b^2 + 4a^3$$

となり[*9],

(2.3.2) $$D(f) = -4a^3 - 27b^2$$

が得られます．

例 2.4 $k = \mathbb{Q}$ として次の 3 次方程式を考えてみましょう．

(1) $f = X^3 - 3X - 1$ と置くと $D(f) = -4(-3)^3 - 27 = 81$ ですから $\sqrt{D(f)} \in \mathbb{Q}$ で，$\mathbf{Gal}(f) = A_3$ です．

(2) $f = X^3 - 2$ と置くと $D(f) = -108$ となり $\sqrt{D(f)} \notin \mathbb{Q}$ ですから，$\mathbf{Gal}(f) = S_3$ です．

2.5 さて，4 章の §6 で見たように，S_3 は可解群で，

(2.5.1) $$S_3 \triangleright A_3 \triangleright \{e\}$$

という正規部分群の列を持ちます．この事実と 3 次方程式の解法との関係を調べましょう．ただ，以下の議論がうまくいくために，k は 1 の 3 乗根 $\omega = \frac{-1+\sqrt{-3}}{2}$ を含むと仮定します[*10]．

正規部分群の列 (2.5.1) に対応して，体のガロワ拡大の列

(2.5.2) $$k \subset k(\sqrt{D(f)}) \subset K = k(\alpha, \beta, \gamma)$$

ができます．Introduction で述べたカルダーノの方法を思い出すと，$f = 0$ の根 x は，$x = u + v$，

(2.5.3) $$u^3, v^3 = -\frac{b}{2} + \sqrt{\frac{b^2}{4} + \frac{a^3}{27}} = -\frac{b}{2} + \sqrt{\frac{4a^3 + 27b^2}{108}}$$

$$= -\frac{b}{2} + \sqrt{\frac{D(f)}{-108}}$$

と書けます．$\sqrt{-3} \in k$ と仮定しましたから，$\sqrt{-108} \in k$ で，u, v は $k(\sqrt{D(f)})$ の元の 3 乗根で得られることが分かります[*11]．

このように，方程式の代数解法は，与えられた体に順次巾根を付け加えていって方程式の分解体が構成できるか，という問題を考えるのです．

[*9] (2.1.3) で $\alpha + \beta + \gamma = 0$ ですから $\alpha^2\beta^2 + \beta^2\gamma^2 + \gamma^2\alpha^2 = a^2 - 2(\alpha + \beta + \gamma)\alpha\beta\gamma = a^2$，$\alpha^2 + \beta^2 + \gamma^2 = (\alpha + \beta + \gamma)^2 - 2a = -2a$ となります．

[*10] この条件は $\sqrt{-3} \in k$ という条件と同値です．

[*11] $3uv = a$ ですから，$k(u) = k(v)$ です．

5.2 3次, 4次方程式のガロワ群

2.6 では次に, 4次方程式に移りましょう.
$$f = X^4 + pX^3 + qX^2 + rX + s \quad (p, q, r, s \in k)$$
が $k[X]$ で既約とします. 3次方程式のときと同様に $X + p/4$ を新しい変数に取り直すと

(2.6.1) $$f = X^4 + aX^2 + bX + c$$

の形にできます. 以下この形で考えましょう. $f = 0$ の四つの根を $\alpha_1, \alpha_2, \alpha_3, \alpha_4$ と置くと,

(2.6.2) $$f = X^4 + aX^2 + bX + c = (X - \alpha_1)(X - \alpha_2)(X - \alpha_3)(X - \alpha_4)$$

となります.

ガロワ群 $\mathbf{Gal}(f)$ と $f = 0$ の解法を考えたいのですが, まず S_4 の正規部分群の列

(2.6.3) $$S_4 \triangleright A_4 \triangleright V_4 \triangleright \{e\}$$

に注目しましょう. また, $S_4/V_4 \cong S_3$ を思い出しましょう[*12]. (2.6.3) に対応する体の拡大は f の分解体を $K = k(\alpha_1, \alpha_2, \alpha_3, \alpha_4)$ と置いて,

(2.6.4) $$k \subseteq A_4(K) = k(\sqrt{D(f)}) \subseteq V_4(K) \subseteq K$$

となります. ここで V_4 の固定体 $V_4(K)$ が次のステップへの鍵になります.

命題 2.7 $\alpha_1, \ldots, \alpha_4$ が k 上の超越元のとき, $V_4(K) = k(\beta^2, \gamma^2, \delta^2)$ ここで,

(2.7.1) $$\beta = \alpha_1 + \alpha_2, \gamma = \alpha_1 + \alpha_3, \delta = \alpha_1 + \alpha_4.$$

証明 (2.6.2) から $\alpha_1 + \alpha_2 + \alpha_3 + \alpha_4 = 0$ ですから,

(2.7.2) $$\begin{aligned} \beta^2 &= -(\alpha_1 + \alpha_2)(\alpha_3 + \alpha_4), \\ \gamma^2 &= -(\alpha_1 + \alpha_3)(\alpha_2 + \alpha_4), \\ \delta^2 &= -(\alpha_1 + \alpha_4)(\alpha_2 + \alpha_3) \end{aligned}$$

となり, これらが V_4 の作用で不変であることは実際に作用させてみれば明らかです.

$L := k(\beta^2, \gamma^2, \delta^2)$ と置きましょう. $\alpha_1, \ldots, \alpha_4$ は

[*12] 1章の命題 4.10 参照.

(2.7.3) $\quad\quad \alpha_1 = \frac{1}{2}(\beta + \gamma + \delta) \quad\quad \alpha_2 = \frac{1}{2}(\beta - \gamma - \delta)$
$\quad\quad\quad\quad\quad \alpha_3 = \frac{1}{2}(-\beta + \gamma - \delta) \quad\quad \alpha_4 = \frac{1}{2}(-\beta - \gamma + \delta)$

と β, γ, δ を用いて書けますし，β, γ, δ の間に

(2.7.4) $\quad\quad\quad\quad\quad\quad\quad \beta\gamma\delta = b$

という関係があるので[*13] $K = L(\beta, \gamma)$ と書けます．$\beta^2, \gamma^2 \in L$ ですから，$[K : L] \leq 4$ です．一方，$L \subseteq V_4(K)$ でガロワ理論の基本定理より $[K : V_4(K)] = 4$ ですから $L = V_4(K)$ が得られます．∎

2.8 さあ，4次方程式を解きましょう．(2.7.3) から，β, γ, δ が求まれば $f = 0$ が解けます．β, γ, δ には次の式が成立します．

(2.8.1) $\quad\quad\quad\quad\quad \beta^2 + \gamma^2 + \delta^2 = -2a$

(2.8.2) $\quad\quad\quad\quad \beta^2\gamma^2 + \gamma^2\delta^2 + \delta^2\beta^2 = a^2 - 4c$

この二つの式と (2.7.4) から，$\beta^2, \gamma^2, \delta^2$ は次の3次方程式の三つの根になっています．この方程式 $g = 0$ を4次方程式 $f = 0$ の**決定方程式**と呼びます．

(2.8.3) $\quad\quad\quad\quad g = x^3 + 2ax^2 + (a^2 - 4c)x - b^2$

3次方程式はカルダーノの解法で解けますから，これで4次方程式 $f = 0$ の一般解法ができたことになります[*14]．

2.9 次に，与えられた4次方程式 $f = 0$ のガロワ群 **Gal**(f) を決定しましょう．$f \in k[X]$ は既約と仮定していますから，**Gal**(f) は S_4 の可移的部分群です．4章の例 4.5 で見たように，S_4 の可移的部分群は次の5種類です[*15]．

(2.9.1) $\quad\quad S_4, A_4, D_4 = \langle (1234), (24) \rangle, C_4 = \langle (1234) \rangle, V_4$

[*13] (2.7.4) を確かめるには，まず左辺が S_4 の作用で不変であることを確かめます．ゆえに左辺は a, b, c の整式で書けます．次に，左辺は $\alpha_1, \ldots, \alpha_4$ の3次の同次式ですから，右辺もそうですが，a, b, c はそれぞれ $\alpha_1, \ldots, \alpha_4$ の 2, 3, 4 次の同次式ですから，3次の同次式は b の定数倍のみです．あとは 左辺 $= \lambda b$ と置いて，$\alpha_1, \ldots, \alpha_4$ に適当な値を代入して $\lambda = 1$ を確かめればよいわけです．以下の (2.8.1), (2.8.2) も同様の方法で得られます．

[*14] 但し，実際に4次方程式の根をこの方法で<u>よく分かる形で</u>求めようとすると，余程運がよくないと途中の計算の段階で絶望的な気分になるでしょう．

[*15] 正確に述べると，(2.9.1) のどれかの群と共役です．

5.2 3次, 4次方程式のガロワ群

これらの群の一つを G と置き, $S_3 \cong S_4/V_4$ の部分群 $G/(G \cap V_4)$ と $G \cap V_4$ を表にしてみると次のようになります.

表 5.1

G	S_4	A_4	D_4	C_4	V_4
$G/(G \cap V_4)$	S_3	A_3	C_2	C_2	$\{e\}$
$G \cap V_4$	V_4	V_4	V_4	C_2	V_4

$G/(G \cap V_4) \cong \mathbf{Gal}(L/k), G \cap V_4 \cong \mathbf{Gal}(K/L)$ ですから, G は次の手順で決定されることになります.

定理 2.10 4次方程式 $f = X^4 + aX^2 + bX + c$ のガロワ群 $\mathbf{Gal}(f)$ は, 決定方程式を $g = x^3 + 2ax^2 + (a^2 - 4c)x - b^2$ と置くとき, 次のように決定される.

(1) g が既約のとき, $\sqrt{D(f)} \in k$ ならば $G = A_4$, $\sqrt{D(f)} \notin k$ のとき $G = S_4$.

(2) g が既約2次式と1次式の積に分解しているとき, f が $L[X]$ でも既約なら $G = D_4$, f が $L[X]$ では二つの既約2次式の積に分解しているとき, $G = C_4$.

(3) g が三つの1次式の積に分解しているとき, $G = V_4$.

例 2.11 上の5種類のガロワ群を持つ方程式を与えてみましょう. 以下の例では $k = \mathbb{Q}$ と置きます.

(1) $f = X^4 + 1$ のとき, $X = Y + 1$ と変数変換すると $f = Y^4 + 4Y^3 + 6Y^2 + 4Y + 2$ となり, アイゼンシュタインの判定法[16]が $p = 2$ に対して使えますから, f は既約です. $g = x^3 - 4x = x(x-2)(x+2)$ ですから, $G = V_4$ です.

(2) $f = X^4 + 2$ と置くと $g = x^3 - 8x$ となります. g の分解体は $L = \mathbb{Q}(\sqrt{2})$ で f は $L[X]$ でも既約ですから $\mathbf{Gal}(f) = D_4$ が分かります.

(3) $f = X^4 + 10X^2 + 40X + 205$ と置くと[17]アイゼンシュタインの判定法を $p = 5$ に使って f は既約です. $g = x^3 + 20x^2 - 720x - 1600 = (x - 20)(x^2 + 40x + 80)$ となり g の分解体は $L = \mathbb{Q}[\sqrt{5}]$ です. $L[X]$ に於て $f = (X^2 - 2\sqrt{5}X + 15 + 2\sqrt{5})(X^2 + 2\sqrt{5}X + 15 - 2\sqrt{5})$ と分解するの

---
[16] 2章の定理 5.15.
[17] この f は円分多項式 $\Phi_5(X)$ をちょっと変形させたものです.

で，$Gal(f) = C_4$ が分かります．

(4) $f = X^4 + 8X + 12$ のとき，f は既約で[*18]$g = x^3 - 48x - 64$ は既約で，$D(f) = D(g) = 2^{12}3^4$ ですから，$Gal(f) = A_4$ です．

(5) $f = X^4 + 2X + 2$ と置くと，アイゼンシュタインの判定法より f は既約で，$g = x^3 - 8x - 4$ となります．$x = 2/y$ と置くと $g = (-4/y^3)(y^3 + 4y^2 - 2)$ となり，再びアイゼンシュタインの判定法で g は既約です．$D(f) = 16.101$ で，$\sqrt{D(f)} \notin \mathbb{Q}$ ですから，$Gal(f) = S_4$ です．

問題 5.2

この節の問題で考える体の標数は 2, 3 ではないとする．

1. 次の 3 次方程式を，一般解法を用いて解け．解は見やすい形で求めよ（解を 3 乗根を用いて表示するのは簡単だが，それでは余り分かった気になれない）．

    (1) $x^3 - 3x + 2 = 0$,　(2) $x^3 - 3x - 1 = 0$,
    (3) $x^3 + 3x - 1 = 0$,　(4) $x^3 - 6x - 6 = 0$,
    (5) $x^3 - 6x - 9 = 0$,　(6) $x^3 + 3x - 4 = 0$.

2. (1) $f \in k[X]$ が既約 3 次式，α を f の根とするとき，$\mathrm{Aut}_k(k(\alpha))$ が単位群 $\iff Gal(f) = S_3$ を示せ．
    (2) k が $\mathbb{R}$ の部分体で，$f \in k[X]$ が既約 3 次式で，$f = 0$ の実根が一つなら，$Gal(f) = S_3$ であることを示せ．

3. $a \in \mathbb{Z}, a > 0$ または $a = -1$ のとき，$f = X^3 + aX + 1$ は $\mathbb{Q}[X]$ で既約で，$Gal(f) \cong S_3$ であることを示せ．

4. $f = X^4 - 5$ の $\mathbb{Q}(\sqrt{5})$ の上の，$\mathbb{Q}(\sqrt{-5})$ の上のガロワ群をそれぞれ求めよ．

5. (1) $f = X^4 + X + 1 \in \mathbb{Q}[X]$ のとき，$\mathbb{Q}$ 上の $Gal(f)$ を求めよ．f の一つの根 α に対して $\mathbb{Q}(\alpha)$ は中間体を持つか？また，α は作図可能か？
    (2) $f \in \mathbb{Q}[X]$ が既約 4 次式で $f = 0$ の根 α が作図可能 $\iff Gal(f) = C_4, D_4$ または V_4 を示せ．
    (3) $f \in k[X]$ が既約 4 次式，α を f の一つの根とし，$Gal(f) \cong S_4$ または A_4 とする．このとき，$k(\alpha)$ と k の間に中間体が存在しないことを示せ．

[*18] f が 1 次の因数 $X + a$ または 2 次の因数 $X^2 + aX + b$ を持ったとすると a, b は偶数ですからすぐに矛盾が出ます．

5.3 有限体

有限個の元を持つ体には，とてもきれいな構造論，ガロワ理論があり，代数学の中だけでなく，符号理論などでも大変有効に使われています．この節ではそういう理論を紹介します．

この節では体 K は**有限体**とし，K の位数を q と書きます．

3.1 まず $\#K = q$ はどんな数でしょうか．3 章の (5.0) で体の標数を定義しました．標数 0 の体は必ず $\mathbb{Q}$ を含み無限ですから，K の標数は，素数 p です．ですから K は $\mathbb{F}_p = \mathbb{Z}/(p)$ を含み $\mathbb{F}_p$ の有限次拡大です．$n = [K : \mathbb{F}_p]$ と置き，K の $\mathbb{F}_p$ 上の基底を $\{\alpha_1, \ldots, \alpha_n\}$ と置くと K の元は

$$c_1\alpha_1 + \cdots + c_n\alpha_n \quad (c_1, \ldots, c_n \in \mathbb{F}_p)$$

とただ一通りに書け，各 c_i は p 通りの値を取れますから，

(3.1.1) $$q = \#K = p^n$$

が分かります．また，K は $\mathbb{F}_p$ 上代数的です．$\mathbb{F}_p$ の代数閉包を Ω と書き一つ固定して考えると，K は Ω の部分体と思えます．

以下では K はいつも Ω の部分体と思うことにします．

3.2 2 章の定理 1.12 で有限体の乗法群 K^* は巡回群であることが分かっています．従って $x \in K^*$ は $X^{q-1} - 1 = 0$ の根です．0 も考えると，K の元はすべて $X^q - X = 0$ の根です．逆に 2 章の定理 1.10 で $X^q - X = 0$ の根はたかだか q 個であることも分かっていますから，K と $X^q - X = 0$ の根の集合が一致します．

(3.2.1) $$K = \{x \in \Omega \mid x^q - x = 0\}$$

このことから，特に次の主張が云えます．

定理 3.3 有限体の位数は素数 p の巾 $q = p^n$ の形で，逆に位数が $q = p^n$ の有限体はただ一つ存在する[*19]．

[*19] 正確に述べると Ω を定めるとただ一通りで，3 章の定理 4.3 で Ω は同型を除いてただ一通りですから "同型を除いてただ一つ" です．

3.4 さて，K の標数が p ですから，次の**フロベニウス写像**

(3.4.1) $\qquad\qquad F : K \to K, \quad F(a) = a^p$

が環の準同型写像です（3 章の §5 参照）．$a^p = 0$ なら $a = 0$ ですから，$\mathrm{Ker}\,(F) = (0)$ で，F は単射です．しかし K は有限体ですから，単射は自動的に全射で，F は同型写像です．従って 3 章の定理 5.4 を使うと次の命題が得られます．

命題 3.5 有限体は完全体である．

3.6 次に，K の自己同型写像を考えましょう．$\sigma \in \mathrm{Aut}\,(K)$ は 1 を動かしませんから，$\mathbb{F}_p$ の各元も固定します．従って $\mathrm{Aut}\,(K) = \boldsymbol{Gal}(K/\mathbb{F}_p)$ です．

体の拡大 $K/\mathbb{F}_p$ は命題 3.5 により分離拡大ですからガロワ拡大です．さて，(3.4) で $F \in \mathrm{Aut}\,(K)$ が分かりましたが，$F^e(a) = a$ は $a^{p^e} = a$ ということですから，(3.2.1) より $\mathrm{ord}\,F = n = [K : \mathbb{F}_p]$ です．一般に $\#\boldsymbol{Gal}(K/\mathbb{F}_p) = n = [K : \mathbb{F}_p]$ ですから，

(3.6.1) $\qquad \mathrm{Aut}\,(K) = \boldsymbol{Gal}(K/\mathbb{F}_p)$ は F で生成される巡回群である．

一般に有限体の拡大 $K \subset L$ を考えると，ガロワ群の基本定理（3 章の定理 6.8）により $\boldsymbol{Gal}(L/K)$ は $\boldsymbol{Gal}(L/\mathbb{F}_p)$ の K のすべての元を固定する部分群と一致します．

(3.6.2) $\boldsymbol{Gal}(L/K)$ は F^n $(n = [K : \mathbb{F}_p])$ で生成される巡回群である．

また，位数 q の有限体は巡回群 $\langle F^n \rangle$ の固定体で，$\langle F^n \rangle \subseteq \langle F^m \rangle$ と $n \mid m$ は同値ですから，

(3.6.3) $\qquad \#K = p^n, \#L = p^m$ のとき $K \subseteq L \iff n \mid m$

3.7 では与えられた位数 $q = p^n$ の有限体を具体的にどう作るかを考えましょう．$f \in \mathbb{F}_p[X]$ が n 次の既約多項式なら，$L = \mathbb{F}_p[X]/(f)$ は体で $[L : \mathbb{F}_p] = n$ ですから，L は位数が $q = p^n$ の体です．

逆に有限体の拡大 $K \subset L$ を考えましょう．$\#K = q = p^s$, $[L : K] = n$ と置きます．$a \in L$ で $L = K(a)$ となる元を取ります[*20]．a の K 上の最小多項式を f とすると f は既約，$\deg f = n$ で $L \cong K[X]/(f)$ です．

[*20] 乗法群 L^* の生成元を a とすると，明らかに $L = \mathbb{F}_p(a)$ ですから，$L = K(a)$ でもあります．

5.3 有限体

ところで，$K[X]$ の n 次の既約主多項式は f 以外にもありますし，そのような g を取ると $K[X]/(f)$ と $K[X]/(g)$ は定理 3.3 から体として同型のはずです．このような同型写像はどう作るか，また，このような g の個数はいくつかを考えてみましょう．

Gal(f) は，(3.6.2) で見たように，F^s で生成される位数 n の巡回群です．$F^{si}(a)$ $(i = 1, \ldots, n-1)$ も f の根ですから，

(3.7.1) $\quad f(X) = (X - a)(X - F^s(a))(X - F^{2s}(a)) \cdots (X - F^{(n-1)s}(a))$

が云えます．他の $\deg g = n$ の既約主多項式 $g \in K[X]$ を取ったとき，$K[X]/(g)$ から L の代数閉包への同型写像の像は定理 3.3 から L と一致しますから，g は L 内に根 b を持ち，

$$g(X) = (X - b)(X - F^s(b))(X - F^{2s}(b)) \cdots (X - F^{(n-1)s}(b))$$

と分解します．

(3.7.2) $\quad T = \{a \in L \mid L = K(a)\}$
$\quad\quad\quad\quad = \{a \in L \mid a \text{ は } L/K \text{ の真の中間体に含まれない}\}$

と定義すると，$K[X]$ の既約 n 次主多項式と集合 T の **Gal**(L/K) の作用による軌跡の集合が一対一に対応することが分かります．特に

(3.7.3) $\quad\quad\quad \{K[X] \text{ の既約 } n \text{ 次主多項式}\} = \dfrac{\#T}{n}$

が分かります．$\#K = q$ と置くとき，$K[X]$ の既約 2, 3, 4 次主多項式の個数はそれぞれ $\dfrac{q^2 - q}{2}, \dfrac{q^3 - q}{3}, \dfrac{q^4 - q^2}{4}$ で与えられます．

例 3.8 $f = X^3 + X + 1 \in \mathbb{F}_2[X]$ を考えましょう．$f(0) = f(1) \neq 0$ ですから f は既約で[*21] $K := \mathbb{F}_2[X]/(f)$ は位数 8 の体です．$\alpha = \bar{X} \in K$ と置くと $K = \mathbb{F}_2(\alpha), \alpha^3 + \alpha + 1 = 0$ です．乗法群 $K^\times$ は位数 7 の巡回群ですから，$K^\times = \{\alpha^i \mid i = 0, 1, \ldots, 6\}$ です．

また，**Gal**(f) は F で生成される位数 3 の巡回群で，$F(\alpha) = \alpha^2, F^2(\alpha) = \alpha^4$ ですから，(3.7.1) に対応する f の分解は

$$f = X^3 + X + 1 = (X - \alpha)(X - \alpha^2)(X - \alpha^4)$$

で与えられます．(3.7.2) の T の **Gal**(f) によるもう一つの軌跡は

[*21] 可約な 3 次式は 1 次因数を持ちます．

$\{\alpha^3, \alpha^5, \alpha^6 = \alpha^{-1}\}$ で，$\alpha^3 + \alpha + 1 = 0$ から $\alpha^{-3} + \alpha^{-2} + 1 = 0$ が得られますから，
$$X^3 + X^2 + 1 = (X - \alpha^3)(X - \alpha^5)(X - \alpha^{-1})$$
がもう一つの $\mathbb{F}_2[X]$ の既約 3 次式です．

問題 5.3

1. (1) 有限体 k のすべての 0 でない元の積 $\prod_{x \in k^\times} x = -1$ を示せ．
   (2) [**Wilson の定理**] p が素数のとき，$(p-1)! \equiv -1 \pmod{p}$ を示せ．
   (3) p が奇素数のとき，$\left(\left(\dfrac{p-1}{2}\right)!\right)^2 \equiv (-1)^{(p+1)/2} \pmod{p}$ を示せ．

2. (1) $K := \mathbb{F}_2[X]/(X^3 + X + 1)$ は位数 8 の体であることを示せ．
   (2) 上の K と $K' := \mathbb{F}_2[X]/(X^3 + X^2 + 1)$ の同型写像 $f : K \to K'$ に於て $\alpha := X \pmod{X^3 + X + 1}$ の像 $f(\alpha)$ を $\beta := X \pmod{X^3 + X^2 + 1}$ で書き表せ．$f(\alpha)$ になり得る元はいくつあるか？

3. 体 $\mathbb{F}_3[X]/(X^2 + 1)$ の乗法群の生成元を $\alpha := X \pmod{X^2 + 1}$ で記述せよ．

4. 多項式 $X^4 - 16X^2 + 4$ は $\mathbb{Q}[X]$ では既約だが，どんな素数 p に対しても，$\mathbb{F}_p[X]$ では可約であることを示せ．

5. $f = X^p - X - 1$（p は素数）は $\mathbb{F}_p[X]$ で既約，従って $\mathbb{Q}[X]$ でも既約であることを次のように示す．
   (1) α をある拡大体 $K \supset \mathbb{F}_p[X]$ に於ける f の根とすると，$\{\alpha, \alpha+1, \ldots, \alpha+p-1\}$ が f のすべての根であることを示せ．
   (2) フロベニウス写像 F が f の根の集合に可移的に作用することから，$f \in \mathbb{F}_p[X]$ が既約であることを示せ．

6. [**巡回符号**] ある信号（文章）を符号化して送信する際に，ノイズにより，誤った符号が送られることが考えられる．このことを予め予想して，符号を限定することにより誤って受信された符号から正しい符号を回復することを考えるのが**符号理論**である．
   例えば，アルファベット $a, b, \ldots, z$ に順に，まず $00001, 00010, \ldots, 11010$（1–26 の 2 進表示）を対応させ，これを次に $\mathbb{F}_2[X]$ の元 $1, X, \ldots, X^4 + X^3 + X$ と思う．これをそのまま送信したのでは誤りを全くチェックできない．そこで，$X^n - 1 = f(X)g(X) \in \mathbb{F}_2[X]$ という分解を利用して，文字を $A(X) \in \mathbb{F}_2[X]$ に変え，送信は $B(X) \equiv A(X)g(X) \pmod{X^n - 1}$ なる $B(X), \deg B(X) < n$ （の係数 $b_0, b_1, \ldots, b_{n-1}$）を送信する．受信した $B'(X) \in \mathbb{F}_2[X]$ が $g(X) | B'(X)$ とならなければ，エラーが発生したことが分かる仕組である．簡単な「巡回符号」の例として，次の問を挙げておく．

(1) $X^{15} - 1 \in \mathbb{F}_2[X]$ を既約因数に分解せよ．
(2) $X^4 + X + 1$ の一つの根を α と置くと，α^2, α^4 も $X^4 + X + 1$ の根であることを示せ．
(3) $f = (X^4 + X^3 + X^2 + X + 1)(X^4 + X + 1) = X^8 + X^7 + X^6 + X^4 + 1$ と置く．ある $A \in \mathbb{F}_2[X], \deg A \leq 6$ に対して，$fA = a_{14}X^{14} + a_{13}X^{13} + \cdots + a_1 X + a_0$ なる $(a_0, a_1, \ldots, a_{14})$ を**コード**と云う．このとき，この係数を巡回させた $(a_1, \ldots, a_{14}, a_0)$ もコードであることを示せ．
(4) $(a_0, a_1, \ldots, a_{14})$ と $(b_0, b_1, \ldots, b_{14})$ が相異なるコードのとき，$a_i \neq b_i$ である i が少なくとも 5 個存在することを示せ（従って，受信した $a' = (a'_0, a'_1, \ldots, a'_{14})$ のエラーの個数が 2 個以下なら，正しいコード $(a_0, a_1, \ldots, a_{14})$ が復元できる）．（これは "BCH 符号" の一つの例である．衛星放送，地上波デジタル放送，CD，DVD，QR コードにも同種の（もっと複雑だが）符号が使われている．）

5.4 円分多項式，巡回拡大

この節では，方程式の代数的に解くときに最も重要な部分である「根号を開く」ということと，体の巡回拡大との関係を明らかにします．

その際に重要なのが 1 の巾根ですので，まず 1 の巾根による拡大の様子を調べます．もちろん，この拡大の様子は 3 章の §2 の正多角形の作図の問題とも関係していますし，環 $\mathbb{Z}/(N)$ の単数群 $U(\mathbb{Z}/(N))$ とも密接なつながりを持っています．

$\zeta^n = 1$ となる $\zeta \in \mathbb{C}$ を **1 の n 乗根**と云います．$X^n - 1 = 0$ の $\mathbb{C}$ での根は $\zeta = \exp\left(\dfrac{2\pi i}{n}\right) = \cos\left(\dfrac{2\pi}{n}\right) + i\sin\left(\dfrac{2\pi}{n}\right)$ と置くと，ζ^k ($k = 0, 1, \ldots, n-1$) です．この根の集合は位数 n の巡回群になることは前に見ましたが，この節ではこの巡回群を
$$C_n = \{\zeta^k \mid k = 0, 1, \ldots, n-1\} = \left\{\cos\left(\dfrac{2k\pi}{n}\right) + i\sin\left(\dfrac{2k\pi}{n}\right) \mid k = 0, 1, \ldots, n-1\right\}$$
と書きます．

さて，ζ^k の C_n での位数を m とすると，m は n の約数で，mk が n の倍数です[*22]．$m = n$ であるとき ζ を **1 の原始 n 乗根**と云います．ζ^k が 1 の

[*22] $m = n/d, d = (n, k)$ であることはすぐ分かります．

原始 n 乗根であることと，$(n,k)=1$ は同値ですから，1 の原始 n 乗根の個数はオイラー数 $\phi(n)$ で与えられます．さて，1 の原始 n 乗根すべてを根にもつ多項式

(4.1.1) $$\Phi_n(X) = \prod_{1 \leq k < n, (n,k)=1} (X - \zeta^k)$$

を**円分多項式**（または**円周等分多項式**と云います）[*23]．定義から明らかなように $\deg(\Phi_n) = \phi(n)$ ですし，1 の n 乗根は，ある $m|n$ に対して原始 m 乗根ですから，

(4.1.2) $$X^n - 1 = \prod_{m|n} \Phi_m(X)$$

が成立します．

また，ζ が 1 の原始 n 乗根のとき，$\mathbb{Q}(\zeta)$ を含む $\mathbb{Q}$ のガロワ拡大 L を取ります．$\sigma \in \mathbf{Gal}(L)$ に対して $\sigma(\zeta)$ も 1 の原始 n 乗根ですから，$\sigma(\zeta) = \zeta^i$ の形ですから，

(4.1.3) $\qquad \mathbb{Q}(\zeta)$ は $\mathbb{Q}$ のガロワ拡大である

が成立し，さらに (4.1.2) から，$\Phi_n(X)$ はどんな $\sigma \in \mathbf{Gal}(L)$ でも不変ですから $\Phi_n(X) \in \mathbb{Q}[X]$ も云えます．$\mathbb{C}$ の部分体 k に 1 の巾根 ζ を付加する体の拡大 $k(\zeta)/k$ を**円分拡大**と云います．

例 4.2 (1) p が素数のとき 1 以外の 1 の p 乗根はすべて原始 p 乗根ですから，

(4.2.1) $$\Phi_p(X) = \frac{X^p - 1}{X - 1} = X^{p-1} + \cdots + X + 1$$ です．

(2) 小さい n について $\Phi_n(X)$ は次のようになっています．

$$\begin{array}{llll}
\Phi_1(X) &= X - 1 & \Phi_2(X) &= X + 1 \\
\Phi_3(X) &= X^2 + X + 1 & \Phi_4(X) &= X^2 + 1 \\
\Phi_6(X) &= X^2 - X + 1 & \Phi_8(X) &= X^4 + 1
\end{array}$$

上の例ではすべて $\Phi_n(X) \in \mathbb{Z}[X]$ ですし，また，$\Phi_n(X) \in \mathbb{Q}[X]$ は既約多項式ですが，この性質はすべての n に対して成立します．

定理 4.3 (1) 任意の n に対して $\Phi_n(X) \in \mathbb{Z}[X]$ である．

[*23] この名前は n 個の 1 の n 乗根は複素平面で，単位円上の正 n 角形を作る—円周を n 等分する—ことから付けられています．

5.4 円分多項式，巡回拡大

(2) 任意の n に対して $\Phi_n(X) \in \mathbb{Q}[X]$ は既約である．

証明 (1) の証明は第 2 章の定理 5.14 の (2) と (4.1.3) の $\Phi_n(X)$ の分解から従います．

(2) Φ_n が $\mathbb{Q}[X]$ で可約と仮定し，既約主多項式 $f \in \mathbb{Q}[X]$ を Φ_n の既約因数とします．(1) と同様に $f \in \mathbb{Z}[X]$ が云えます．f の一つの根を ζ と置くと，Φ_n の根は，どれも ζ^t ($1 \le t < n$, $(t,n) = 1$) の形です．t の素因数分解を考えると，もし $(p,n) = 1$ であるすべての素数 p に対して $f(\zeta^p) = 0$ が示せれば Φ_n の根はすべて f の根となり，$\Phi_n = f$ が既約であることが示せます．

では，ある素数 p, $(p,n) = 1$ に対して $f(\zeta^p) \ne 0$ と仮定してみましょう．すると Φ_n の既約因数 $g \ne f$ に対して $g(\zeta^p) = 0$ となります[*24]．さて $h \in \mathbb{Z}[X]$ を $h(X) = g(X^p)$ で定義します．すると $h(\zeta) = g(\zeta^p) = 0$ で f が既約ですから，$f|h, h = fk$ と書けます．

ここで $f, g, h \in \mathbb{Z}[X]$ の係数を $\mathbb{Z}_p$ へ写像した多項式を $\bar{f}, \bar{g}, \bar{h}$ と書きましょう．fg が $\mathbb{Z}[X]$ で Φ_n の約数，従って $X^n - 1$ の約数でしたから，$\overline{fg}$ は $\mathbb{Z}_p[X]$ で $X^n - 1$ の約数です．

一方，$Z_p[X]$ では $\bar{h}(X) = \bar{g}(X^p) = (\bar{g})^p$ で $\bar{f}|\bar{h}$ ですから，$\bar{f}$ と $\bar{g}$ は共通成分を持ちます．従って $\overline{fg}$ は二乗因子を持ち，$\overline{fg}$ の倍数である $X^n - 1$ も二乗因子を持つことになります．しかし，われわれは $(p,n) = 1$ と仮定していますから，$X^n - 1 \in \mathbb{Z}_p[X]$ は分離多項式で，二乗因子は持ちません．これは矛盾ですから Φ_n の既約性が示せました． ∎

系 4.4 ζ_n を 1 の原始 n 乗根とすると，$\mathbb{Q}(\zeta_n) \cong \mathbb{Q}[X]/(\Phi_n)$ で，$[\mathbb{Q}(\zeta_n) : \mathbb{Q}] = \phi(n)$．

さて，$\Phi_n \in \mathbb{Q}[X]$ の $\mathbb{Q}$ 上のガロワ群 **Gal**(Φ_n) を考えましょう．$\sigma \in $ **Gal**(Φ_n) は，$\sigma(\zeta_n)$ を決めれば決まりますし，$\sigma(\zeta_n) = \zeta_n^i$ ($(n,i) = 1$ です) とすると $\sigma(\zeta_n^j) = \zeta_n^{ij}$ ですから

(4.4.1) $\qquad\qquad$ Aut $(\mathbb{Q}(\zeta_n)) = $ **Gal**$(\Phi_n) \cong U(\mathbb{Z}_n)$

[*24] g も $\mathbb{Q}[X]$ の既約主多項式とします．上と同様に $g \in \mathbb{Z}[X]$ です．

が示せます．特に，$Gal(\Phi_n)$ はアーベル群です[*25]．

さて，巾根をある体に付け加えるときのガロワ群を考察しましょう．

基礎体を K と書き，体の拡大 $K(\sqrt[n]{b})/K$ ($b \in K$) を考えます．なお，以下の議論では **K は 1 の原始 n 乗根を含む**と仮定します[*26]．

この巾根拡大のガロワ群は，もちろん $f = X^n - b \in K[X]$ のガロワ群です．f の K 上の分解体を L，$a \in L$ を $a^n = b$ となる元とすると，f の根の全体は $\{a, \zeta a, \ldots, \zeta^{n-1} a\}$ です[*27]．$\zeta \in K$ と仮定しましたから $\sigma \in Gal(f)$ は $\sigma(a)$ で決まります．$\sigma(a) = \zeta a$ と置くと，$\tau(a) = \zeta^i a$ なら $\tau = \sigma^i$ ですから $Gal(f)$ は σ で生成される巡回群です．f が既約なら $\#Gal(f) = n$ です．

命題 4.5 K が 1 の原始 n 乗根を含むとき $f = X^n - b \in K[X]$ のガロワ群 $Gal(f)$ は巡回群である．

これで巾根を付加した拡大のガロワ群が巡回群だと分かりましたが，重要なのはその逆が成立することです．

定理 4.6 体の拡大 L/K がガロワ拡大でガロワ群 $Gal(L/K)$ が位数 n の巡回群とする．n と K の標数が互いに素で，K が 1 の原始 n 乗根を含むとき，$L = K(a)$，$a^n \in K$ となる $a \in L$ が存在する．

証明 ガロワ群 $Gal(L/K)$ の生成元 σ を取ります．$\sigma : L \to L$ を K 上の線型写像と思ったときの固有値を $\{\alpha_1, \ldots, \alpha_n\}$ と置きます．各 α_i は K のある拡大体の元です．ところが，恒等写像 σ^n の固有値は $\{\alpha_1^n, \ldots, \alpha_n^n\}$ ですから，各 α_i はすべて 1 の n 乗根です．固有値の一つを α と置くと，$\alpha^n = 1$ ですから，仮定により $\alpha \in K$ です．ですから"固有値 α に対する固有ヴェクトル" $a \in L$ を取ると，定義より $\sigma(a) = \alpha a$ です．ここで，α, α' が σ の固有値，a, a' がそれぞれの固有ヴェクトルとすると，$\sigma(aa') = \sigma(a)\sigma(a') = (\alpha a)(\alpha' a') = (\alpha \alpha')aa'$ ですから，σ の固有値の集合は $K^\times$ の部分群です．σ の位数が n ですから，σ は 1 の原始 n 乗根を固有

[*25] 逆に，$\mathbb{Q}$ のどんな有限次アーベル拡大もある $\mathbb{Q}(\zeta_n)$ に含まれることがクロネッカーによって示されています！

[*26] われわれの関心のあるのは，方程式の（未知の）根をどう書き表すかということですから，1 の原始 n 乗根という「既知の」ものは自由に使うことにします．

[*27] K の標数と n は互いに素と仮定します．従って，この n 個の根はすべて異なります．

5.4 円分多項式，巡回拡大

値に持ちます．

改めて α を σ の固有値で 1 の原始 n 乗根，$\sigma(a) = \alpha a$ とし，$b = a^n$ と置くと，$\sigma(b) = (\sigma(a))^n = (\alpha a)^n = a^n = b$ となり，$b \in L^{<\sigma>} = K$ が示せました．a は σ^i $(0 < i < n)$ によっては固定されませんから，$L = K(a)$ も云えます． ∎

問題 5.4

1. (1) 素数 p に対して $\Phi_{p^2} = \Phi_p(X^p)$ を示せ．$n \geq 3$ に対して $\Phi_{p^n}(X)$ はどんな形か？
   (2) n が奇数のとき $\Phi_{2n}(X) = \Phi_n(-X)$ を示せ（特に，素数 $p > 2$ に対して $\Phi_{2p}(X) = (X^p + 1)/(X + 1)$）．
   (3) $n = 12, 18, 20, 24$ に対して $\Phi_n(X)$ を求めよ．
   (4)* $\Phi_n(X)$ の係数は，どんな n に対しても ± 1 のみか？

2. (1) $X^7 - 1 \in \mathbb{F}_2[X]$ を $\mathbb{F}_2[X]$ で既約な多項式の積に分解せよ．$X^5 - 1$, $X^{15} - 1 \in \mathbb{F}_2[X]$ はどう分解するか？
   (3) $\bar{\Phi}_5(X) = (X^5 - 1)/(X - 1) \in \mathbb{F}_p[X]$ は，どんな素数 p に対して既約か？

3. $\zeta_n = e^{2\pi i/n} \in \mathbb{C}$ を 1 の原始 n 乗根（n 乗して初めて 1 となる数）とする．このとき，「$\mathbb{Q}(\zeta_n)$ が $\mathbb{Q}$ から 2 次拡大の連鎖で得られる $\iff \phi(n)$（n のオイラー数）が 2 の冪」を示せ．

4. $n = 2, 3, 5, 6, 7, 10$ に対して，$\mathbb{Q}(\sqrt{n}) \subset \mathbb{Q}(\zeta_N)$ となる最小の N を求めよ（一般に 2 次体はある円分体に含まれることが知られている）．

5. $\mathbb{Q}(\zeta_{24}) = \mathbb{Q}(i, \sqrt{2}, \sqrt{3})$ を示せ．

6. $n = 8, 11, 13, 15$ に対し，$\mathbb{Q}(\zeta_n)$ の部分体の個数を求めよ．

7. Φ_{18} は $\mathbb{F}_{23}, \mathbb{F}_{43}, \mathbb{F}_{73}$ 上で既約か？

8. p を 7 と異なる素数とし，ζ を $\mathbb{F}_p$ の代数閉包の中にある 1 の原始 7 乗根とする．
   (1) 拡大次数 $[\mathbb{F}_p(\zeta) : \mathbb{F}_p]$ を求めよ．
   (2) $\alpha = \zeta + \zeta^{-1} \in \mathbb{F}_p$ となるための，p についての必要十分条件を求めよ．
   (3) 上の (1), (2) を参考にして，p が $n^6 + n^5 + n^4 + n^3 + n^2 + n + 1$ $(n \in \mathbb{Z})$ の形の整数の素因数となるための必要十分条件と，p が $n^3 + n^2 - 2n - 1$ $(n \in \mathbb{Z})$ の形の整数の素因数となるための必要十分条件をそれぞれ求めよ．

5.5 代数方程式の可解性

この節では，代数方程式の可解性と，その方程式のガロワ群の可解性との関連を調べます．

ある体 k 上定義された代数方程式の根が k の元から四則と根号だけで表されるとき，その方程式が（代数的に）**可解である**と云います[*28]．この節では，ガロワ理論の結びとして，代数方程式の可解性と，その方程式のガロワ群の可解性が同値であることを示します．

n 次の「一般方程式」のガロワ群は S_n で，$n \geq 5$ のとき S_n が可解でないことを 4 章の §6 で見ましたから 5 次以上の一般方程式は可解でないことが分かります．また，5 次方程式のガロワ群を調べて，実際にガロワ群が S_5 や A_5 であるものを作ることができます．これらの方程式の根は四則と根号のみを用いては表せないわけです．

この節でも基礎体は k と書きます．

定理 5.1 [*29]k は $n!$ の約数 m に対して 1 の m 乗根を含むと仮定する．このとき $f \in k[X], \deg f = n$ に対して

$$\text{方程式 } f = 0 \text{ が可解} \iff \mathbf{Gal}(f) \text{ が可解群}$$

証明 k 上の f の分解体を L と置きましょう．$\mathbf{Gal}(f) = \mathbf{Gal}(L/k)$ は S_n の部分群と同型でしたから，$\#\mathbf{Gal}(f) = [L:K]$ は $n!$ の約数であることを注意しておきましょう．

さて，まず L が k から巾根を何回か付け加えて得られたと仮定してみましょう．すなわち，体の拡大の列

(5.1.1) $\qquad k = K_0 \subset K_1 \subset \cdots \subset K_r = L$

各 $i, 1 \leq i \leq r$ について，体の拡大 K_{i+1}/K_i は k が必要な巾根をすべて含むと仮定しましたから，命題 4.5 により，ガロワ拡大で，ガロワ

[*28] 5 次以上の方程式については，代数的に可解でもその根を求める一般的なアルゴリズムは残念ながらありません．

[*29] この定理の本質的な部分は命題 4.5, 定理 4.6 で終わっています．あとはいわば "手続き" です．

5.5 代数方程式の可解性

群は巡回群です．ガロワの基本定理により群の言葉で云い換えると，$H_i = \mathbf{Gal}(L/K_i)$ $(0 \le i \le r)$ と置いて，$H_{i+1} \triangleleft H_i$ かつ H_i/H_{i+1} は巡回群になります．ゆえに，G の部分群の列

(5.1.2) $\qquad \mathbf{Gal}(f) = H_0 \triangleright H_1 \triangleright \cdots \triangleright H_{r-1} \triangleright H_r = \{e\}$

は 4 章の定義 6.5 の条件を満たしていますから，$\mathbf{Gal}(f)$ は可解群です．

逆に，$\mathbf{Gal}(f)$ が可解群で，(5.1.2) が各 H_i/H_{i+1} が巡回群である部分群の列とすると，K_i を H_i の固定体として各 K_{i+1}/K_i がガロワ拡大でガロワ群が巡回群です．このとき定理 4.6 により $K_{i+1} = K_i(\sqrt[n_i]{a})$ $(n_i = [K_{i+1} : K_i])$ となる $a \in K_i$ が取れますから，$f = 0$ の解は k の元からいくつかの根号を用いて書き表せることが分かります． ■

さて，ガロワ群の性質が一番分かりやすいのは $k = \mathbb{Q}$ のときですが，$\mathbb{Q}$ は 1 の巾根を ± 1 以外に含んでいないので，この定理は直接は使えません．そのために次のようなガロワ拡大の性質に注意します．

命題 5.2 体 k のガロワ拡大 F と $g \in k[X]$ に対して，k 上の g の分解体を K，F 上の g の分解体を L，$G = \mathbf{Gal}(K/k), \tilde{G} = \mathbf{Gal}(L/k), H = \mathbf{Gal}(F/k)$ と置くとき，

(1) $\mathbf{Gal}(L/F)$ は G の部分群と，$\mathbf{Gal}(L/K)$ は H の部分群と同型である．
(2) $\tilde{G}$ は $G \times H$ の部分群と同型である．
(3) G が非可換な単純群，H がアーベル群のとき $\mathbf{Gal}(L/F) \cong G$．

証明 最初に，F はある多項式 $f \in k[X]$ の分解体ですから，L は $fg \in k[X]$ の分解体で，L/k はガロワ拡大であることを注意しておきます．

ガロワの基本定理 (3 章の定理 6.8) により，$\mathbf{Gal}(L/F) \triangleleft \tilde{G}, \mathbf{Gal}(L/K) \triangleleft \tilde{G}$ かつ $G \cong \tilde{G}/\mathbf{Gal}(L/K), H \cong \tilde{G}/\mathbf{Gal}(L/F)$ です．埋め込み写像 $\mathbf{Gal}(L/F) \to \tilde{G}$ と標準全射 $\tilde{G} \to G$ の合成写像を i と置くと，$\mathrm{Ker}\,(i) = \mathbf{Gal}(L/F) \cap \mathbf{Gal}(L/K)$ ですが，K のすべての元と F のすべての元をどちらも動かさない L の自己同型写像は恒等写像のみですから i は単射です．この議論は $\mathbf{Gal}(L/K)$ から始めても対称ですから (1) が示せました．

また，$f : \tilde{G} \to G \times H$ を $f(\sigma) = (\pi(\sigma), \varpi(\sigma))$ $(\pi : \tilde{G} \to G, \varpi : \tilde{G} \to H$ はそれぞれ標準全射) と定義すると，上と同じ理由で f も単射です．これ

で (2) が示せました．

(3) の仮定の下で，$Gal(L/K)$ は H の部分群と同型ですから，アーベル群ですが，もっと強く，$\tilde{G}$ の中心に含まれます．実際，$\sigma \in \tilde{G}, \tau \in Gal(L/K)$ に対して，$\tau^{-1}\sigma\tau$ を K に制限すると $\tau|_K = id_K$ ですから σ と同じで，F に制限しても，$H = Gal(F/k)$ がアーベル群ですから，σ と同じです．二つの $\tilde{G}$ の元が K, F のどちらに制限しても一致すれば同じ元ですから，$\sigma = \tau^{-1}\sigma\tau$，即ち，$\sigma$ と τ は可換です．

さて，$f: \tilde{G} \to G \times H$ での $Gal(L/F)$ の像を見ましょう．$\sigma \in \tilde{G}$ と $(a,h) \in G \times H$ に対して $\pi(\tau) = a$ となる $\tau \in \tilde{G}$ を取ると，$Gal(L/K)$ が $\tilde{G}$ の中心に含まれるので，$\tau^{-1}\sigma\tau$ は a のみによって定まります．そこで $(a,h)^{-1}f(\sigma)(a,h) = f(\tau^{-1}\sigma\tau)$ が容易に示せますから，$Gal(L/F) \triangleleft G \times H$ が分かり，これより $Gal(L/F) \triangleleft \tilde{G}$ より，$i(Gal(L/F)) \triangleleft G$ が示せます．i は単射で G が単純群ですから，$i: Gal(L/F) \cong G$ が示せました． ∎

系 5.3 多項式 $f \in k[X]$ の分解体を K と置く．F は k に 1 の巾根をいくつか付加した体とする．このとき，k 上で $Gal(f)$ が可解でないなら，F 上でも $Gal(f)$ は可解でない．従って，$f = 0$ の根は k の元から，根号を用いては表せない．

証明 命題 5.2 を K, L をそれぞれ k, F 上の f の分解体として使います．このとき (4.4.1) より $Gal(F/k)$ はアーベル群です．もし $Gal(L/F)$ が可解群なら，4 章の定理 6.7 から $Gal(L/k)$，従って，もう一度 4 章の定理 6.7 を使って剰余群 $Gal(f)$ も可解ですが，それは仮定に反します．ゆえに定理 5.1 より f の根は F 上（従って k 上でも）巾根を使っては表せません．

さて，我々は可解でない群の例として S_n, A_n ($n \geq 5$) を知っていますし，n 次の「一般方程式」のガロワ群が S_n であることを 3 章の例 6.7 で見ましたから，

系 5.4 5 次以上の一般方程式の根は，係数から四則と巾根のみを用いては記述できない．

では可解でない方程式は具体的に作れるでしょうか？ 実は 5 次方程式で簡単に作れます．そのために，素数位数の対称群の次の事実が役に立ち

5.5 代数方程式の可解性

ます.

命題 5.5 素数 p に対して,互換を含む S_p の可移的部分群は S_p と一致する.

証明 条件を満たす部分群を G とします.$(ij) \in G$ とすると,G は可移的だから,任意の $k \in [p]$ に対して $\sigma(i) = k$ となる $\sigma \in G$ が取れます.$\sigma(ij)\sigma^{-1} = (k\sigma(j)) \in G$ に注意します.$I_i := \{j \in [p] \mid (ij) \in G\}$ と定義すると,$(ij)(ik)(ij) = (jk)$ より $\forall j, k \in I_i, (jk) \in G$ です.ゆえに,$[p]$ は I_i の形の互いに共通部分を持たない和であり,各 I_i の形の集合は G の元で互いに移り合うので,同じ個数の元を持ちます.従って,$|I_i|$ は p の約数ですが,p は素数なので,I_i は $[p]$ と一致します.即ち,G はすべての互換を含むので,4 章の命題 2.13 より $G = S_p$ となります.

ここまでくると,可解でない方程式を作るのは簡単です.

系 5.6 $f \in \mathbb{Q}[X]$ が既約とする.もし $\deg(f) = p$ が素数で f がちょうど $p - 2$ 個の実根を持つなら,$\mathbf{Gal}(f) = S_p$ である.

証明 f の虚根はちょうど 2 個ですから,複素共役は $p - 2$ 個の実根を固定し,2 個の虚根が入れ替わる互換になります.ですから $\mathbf{Gal}(f)$ は互換を含み,従って命題 5.6 より S_p になります.

例 5.7 $f = X^5 - 16X + 2$ は 2 章の定理 5.15 より $\mathbb{Q}$ 上既約でちょうど 3 個の実根を持ちます.従って,$f = 0$ の根は根号を用いては記述できません.

既約な 5 次方程式のガロワ群を計算するのに,次の定理が役に立ちます.ただ,残念ですが,証明は少し長いので省きます.

定理 5.8 既約な主多項式 $f \in \mathbb{Z}[X]$ と素数 p に対して,f の係数を mod p で考えた多項式を $\bar{f} \in \mathbb{F}_p[X]$ と置きます.もし $\bar{f}$ が($\mathbb{F}_p$ の拡大体で)重根を持たなければ,$\mathbf{Gal}(\bar{f}) \subseteq \mathbf{Gal}(f)$ である(前者は $\mathbb{F}_p$ 上の,後者は $\mathbb{Q}$ 上のガロワ群です)[*30].

これを用いると,次のような例が計算できます.

[*30] 証明は,例えば藤崎源二郎「体とガロア理論」(岩波基礎数学選書)参照.

例 5.9 $f = X^5 + 20X + 16$ を考えます. $p = 7$ に対して,
$$\bar{f} = X^5 - X + 2 = (X + 2)(X + 3)(X^3 + 2X^2 - 2X - 2) \in \mathbb{F}_7[X]$$
と分解し, 第 3 項は既約です. 従って, (3.6.2) より $Gal(\bar{f}) \cong C_3$ です. ゆえに (5.7) より $Gal(f)$ は位数 3 の元を持ちます. このとき, (5.12) の S_5 の可移的部分群の分類より, $Gal(f) = S_5$ または A_5 ですが, 判別式 $D(f) = 2^{16}5^6$ は平方数ですから[*31], $Gal(f) \subseteq A_5$, 従って $Gal(f) = A_5$ が分かりました.

問題 5.5

1. 5 次方程式 $X^5 + aX + b = 0$ の判別式は $-5^5 b^4 + 4^4 a^5$ であることを示せ.
2. $K = \mathbb{Q}(\sqrt{1+2i}, \sqrt{1-2i})$, $L = \mathbb{Q}(\sqrt{6+2\sqrt{-7}}, \sqrt{6-2\sqrt{-7}})$ と置くとき, $Gal(K/\mathbb{Q}), Gal(L/\mathbb{Q})$ を求めよ.
3. 必要なら定理 5.7 を用いて, 次の $f \in \mathbb{Q}[X]$ のガロワ群を求めよ.
    (a) $X^5 - 5X + 12$ (b) $X^5 - X + 1$ (c) $X^5 + X^4 - 4X^3 - 3X^2 + 3X + 1$
    ((c) の 1 つの根は $2\cos\frac{2\pi}{11}$ である.)
4. $f = X^5 + aX + b \in \mathbb{Z}[X]$ を考える.
    (1) f の $\mathbb{F}_2[X]$ での像が 2 次と 3 次の既約多項式の積に分解する条件を求めよ.
    (2) 定理 5.7 を用いて $Gal(f) \cong S_5, A_5$ となる f を沢山作れ.
5[*]. 素数 $p > 2$ に対して $[\mathbb{C} : K] = p$ となる $\mathbb{C}$ の部分体, $[\mathbb{R} : K] = n \geq 2$ となる $\mathbb{R}$ の部分体は, どちらも存在しないことを示したい.
    (1) $[\mathbb{C} : K] = p$ のとき, 1 の原始 p 乗根 $\zeta \in K$ を示せ. また, $\mathbb{C} = K(a), a^p \in K$ を示せ.
    (2) $b \in \mathbb{C}, b^p = a$ となる b を考えて, 矛盾を導け.
    (3) $[\mathbb{R} : K] = 2$ となる K に対して, $\exists c \in \mathbb{R}, c^2 \in K, \mathbb{R} = K(c)$ を示し, (2) と同様の方法でこのような K が存在しないことを示せ.
    (4) 以上より, 最初に述べた事実を証明せよ.

[*31] 問題 5.5-1 参照.

問題略解

第 1 章の解

問題 1.1（群，環，体の定義）

2. 結合法則は明らか．$a \circ e = a + e - 2 = a \Rightarrow e = 2$. $a \circ a^{-1} = a + a^{-1} - 2 = e = 2 \Rightarrow a^{-1} = 4 - a$.

3. $a \star e = ae - a - e + 2 = a \; (\forall a) \Rightarrow a(e-2) = e - 2 \; (\forall a) \Rightarrow e = 2$. $a \star a^{-1} = aa^{-1} - a - a^{-1} + 2 = e = 2 \Rightarrow a^{-1}(a-1) = a \Rightarrow a^{-1} = a/(a-1) \; (a \neq 1) \Rightarrow 1$ を除けば群．

5. (x, y) が単位元であれば，任意の (a, b) に対して，$(a, b) \bullet (x, y) = (x + ay, by) = (a, b) \Rightarrow x + ay = a, by = b \Rightarrow (x, y) = (0, 1)$. 逆元については，$(a, b) \bullet (c, d) = (0, 1) \Rightarrow (c, d) = (-1/b, 1/b) = (a, b)^{-1}$

6. この形の行列の行列式は $a^2 - 2b^2 \neq 0$ だから逆行列を持ち，また和，積，逆元が同じタイプの行列になるから．

7. もし $a \circ a = a \Rightarrow a = e$ で矛盾．$a \circ a = e$ なら $a \circ b = a$ または $b \Rightarrow a = e$ または $b = e$ で矛盾．よって，$a \circ a = b$. 同様にして，$b \circ b = a, a \circ b = b \circ a = e$.

8. 加法で群であるから，前問より，$1 + 1 = x, x + x = 1, 1 + x = 0$. よって，$x^2 = x(1 + 1) = x + x = 1$.

9. 最初の場合．$a \circ b$ は a, b 以外だから，$a \circ b = c$. 同様に，$b \circ c = a, c \circ a = b$ で可換である．後の場合も同じように考えて，$a \circ b = c, a \circ c = b, b \circ c = a$ となる．

10. $f_1 \circ f_i = f_i \circ f_1 \; (i = 1, \cdots, 6)$ で f_1 が単位元．$f_2 \circ f_3(x) = \frac{1}{f_3(x)-1} = x = f_1(x) \Rightarrow f_2^{-1} = f_3$ などのように計算する．$f_4^2 = f_5^2 = f_6^2 = f_1, f_2^2 = f_3, f_2^3 = f_1$ から後で分かるようにこれは 3 次の対称群 S_3 と同型である．

11. $a^2 = e \iff a = a^{-1}$ に注意して各元をその逆元と対にして考えると分かる．

12. 各元はその逆元と一致することに注意．$a \circ b = a^{-1} \circ b^{-1} = (b \circ a)^{-1} = b \circ a$.

13. (1) 一般に a の左逆元を a' と書く．$e' = ee' = e'(ee') = e'e'e, e = (e')'e' = (e')'(e'e') = ((e')')e')e' = e', ee = e$. $a = ea = (a')'a'a = (a')'e, ae = (a')'ee = (a')'e.aa' = aea' = (a')'ea' = (a')'a' = e, ae = aa'a = ea = a$.

(2) $G = \{a, b\}$ で $a = \begin{pmatrix} 1 & 0 \\ 0 & 0 \end{pmatrix}, b = \begin{pmatrix} 1 & 1 \\ 0 & 0 \end{pmatrix}$ とすればよい．

問題 1.2（準同型写像）

1. (1) $f(ab) = f(a)f(b) = f(b)f(a) = f(ba)$ で単射だから，$ab = ba$．(2) 全射だから，任意の $a', b' \in G'$ に対して，$\exists a, b \in G | \ a' = f(a), b' = f(b)$ とすると，$a'b' = f(a)f(b) = f(ab) = f(ba) = f(b)f(a) = b'a'$．
2. $f(1) = a \neq 1 \in \mathbb{Q}_+$ とすると，$f(x) = a^x \in Q_+$ でなければならない．これは不可能．よって，$a = 1$．
3. $m > 0 \in \mathbb{Z} \Rightarrow f(m) = f(1 + \cdots + 1) = mf(1) = m, f(1) = f(m/m) = mf(1/m) = 1 \Rightarrow f(1/m) = 1/m. f(n/m) = nf(1/m) = n/m$．
4. 前問より，$x \in \mathbb{Q} \Rightarrow f(x) = x$．$x > 0 \iff \exists y, x = y^2 \Rightarrow f(x) = (f(y))^2 > 0 \Rightarrow x > x' \iff f(x) > f(x')$．これから，$x$ に収束する有理数列を考えればよい．
5. $f(1) = f(1)f(1) \Rightarrow f(1) = 1. f(0) = f(0) + f(0) \Rightarrow f(0) = 0 \Rightarrow f(-1) = -1 \Rightarrow -1 = f(-1) = f(ii) = f(i)f(i) \Rightarrow f(i) = \pm 1$．
7. $f(\sqrt{2})^2 = 2$ であるから．

問題 1.3（部分群，剰余類，ラグランジュの定理）

1. $f(0) = e$（G の単位元）．$f(1) = a \in G \Rightarrow f(n) = a^n$．
2. $abab = \phi(ab) = \phi(a)\phi(b) = aabb \Rightarrow ba = ab$．
3. $\phi_a^{-1} = \phi_{a^{-1}}$．$f(xy) = axya^{-1} = axa^{-1}aya^{-1} = f(x)f(y)$ で f は準同型．
4. H が G の部分群 $\iff$ ($h, h' \in H \Rightarrow hh'^{-1} \in H$) を用いればよい．
5. $f(1) = a \neq 0 \Rightarrow f(1/m) = a/m \ (m \in \mathbb{Z}) \Rightarrow f(\mathbb{Q}) \not\subset \mathbb{Z}$．
6. (2) H が部分群のとき，H に含まれる最小の正整数を n とする．$x \in H$ を n で割り，$x = qn + r \ (q, r \in \mathbb{Z}, 0 \leq r < n)$ とすると，$r = x - qn \in H$．n の最小性から，$r = 0$．(3) H が部分群のとき，H に含まれる最小の正の実数 a が存在すれば，$H = a\mathbb{Z}$．そうでなければいくらでも 0 に近い実数が含まれる．
7. (1) 略．(2) $f(x) = e^{2\pi i x/n}$．
8. n 個の列が 1 次独立なので，$\sharp GL(n, \mathbb{F}_2) = (2^n - 1)(2^n - 2) \cdots (2^n - 2^{n-1})$．
9. $(ab)^{nm} = a^{nm}b^{nm} = e$ であるから，nm は ab の位数 r で割り切れる．$e = (ab)^{rn} = b^{rn}$ より，$m|rn$ である．仮定より，$m|r$．同様に $n|r$ であるから，$nm = r$ となる．
10. 群の位数が偶数だから，位数 2 の元 a_1 を含む．位数 5 の元がなければ，単位元以外の元の位数はすべて 2 である．従って，この群は可換群である．$a_2 \neq a_1, a_2 \neq e$ とすると，これら 2 個の元の積から，位数 4 の部分群が生じるが，4 は 10 を割らないから矛盾である．位数 $2p$ の群についても同様である．
11. 有理数 m/n は H_n の元である．よって，$\mathbb{Q} = \bigcup_{n \geq 1} H_n$．もし生成元 m/n があれば，$\mathbb{Q} = H_n$ である．しかし，$H_n \subsetneq H_{n+1}$ で矛盾する．

237

問題 1.4（正規部分群，剰余群，同型定理）
1. $a \in H, b \in K \Rightarrow b^{-1}a^{-1}ba \in H \cap K \Rightarrow b^{-1}a^{-1}ba = e.$
3. 任意の $g \in G$ に対して，$g^{-1}Hg$ も位数 m の部分群であるから．
4. HaH は H の左剰余類の重複を許さない和集合である．よって，仮定より，$HaH = aH \supset Ha$．従って，$a^{-1}Ha \subset H$．
6. $ba = b^2c = a^2c = a^3b$ より，$G = \{e, a, a^2, a^3, ab, a^2b, a^3b, b\}$．すべての部分群の位数は 4 か 2 である．位数 4 なら，指数 2 で正規部分群．位数 2 のものは 1 個しかないので正規である．
7. $|G| = 2p$ とする．G は位数 2 の元 a と位数 p の元 b を含む（問題 1.3-10）．$H = \langle b \rangle$ は指数 2 であるから正規．よって，$aba = b^k$ なる整数 k が存在する．$k = 1$ なら $ab = ba$ の位数は $2p$ だから，G は巡回群である．そうでないとき $k = -1, aba = b^{-1}$ で G は二面体群 D_p である（4 章の例 4.2 参照）．

問題 1.5（N を法とする合同式）
1. 7 で割ると，$6 + 1 + 2 + 3 + 4 + 5 + 7 + 7 + 2 \equiv 2 \pmod{7}$，9 で割ると，余りは $6 - 1 + 2 - 3 + 4 - 5 + 7 - 7 + 2 = 5$．
2. (a) 3/7. (b) 2/9. (c) 124/511.
3. もし $3|a \Rightarrow 2 \equiv 0 \pmod 3$ で矛盾．a, b, c がどれも 3 の倍数でないとき $a^2+b^2+c^2$ は 3 の倍数となり矛盾．
9. $a, 2a, \ldots, (m-1)a$ は法 m に関して合同でない．類は m 個しかないから，b の属する類はこれらのどれかと一致する．以下はこれから出る．
10. $x = 33 + 35w\ (w \in \mathbb{Z})$.
11. $59, 164, 269, 374, 479$.
13. $x \equiv 1, 3 \pmod 7$.
14. $c_1^2 \equiv a \pmod{p^2} \Rightarrow c_1^2 \equiv a \pmod{p}$ より，$c_1 = c + py$ の形である．$(c+py)^2 - a = p(k + 2cy) + y^2p^2$ であることを利用せよ．
15. 3 進法で $1/10 = 0.00220022\cdots$．mod 10 で 3 の位数は 4．
16. (1) 上から順に一枚目，二枚目と名付けると，k 枚目は 1 度のシャッフルで $2k$ 枚目に移る．但し，$k \geq n + 1$ 枚目は $2k - (2n + 1)$ 枚目に移る．従って，n 回シャッフルで $2^n k$ を $2n + 1$ で割った余り枚目に移る．(2) それぞれ 3, 6, 10, 等 $2^m \equiv 1 \pmod{2n+1}$ となる最小の m．
17. 素数 p が $N^4 + 1$ の素因数 $\iff N^4 \equiv -1 \pmod p$．mod p で N の位数が 8 だから $p - 1$ は 8 の倍数．
18. $d|N, 1 \leq m \leq N$ に対して，$\mathrm{GCD}(N, m) = d \iff (N/d, m/d) = 1$ なのでこのような m の個数は $\phi(N/d)$ に等しい．

第 2 章の解

問題 2.1 (倍数と約数, 多項式環, 環の拡大)

問題 2.3. (2) ($\Longleftarrow$) は明らか. 右辺の条件を否定すると, $\exists a \in I, a \notin J$ かつ $\exists b \in J, b \notin I$ である. このとき, $a, b \in I \cup J$ だが, $a + b \notin I \cup J$.

1. (1) 図 A.1 (a) (2) $x \in A$ に対して $N(x) = |x|^2$ ($|x|$ は複素数の絶対値) と置くと $N(x)$ は整数で, $x \mid y \Longrightarrow N(x) \mid N(y)$. $N(12) = 144$ の約数の中で, $N(x), x \in A, x \mid 12$ となるものを探すと図 A.1 (b) となる. このハッセ図から, 2 と $1 + \sqrt{-5}$ の上限が存在しないことが分かる. (6 と $2 + 2\sqrt{-5}$ はどちらも 2 と $1 + \sqrt{-5}$ より "大きい" が, 互いに比較できない).

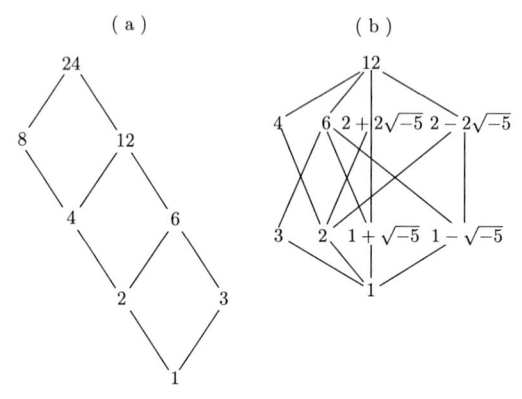

図 A.1

2. (1) $N(a + b\sqrt{2}) = a^2 - 2b^2$ と置くとき, $x, y \in \mathbb{Z}[\sqrt{2}]$ に対して $N(xy) = N(x)N(y)$ を用いて (a) $a_n^2 - 2b_n^2 = N(a_n + b_n\sqrt{2}) = N((1 - \sqrt{2})^n) = (-1)^n$. (b) $a_n = [(1 + \sqrt{2})^n + (1 - \sqrt{2})^n]/2, b_n = [(1 + \sqrt{2})^n - (1 - \sqrt{2})^n]/2\sqrt{2}$.
(2) (1) と同様に $(2^2 - 3)^n = 1$.

3. (1) は前問と同様 $N(xy) = N(x)N(y)$ より. (2) で, $n > 0$ のとき, 単元が無限個存在することについては [武] 参照.

4. 実際に割り算をしても, 前問と同じ N を考えても, $(1 + i) \mid n \iff n$ は偶数, $(2 + 3i) \mid n \iff n$ は $N(2 + 3i) = 13$ の倍数.

5. (1), (2) は略. (3) は $f = \sum_0^\infty a_i X^i$ と置いて, (a) では $f = (1 - X - X^2)^{-1} = ((1 - \alpha X)(1 - \beta X))^{-1} = \left(\dfrac{\alpha}{1 - \alpha X} - \dfrac{\beta}{1 - \beta X}\right) \Big/ (\beta - \alpha)$ $(\alpha, \beta = (1 \pm \sqrt{5})/2)$ より, $a_n = (\beta^{n+1} - \alpha^{n+1})/\sqrt{5}$. (b) では $f = \dfrac{4 - 7X + X^2}{1 - 2X - X^2 + 2X^3} = (1 - X)^{-1} + 2(1 + X)^{-1} + (1 - 2X)^{-1}$, $a_n = 1 + 2(-1)^n + 2^n$.

6. ($\Longrightarrow$) は明らか. ($\Longleftarrow$) は $b_1, \cdots, b_{n-1}$ が求まったとすると, $a_n = 2bb_n + 2b_1 b_{n-1} + \cdots$ で $2, b$ が単元なので, b_n も求まる.

7. (1) $0 < a < b < N, N | ab$ のとき, $c = b - a, f = X(X - c)$ と置くと f は $0, c, b$ で 0 になる. $0 < a < N, N | a^2$ の場合は略.

(2) $f(n) \equiv 0 \pmod{30}$ なら $f(n) \equiv 0 \pmod 5$ でもあるから, $\deg f \geq 5$. $f(X) = X^5 - X \equiv X(X^2 - 1)(X + 2)(X - 2)$ が求めるもの. 30 を 42 にすると, $\deg f \geq 7$ である. 以下略.

8. 2 次の主多項式 p^2 個のうち $(X - a)^2$ の形のもの p 個, $(X - a)(X - b)$ $a \neq b$ の形のもの $p(p-1)/2$ 個だから, 既約なものは $(p^2 - p)/2$ 個. 同様に, 3 次の既約主多項式は $(p^3 - p)/3$ 個(4 章の命題 3.7 参照).

9. (2) $\mathbb{F}^{\times}$ で 2 の位数は $p = 3, 5, 7, 11, 13, 17$ のとき, それぞれ $2, 2, 3, 2, 2, 3, 2, 4, 3, 12, 8$ である. 以下略(任意の元の位数が $p - 1$ の約数であることに注意!).

10. A を (1) または (2) の条件の整域とし, $a \in A, a \neq 0$ とする. a をかけることで定義される写像 $b \to ab$ は有限集合(または有限次元線型空間)の自分自身への単射((2) では線型写像)より全単射.

11. (1) 前半は略. 後半は $5^{2^h} = (1 + 4)^{2^h} \equiv 1 + 2^{h+2} \pmod{2^n}$ を h に対する帰納法で示せる. これより $k < 2^{n-2}$ を 2 進法で

$$k = e_{n-2} e_{n-3} \cdots e_1 e_0 \quad (各 e_i は 1 または 0)$$

と書くと, 5^k は 2 進法の $e_{n-2} e_{n-3} \cdots e_1 e_0 01$ (n 桁) と $\pmod{2^n}$ で合同.

(2) $U := \{1 + pn \pmod{p^k} \mid n < p^{k-1}\}$ と置くと, (1) と同様に p 進法を用いて, U が巡回群が示せる. 巡回群 $\mathbb{F}_p^{\times}$ の生成元を s と置くと, $s \pmod{p^k} \in G = U(\mathbb{Z}/(p^k))$ の位数は $(p-1)p^i$ の形の数である. U の生成元を u とすると, G は us^{p^i} で生成される巡回群である.

問題 2.2(イデアルと剰余環)

1. (1) $(I + J) \cap K \supset (I \cap K) + (J \cap K)$ は常に成立. (2) A が PID のとき, $I = (a), J = (b), K = (c)$ と置くと, $(I + J) \cap K$ は LCM $(\text{GCD}(a, b), c)$ で, $(I \cap K) + (J \cap K)$ は GCD$(\text{LCM}(a, c), \text{LCM}(b, c))$ で生成される(§5 の問題 5.4. 参照). 両者が等しいことは, 例えば a, b, c の素因数分解を見れば分かる. その他にも, $I + J = (1)$ のときも両辺は一致する.

(3) $\mathbb{Z}[X]$ で, 例えば $I = (2 + X), J = (2X), K = (4, X^2)$ と置くと, $I + J = (4, 2X, X^2) \subset K$ だが $4, X + 2 \notin (I \cap K) + (J \cap K)$.

2. $N = \begin{pmatrix} 0 & 1 \\ 0 & 0 \end{pmatrix} \in A$ と置くと, A のイデアルは, $(1), (N), (0)$ の 3 つ ($N^2 = 0$ より $A \cong k[X]/(X^2)$).

4. $(2^n, 2^{n-1}X, \cdots, aX^{n-1}, X^n) \subset \mathbb{Z}[X], (X^n, X^{n-1}Y, \cdots, XY^{n-1}, Y^n) \subset k[X, Y]$ はどちらも $n+1$ 個の生成元を必要とする.

5. $X^4 + 4 - (X^2 + 2)(X^2 - 2) = 8$ より, $I = (X^2 + 2, 8)$. ゆえに A/I の元は $a + bX$ ($0 \leq a, b < 8$) という代表元を持つので, $|A/I| = 64$. A の単元, 巾零元は共に 32 個. $A/(X^2 + 2) \cong \mathbb{Z}[\sqrt{-2}]$ だから $A/I \cong \mathbb{Z}[\sqrt{-2}]/(8)$ とも思える.

6. (1) $\mathbb{Z}/(6)$ に於て 2, 3 は零因子, $3 - 2 = 1$. また, 一般に A に於て $x^n = 0, y^m = 0$ なら分配法則より $(x+y)^{(n+m)} = 0$ である.

(2) A が可換環でないとき, 例えば 2×2 行列の環で
$$\begin{pmatrix} 0 & 1 \\ 0 & 0 \end{pmatrix} + \begin{pmatrix} 0 & 0 \\ 1 & 0 \end{pmatrix}$$
は逆行列を持つが, 上の 2 つの行列はどちらも巾零である.

7. $I = (a)$ と置くと $(a) \ni 2, 1 + \sqrt{-5}$ より $N(a) = |a|^2$ は $N(2) = 4, N(1 + \sqrt{-5}) = 6$ の公約数. $N(a) = 2$ となる元は $A = \mathbb{Z}[\sqrt{-5}]$ には存在しないから, I が単項なら $I = (1)$. $1 \notin I$ を示せばよい (以下略). $I^2 = (4, 2(1 + \sqrt{-5}), (1 + \sqrt{-5})^2) = (2)$.

8. (1), (2) は略. (3) $I = (m + \sqrt{d})$ のとき, $A/I \cong \mathbb{Z}[X]/(X^2 - d, m + X)$. mod $(m + X)$ を取るのは (イデアル $(m + X)$ で割るのは) $X = -m$ を代入することだから $A/I \cong \mathbb{Z}/(m^2 - d)$.

9. 前半は $a^2 + b^2 = 1$ となる (a, b), 後半は $a^2 + b^2 = c^2$ となる $a, b, c \in \mathbb{Z}$ (整数値の直角 3 角形の 3 辺!) を定めることと同値である ((2.13.2) 参照). 前半は $p = 5$ のとき 4 種類, $p = 7$ のとき 8 種類存在する. 後半は, 適当に $d, m, n \in \mathbb{Z}, m < n$ を選んで (必要なら a, b を交換して),
$$a = d(n^2 - m^2), \quad b = 2dnm, \quad c = d(m^2 + n^2)$$
と書ける (問題 2.5-10 参照).

問題 2.3 (ユークリッド環と PID)

1. (1) (a) 123, (b) 43, (c) 1994

(2) $\mathbb{Q}[X]$ では $X^2 + X + 1$, $\mathbb{F}_2$ では $X^3 + 1$.

(3) $\mathbb{Q}[X]$ では 1, $\mathbb{F}_3[X]$ では $X + 1$.

2. (1) $(-1 + 2i)$ (2) $(4 + i)$ (3) $(1 - i)$ (割り算をするときには, 絵を書いて見当をつける).

3. (1) 略. (2) $m = 2, 3$ のとき, (1) で $p, q \leq \frac{1}{2}$ より $N(p + q\sqrt{m}) \leq 1$ となり, 定義 3.5 の (E2) が満たされる.

4. (1) $\{a + b\omega | a, b \in \mathbb{Z}\} = \mathbb{Z}[\omega], \{a + b\alpha | a, b \in \mathbb{Z}\} = \mathbb{Z}[\alpha], \{a + b\beta | a, b \in \mathbb{Z}\} = \mathbb{Z}[\beta]$ はそれぞれ $\mathbb{Q}(\sqrt{-3}), \mathbb{Q}(\sqrt{-7}), \mathbb{Q}(\sqrt{-11})$ の整数環.

(2) $\mathbb{Z}[\beta]$ を例に取ると，複素平面で，$\mathbb{Z}[\beta]$ の各点を中心として単位円を描くと全平面を覆う．ゆえに，$x,y \in \mathbb{Z}[\beta], x \neq 0$ に対して，$|y/x - z| < 1$ となる $z \in \mathbb{Z}[\beta]$ を取ると，$y = xz + u, N(u) < N(x)$ とできる．

5. $u \in U(A), a \in A, a \neq 0, a = ub$ なら (E1) より $N(u) \leq N(a)$．以下略．
6. (1) イデアル $(0) \neq I \subset A$ に対して $a \in I, a \neq 0$ を $N(a)$ が I の 0 でない元の中で最小に取ると，条件より $I = (a)$ が示せる．
   (2) [Moh] 参照．そう難しくはない．
7. (1) $\mathbb{Z}_{(p)}$ のイデアル I に対して $I \cap \mathbb{Z}$ の生成元が I の生成元になる．(2) は $n \in \mathbb{Z}, (n, p) = 1$ が $\mathbb{Z}_{(p)}$ では単元なので，I の生成元が p^r の形の元で取れる．

問題 2.4（素イデアルと極大イデアル）

1. $A = \mathbb{Z}/(24)$ のイデアルは $(n) \in \mathbb{Z}, n \mid 24$ の A での像だから，24 の約数の個数に等しい．$24 = 2^3 3$ だから $(3+1)(1+1) = 8$ 個（$A = (\bar{1}), (24) = (\bar{0})$ も含む）．B は $2^3 = 8$ 個．

2. (1) I が P に含まれないとき，$a \in I, a \notin P$ とすると，任意の $b \in J$ に対して $ab \in I \cap J \subseteq P, P$ が素イデアルだから $b \in P$．ゆえに $J \subseteq P$．(2) は，$A = \mathbb{Z}, P = (p^n)$（$p$ は素数）とすると，「$I \cap J$ が P に含まれるなら I, J のどちらかが P に含まれる」は成立する．ゆえに (1) の逆は不成立．(1) の条件を満たすイデアルを**既約イデアル**と云う（定義 9.8 参照）．

3. $a, b \in A, ab \in f^{-1}(Q)$ なら定義より $f(ab) = f(a)f(b) \in Q$．Q は素イデアルより $f(a)$ または $f(b) \in Q$．Q が極大イデアルでも $f^{-1}(Q)$ が極大イデアルとは限らない．例えば f として埋め込み写像 $\mathbb{Z} \hookrightarrow \mathbb{Q}$ を考える．

4. (1) A で $fg = 1$ なら，各点で $f(x)g(x) = 1$ より $f(x) \neq 0$．逆に，各点で $f(x) \neq 0$ なら $1/f \in A$．
   (2) $f \in A, f \notin \mathfrak{m}_a$ とすると $f(a) \neq 0, f - f(a) \in \mathfrak{m}_a, f(a) = f - (f - f(a)) \in U(A)$ より，$\mathfrak{m}_a$ を真に含むイデアルは A のみ．
   (3) I が A の真のイデアルなら，I の元の共通零点が存在することを示す．もし共通零点がないなら，$U_f = \{x \in X \mid f(x) \neq 0\}$ は X の開集合で $\cup_{f \in I} U_f = X$ である．X がコンパクトなら，有限の被覆を持つから，$f_1, \cdots, f_n \in I$ が共通零点を持たないように取れる．すると $f := f_1^2 + \cdots + f_n^2 \in I$ かつ $f \in U(A)$ だから $I = A$ となる．以下略．なお，更に X がハウスドルフのとき $a \neq b$ なら $\mathfrak{m}_a \neq \mathfrak{m}_b$．
   (4) は略．

5. (1) $a \in \mathrm{Rad}(A)$ のとき，任意の極大イデアル $\mathfrak{m} \subset A, \forall x \in A$ に対し $ax \in \mathfrak{m}$ だから $1 - ax \notin \mathfrak{m}$．ゆえに $1 - ax \in U(A)$．
   (2) は略．
   (3) 前半は (1) と命題 1.6 の (3) より．後半は $A \cong A[[X]]/(X)$ と，一般に剰余環

B/J の極大イデアルと B の極大イデアルで J を含むものが一対一に対応することから得られる．
6. (1) 定義通り．(2) 問題 5 の (3) より．
   (3) 前半は $\mathfrak{m} = \{f(X)/g(X) \mid f(X), g(X) \in k[X], f(a) = 0, g(a) \neq 0\}$ に対して (1) を使う．後半は $f(X)/g(X)$ の $X = a$ に於ける巾級数展開を考える．
   (4) $\mathfrak{m} = (X) = \{f \in O \mid f f(0) = 0\}$ に対して (1) を使う．
7. 素イデアル $P \subset \mathbb{Z}[X]$ に対して，$P \cap \mathbb{Z}$ も $\mathbb{Z}$ の素イデアル（問題 3）．$P \cap \mathbb{Z} = (p) \neq (0)$ のとき，$P/(p)$ は $\mathbb{Z}[X]/(p) \cong \mathbb{F}_p[X]$ の素イデアルより (b) または (d) である．$P \cap \mathbb{Z} = (0), P \neq (0)$ のとき，P に含まれる最小次数の多項式の次数を n とする．P の次数 n の多項式の X^n の係数をすべて考える（0 も加える）と $\mathbb{Z}$ のイデアル (a) となる．$f = aX^n + \cdots \in P$ が P を生成することは容易に示せる．
8. (1) $\mathfrak{m} = \{x \in K^\times \mid v(x) > 0\} \cup \{0\}$ が V の唯一の極大イデアルであることが問題 6 の (1) より分かる．以下略．
   (2) A の商体を K と置く．関数 $v : K^\times \to \mathbb{Z}$ を，$a \in A, a \neq 0$ に対し，$(a) = (\pi^n)$ のとき $v(a) = n$，$x = a/b \in K^\times, a, b \in A$ のとき $v(x) = v(a) - v(b)$ と定義する．
   (3) これらの環が (2) の条件を満たすことは見てある．
   (4) 付値 v の付値環を V，V の極大イデアルを $\mathfrak{m}$ とし，$A = \mathbb{C}[X]$ と置く．$v(X) \geq 0$ のとき $V \supset A$ で，$\mathfrak{m} \cap A = (X - a) (\exists a \in \mathbb{C})$．このとき，$v$ と $a \in \mathbb{C}$ を対応させる．$v(X) < 0$ のとき $v(X^{-1}) > 0$ だから $V \supset \mathbb{C}[X^{-1}]$，$\mathfrak{m} \cap \mathbb{C}[X^{-1}] = (X^{-1})$．このとき v は ∞ に対応する．このとき，$f \in K^\times$ に対して，$v(f)$ は，v と対応する点 a での零点の位数（または $-$(極の位数)）である．

問題 2.5（素元分解，既約性の判定）

1. (1) と (2) の前半は定義をそのまま追えばできる．$A = \mathbb{Z}[X]$ で $\mathrm{GCD}(2, X) = 1, 1 \notin (2, X)$．
2. $\mathbb{Q}[i]$ は体で，$\mathbb{Q}[i]$ の任意の元が α/β $(\alpha, \beta \in \mathbb{Z}[i])$ の形で表せることを示せばよい．
3. (1) $N(13 + 2\sqrt{2}) = 13^2 - 2 \cdot 2^2 = 161, N(7) = 49$ の最大公約数は 7 より，$N(x) = 7$ である元を探して，$3 \pm \sqrt{2}$ を得る．$3 + \sqrt{2} \mid 13 + 2\sqrt{2}$ が確かめられて，$\mathrm{GCD}(7, 13 + 2\sqrt{2}) = 3 \pm \sqrt{2}$．$\mathbb{Z}[\sqrt{2}]$ は単元を無限個持つので，答えも表現がいろいろあり得る．以下略．
4. A のイデアル $I \neq (0)$ を含む極大イデアルを M とする．$0 \neq a \in M$ に対して，a の因数となっている素元 p で $p \in M$ であるものが取れる．(p) は素イデアルだから，仮定より $(p) = M$．ゆえに，A の極大イデアルはすべて単項．
   次に I を含む極大イデアルを $(p_1), \cdots, (p_n)$ とする．各 i について $(p_i^{a_i})$ が I を含む最高巾とすると，$I = p_1^{a_1} \cdots p_n^{a_n} J$ と書ける．J を含む極大イデアルは存在しない

から $J = (1)$, 即ち, $I = (p_1^{a_1} \cdots p_n^{a_n})$.

5. (1) $k[X, f^{-1}]$ のイデアル J に対し $I = J \cap k[X], I = (g)$ と置くと $J = (g)$ が容易に示せる.

(2) $A = \mathbb{R}[X, Y]/(X^2 + Y^2 - 1)$ とする. $x = \bar{X} \in A$ と置くと $A/(x) = \mathbb{R}[X, Y]/(X, X^2 + Y^2 - 1) \cong \mathbb{R}[Y]/(Y^2 - 1)$ より x は素元でない. x が既約であることを示す. A に於て $x = fg$ とすると, $\mathbb{R}[X, Y]$ に於て

(#1) $$X + (X^2 + Y^2 - 1)h(X, Y) = f(X, Y)g(X, Y)$$

となる. $y = \bar{Y} \in A$ と置くと, $y^2 = 1 - X^2$ だから, (#) を A に写して y^2 を $1 - X^2$ で置き換えると

(#2) $$X = (f_0(X) + f_1(X)y)(g_0(X) + g_1(X)y)$$

変形して,

(#3) $$f_0 g_0 + f_1 g_1 (1 - X^2) = X, \quad f_0 g_1 + f_1 g_0 = 0$$

ここで (#3) は $\mathbb{R}[X]$ での等式である. $(f_0, f_1) = 1$ とすると (#3) の第 2 式より, $g_0 = cf_0, g_1 = -cf_1$ と置ける. 第 1 式に代入すると, $cf_0^2 - c(1 - X^2)f_1^2 = X$ となり, f_0, f_1 の最高次の係数をそれぞれ a, b とすると, $a^2 + b^2 = 0$ となり矛盾.

(3) $\mathbb{Q}(i), \mathbb{C}$ に於て $X^2 + Y^2 = (X + iY)(X - iY)$ と分解する. $\mathbb{C}[X, Y] = \mathbb{C}[X + iY, X - iY]$ とも書けるから, $U = X + iY, V = X - iY$ と変数変換して, $\mathbb{C}[X, Y]/(X^2 + Y^2 - 1) = \mathbb{C}[U, V]/(UV - 1) \cong \mathbb{C}[U, U^{-1}]$. (1) に帰着する.

6. $\Longleftarrow$ は単元 + 巾零元が単元であることから得られる. $\Longrightarrow$ は f の $A/P[X]$ への像も単元で, A が整域のとき $f = a_0 + a_1 X + \cdots + a_n X^n \in U(A[X])$ なら $a_1 = \cdots = a_n = 0$ はすぐ分かるから, $a_1, \cdots, a_n \in P$. P は任意だから, 定理 4.11 より $a_1, \cdots, a_n$ は巾零.

7. (1) (a) はアイゼンシュタインの判定法. (b) は $X = Y/2$ を代入すると, $Y^3 - Y + 1$ で, $\mathbb{F}_2[X]$ に写すと既約. (c) $X^4 + 3X^3 + X^2 - 2X + 1$ は $\mathbb{F}_2$ で $X^4 + X^3 + X^2 + 1 = (X + 1)(X^3 + X + 1)$ と 1 次式と既約 3 次式に分解する. $\mathbb{F}_3$ では $X^4 + X^2 + X + 1$ となり 1 次因数を持たない. ゆえに 1 次因数も 2 次の因数も持たないので既約.

(2) $k[X]$ を係数と思って, アイゼンシュタインの判定法を $p = X - 1$ として使う.

9. (1) $a^2 + b^2 = (a + bi)(a - bi) = c^2$ で, $a + bi$ と $a - bi$ が $\mathbb{Z}[i]$ で互いに素であることから, $a + bi = u(m + ni)^2$ となる (u は単元, $u = \pm 1, \pm i$).

(2) まず余弦定理より $c^2 = a^2 - ab + b^2 = (a + b\omega)(a + b\omega^2)$ となる. $(a, 3) = 1$ のとき, $(a + b\omega, a + b\omega^2) = 1$ で, $a + b\omega = u(m + n\omega)^2$ (u は単元). 例えば $m > n$ のとき $a = m^2 - n^2, b = (2m - n)n$.

10. 例えば, R. M. Fossum, The Divisor Class Group of a Krull Domain, Ergebnisse der Mathematik $\cdots$ **74**, Springer, 1973 参照.

問題 2.6（中国式剰余定理）

1. $n = 23$. いろいろなやり方を考えよう！
2. P が $A_1 \times A_2$ の素イデアルなら，$(1,0)(0,1) = (0,0) \in P$ より $(1,0)$ または $(0,1) \in P$. $(0,1) \in P$ とすると，$P = P_1 \times A_2$ となるのは容易に分かる．
3. π の λ 成分は自然な全射 $\pi_\lambda : A_\lambda \to A_\lambda/I_\lambda$. $(a_\lambda) \in \mathrm{Ker}\,\pi$ と $\forall \lambda, a_\lambda \in I_\lambda$ は同値．
4. $(1-e)(1-e) = 1 - e - e + e^2 = 1 - e, e(1-e) = 0$ に注意．$a = be = c(1-e)$ とすると，両辺に e をかけると $be = 0$ より $eA \cap (1-e)A = \{0\}$, $a \in A$ に対し，$a = a.1 = a(e + (1-e)) = ae + a(1-e) \in eA \times (1-e)A$.
5. $p|n$ なら $\phi(n) \geq p-1$, $p^2|n$ なら $\phi(n) \geq p(p-1)$ 等々で，n の可能性をしぼれる．$\phi(n) \leq 20$ となる最大の n は 66, $\phi(66) = 20$, $\phi(n) \leq 50$ となる最大の n は 180, $\phi(180) = 48$.
6. Φ が全射で，$\mathrm{Ker}\,\Phi = (f(a_1), \cdots, f(a_n))$ だから (1) が得られる．(2) は $f = \sum_{i=1}^n b_i f_i$ とすればよい．
7. (1) 前者は位数 8 の元を持つが，後者は持たない．
   (2) $\mathbb{F}_2[X]/(X^2)$ で $\bar X$ は巾零だが，$\mathbb{F}_2 \times \mathbb{F}_2$ は巾零元を持たない．
   (3) $A[X,Y]/(XY) \cong \mathrm{Im}\,\Phi \cong \{(f(X), g(Y)) \in A[X] \times A[Y] \mid f(0) = g(0)\}$

問題 2.7（環上の加群）

問題 7.1. (2) $a, b \in A, x, y \in M, ax = 0 = by$ なら，$ab(x + y) = 0$ より M のねじれ元の集合は和で閉じている．A の作用で閉じているのは明らか．

1. M のねじれ元は $\bar 2, \bar 3, \bar 4, \bar 6, \bar 8, \bar 9, \overline{10}, \bar 0$. 例えば $\bar 3 + \overline{10} = \bar 1$ はねじれ元でない．
2. (7.16) により $\mathrm{Hom}_A(A, M) \cong M$ だが，$f \in \mathrm{Hom}_A(A, M), f(1) = x$ が A/I を経由することと，$f(I) = I.x = (0)$ が同値．
3. $P = \mathrm{Ann}(x)$ が極大とする．$a, b \in A, ab \in P$ とすると $abx = 0$. もし $bx \neq 0, a \notin P$ とすると，$\mathrm{Ann}_A(bx)$ は P より真に大きくなり，P の極大性の仮定に矛盾する．
4. (1) 略（線型代数の教科書で「スカラー」を A と思えば全く同じ）．
   (2) 前半は略．f が同型写像のとき，逆写像を g とすると $fg = 1_V$ (1_V は V の恒等写像．$1 = \det fg = \det f \det g$ より $\det f \in U(A)$. 逆に $\det f \in U(A)$ のとき，f をある基底に関して行列表示した行列を M と置くと，$\det M \in U(A)$ で，M は逆行列を持つ（随伴行列を用いた構成）．もちろん，逆行列が f の逆写像を与える．
   (3) $\mathrm{End}_A(V) := \{g : V \to V \mid g$ は A 準同型$\}$ は，和を線型写像の和，積を写像の合成（この積は可換でない）として A 上の $n \times n$ 行列全体の環と同型な環をなす．$A[f]$ を A と f で生成される $\mathrm{End}_A(V)$ の（可換な）部分環とする（$a \in A$ と $a.1_V$ を同一視して，$A \subset A[f]$ と思う）．
   f の V のある基底に関する行列を M とし，$\det(XI_n - M) = X^n + a_1 X^{n-1} + \cdots + a_0 =:$

$\Phi_f(X) \in A[X]$ とするとき,「環 $A[f]$ に於て $\Phi_f(f) := f^n + a_1 f^{n-1} + \cdots + a_0 = 0$」というのが一般の環の上のケーリー–ハミルトンの定理である.証明だが,一般に,$\phi : R \to S$ が環の準同型, $W \cong R^n$ が自由 R 加群, $h : W \to W$ が R 準同型写像のとき, $\phi(h) : S^n \to S^n$ が h の行列の成分を ϕ で写像して定まる. このとき,

$$\phi(\det h) = \det(\phi(h))$$

に注意しよう.さて, $R = A[X], S = A[f], W = A[X]^n, \phi : A[X] \to A[f]$ を $\phi(X) = f$ で定める. $h = X.1_W - f$ と置くとき, $\phi(h) = f - f = 0$ だから, $\Phi_f(f) = \phi(\det h) = \det\phi(h) = 0$ である.

5. (1) α が全準同型であることは明らかだから, f が $f(1)$ で決まることを示す. $f(1) = a$ と置くと, $m/n \in \mathbb{Q}$ に対して, $nf(m/n) = f(m) = mf(1) = ma$ だから, $f(m/n) = ma/n$ と決ってしまう. (2), (3) も同様なので略す.

問題 2.8（PID 上の加群,可換群の基本定理）

1. $32 = 2^5$ より,位数 32 のアーベル群の種類の数と 5 の分割の個数が等しい.また,5 の分割の個数は,対称群 S_5 の共役類の個数とも等しく（4 章命題 2.11 参照),7 個である.位数 24, 32, 72, 144 のアーベル群の数は,それぞれ 3, 7, 6, 10 個.
2. まず (a) がねじれを持たないので, A は整域.また, $a, b \in I \subset A$（イデアル）に対し, $a.b = b.a$ だから $I \cong A^n$ なら $n = 1$ であり, I は単項イデアルになる.
3. (1) 行列の基本変形により,

$$\begin{pmatrix} 4 & 6 \\ 6 & 5 \end{pmatrix} \to \begin{pmatrix} 4 & 2 \\ 6 & -1 \end{pmatrix} \to \begin{pmatrix} 16 & 0 \\ 0 & 1 \end{pmatrix}$$

となるので $\mathbb{Z}/\mathrm{Im}\, f \cong \mathbb{Z}/(16)$. 同様に $\mathbb{Z}/\mathrm{Im}\, g \cong \mathbb{Z}/(2) \times \mathbb{Z}/(108)$. (2) は系 8.3 より得られる.

4. 例 8.7 と同様に, $V \cong \mathbb{R}^n$ の表現は $\mathbb{R}[X]/(f)$ の形の空間での X をかける作用の表現と思える. $\mathbb{R}[X]/(f)$ は f の既約分解の形に応じて, $\mathbb{R}[X]/(X-a)^2$ $(a \in \mathbb{R})$ と, $\mathbb{R}[X]/(X^2 + aX + b)^n$ $(X^2 + aX + b$ は既約) の形の直和に分かれる.前者の表現は (8.7) と同様に普通のジョルダン標準形になる. $\mathbb{R}[X]/(X^2 + aX + b)^n$ の $\mathbb{R}$ 上の基底を $1, X, X^2 + aX + b, X(X^2 + aX + b), \cdots, (X^2 + aX + b)^{n-1}, X(X^2 + aX + b)^{n-1}$ とすると,この基底に関して X をかける写像は $n = 2$ のとき

$$\begin{pmatrix} 0 & -b & 0 & 0 \\ 1 & -a & 0 & 0 \\ 0 & 1 & 0 & -b \\ 0 & 0 & 1 & -a \end{pmatrix} \text{ となり, } n \geq 3 \text{ のときも } \begin{pmatrix} 0 & -b \\ 1 & -a \end{pmatrix}$$

が対角線上に並んだ左隅に 1 が並ぶ行列ができる.

5. A は $\mathbb{Z}$ 加群として $\{1, \alpha\}$ を基底に持ち，$\mathbb{Z}^2$ と同型な自由加群だから，定理 8.1 により I も自由加群．A/I は有限集合だから，$I \cong \mathbb{Z}^2$.

以下，簡単のため，$d \equiv 2, 3 \pmod{4}$ とする．A, I の基底をそれぞれ $\{1, \alpha\}$，$\{a + b\alpha, \alpha(a + b\alpha) = a\alpha + bd\}$ と取ると，埋め込み $I \subset A$ の行列表示は

$$\begin{pmatrix} a & bd \\ b & a \end{pmatrix}$$

となる．$|A/I|$ はこの行列の det を取って $|a^2 - b^2 d| = |N(a + b\alpha)|$.

問題 2.9（ネーター環）

1. B のイデアル $(X, XY, XY^2, \cdots, XY^n, \cdots)$ は有限個の元では生成されない．言い換えると，上のイデアルの生成元を 1 つずつ増やしていったイデアルの列が無限昇鎖になる．

2. 命題・定義 9.1 と同様なので略．A がネーター環のとき，有限生成 A 加群になるのは，生成元の個数に関する帰納法でできる．

    (3) $\mathbb{Q}/\mathbb{Z}_{(p)}$ の $\mathbb{Z}$ 部分加群は p^{-n} で生成されるもののみである．n を増加させると無限昇鎖ができ，n を減少させる方は有限で止るから（$n = 0$ のとき (0) になる），無限降鎖はできない．

3. $\{\mathrm{Ker}\, f^n\}_{n \geq 1}$ は M の部分加群の増加列をなすから，ネーター A 加群という条件より $\mathrm{Ker}\, f^n = \mathrm{Ker}\, f^{n+1} = \cdots = \mathrm{Ker}\, f^{2n}$ となる n が存在する．$x \in \mathrm{Ker}\, f^n$ を取り，$x = f^n(y)$ と書くと（f^n も全射），$0 = f^n(x) = f^{2n}(y)$. $y \in \mathrm{Ker}\, f^{2n} = \mathrm{Ker}\, f^n$ より $x = f^n(y) = 0$. ゆえに $\mathrm{Ker}\, f^n = 0$ で，f は全単射．

4. (1) 略．(2) 任意の $0 \neq a \in A$ に対して $\{(a^n)\}_{n \geq 1}$ がイデアルの降鎖より $(a^n) = (a^{n+1})$ となる n がある．$a^n = ba^{n+1}$ と置くと，A が整域だから a^n で割れて，$ab = 1$ が得られる．

5. (1) M が A の極大イデアルとする．$a, b \in A, ab \in M^n, a \notin M$ とすると，$1 = ac + x$ となる $c \in A, x \in M^n$ が取れる．すると $b = b \cdot 1 = bac + bx \in M^n$. 上の命題は，「$I$ を含む素イデアルが M だけ」という条件で準素イデアルになる．

    (2) $A/I \cong \mathbb{F}_2$ より I は極大イデアル．$I^2 = (4, 2\sqrt{6}, 6) = (2)$.

    (3) $(YZ - X^3)^2 - (Y^2 - XZ)(Z^2 - X^2Y) = X(X^5 + Z^3 + XY^3 - 3X^2YZ) \in P^2, X \notin P, X^5 + Z^3 + XY^3 - 3X^2YZ \notin P^2$ より P^2 は準素イデアルでない．

6. (1) は極大イデアルが $\{X_1, \cdots, X_n\}$ と n 個で生成される一方，長さ n の素イデアルの列が作れることから得られる．(2) は R.M. Fossum, The Divisor Class Group of a Krull Domain, Ergebnisse der Mathematik $\cdots$ **74**, Springer, 1973 参照．

第 3 章の解

問題 3.1 (体の拡大)

1. 最小多項式は α の満たす既約多項式である．平方根を消去していけば得られる．
   (1) $x^4 - 8x^2 + 36$．(2) $x^4 - 10x^2 + 1$．
2. $[K:E] \mid [K:k] < \infty$ より $K/k, K/E$ は代数拡大．α の満たす E 係数既約多項式を $g(X)$，K 係数既約多項式を $f(X)$ とすると，$E[X]$ で $g(X)|f(X)$ である．K に $g(X)$ の係数を添加した体を E' とすれば，$[K:E'] = \deg g, E' \subset E$ であるが，$\deg g = [K:E]$ ゆえ $E = E'$ である．従って，中間体は $f(X)$ を $K[X]$ で因数分解したとき，因数となる多項式のいくつかの積の係数を K に添加して得られる．よって，中間体は有限個しかない．
3. $\sqrt{2}$ の $\mathbb{Q}(2^{\frac{1}{3}})$ 上の既約多項式は $x^2 - 2$ である．
4. $f(X) = X^6 - 6X^4 - 6X^3 + 12X^2 - 36X + 1$．
5. $x \in R$ に対して，$1, x, x^2, \cdots, x^n$ が K 上線型従属となる最小の正整数 n を取れば，$\exists a_0, a_1, \cdots, a_n \in K, a_0 \ne 0$ で $a_0 + a_1 x + \cdots + a_n x^n = 0$ となる．これより，x^{-1} は x の多項式ゆえ，$x^{-1} \in R$．(別証明が問題 2.1-10 にある．)

問題 3.2 (作図可能性)

3. 角 θ を 3 等分するには $x = \cos\frac{1}{3}\theta$ が作図できればよい．$a = \cos\theta$ は与えられた数で，三角関数の加法公式より，x は 3 次式 $f(x) = 4x^3 - 3x - a = 0$ を満たす．この式が既約となる a $(-1 \le a \le 1)$ は無数に存在する．

問題 3.3 (体の同型とその拡張)

1. $\sqrt[3]{2}$ と共役な他の数は実数でないから $\mathbb{Q}(\sqrt[3]{2})$ の元でない．
2. Aut $(\mathbb{Q}) = \{e\}$ と有理数で実数を近似できることを用いる．
3. $\omega = (-1 + \sqrt{-3})/2$ としたとき，$K_1 = \mathbb{Q}(\sqrt{2} + \sqrt[3]{3}), K_2 = \mathbb{Q}(-\sqrt{2} + \sqrt[3]{3}), K_3 = \mathbb{Q}(\sqrt{2} + \omega\sqrt[3]{3}), K_4 = \mathbb{Q}(-\sqrt{2} + \omega\sqrt[3]{3}), K_5 = \mathbb{Q}(\sqrt{2} + \omega^2\sqrt[3]{3}), K_6 = \mathbb{Q}(-\sqrt{2} + \omega^2\sqrt[3]{3})$．
4. $\alpha = \sqrt[8]{2}$ と置く．拡張を τ とすると，$\alpha^4 = \sqrt{2}$ より，$(\tau(\alpha))^4 = \sigma(\sqrt{2}) = -\sqrt{2}$．これより，$(\tau(\alpha)/\alpha)^4 = -1$．$\zeta$ を 1 の原始 8 乗根とすれば，この解は $\zeta, \zeta^3, \zeta^5, \zeta^7$ である．よって，拡張は $\tau_1(\alpha) = \zeta\alpha, \tau_1(\alpha) = \zeta^3\alpha, \tau_1(\alpha) = \zeta^5\alpha, \tau_1(\alpha) = \zeta^7\alpha$ で与えられる．
5. 同型は X に対する作用で決まる．$\sigma(X) = a_0 + a_1 X + \cdots + a_n X^n, \sigma^{-1}(X) = g(X) \in K[X]$ より，$n = 1$ が出る．
6. $\sigma(X) = h(X)/g(X)$ より，$\max(\deg(h), \deg(g)) = 1$ が出る．

問題 3.4（多項式の分解体と代数閉包）
1. 最小分解体は $\mathbb{Q}(\sqrt{-1}, \sqrt[3]{5}, \omega)$. ただし，$\omega = (-1 + \sqrt{-3})/2$.
2. $f(X) = X^4 - 2X^2 + 9 = (X^2 - 1)^2 + 8 = 0$ より $X = \pm\sqrt{2} \pm \sqrt{-1}$ を得る．$\alpha = \sqrt{2} + \sqrt{-1}$ と置くと，$1/\alpha = \frac{1}{3}(\sqrt{2} - \sqrt{-1})$ だから，$\beta = \sqrt{2} - \sqrt{-1} \in K$ である．これより，すべての根は $\mathbb{Q}(\alpha)$ に属する．また，$\alpha + \beta = 2\sqrt{2}, \alpha - \beta = 2\sqrt{-1}$. よって，$K = \mathbb{Q}(\alpha) = \mathbb{Q}(\sqrt{-1}, \sqrt{2})$. $\sqrt{2}, \sqrt{-1}$ から四則演算で得られる数は $a + b\sqrt{2} + c\sqrt{-1} + d\sqrt{-2}$ と表される．このうち，$\mathbb{Q}$ 上 2 次式を満たすものを求めることより，2 次の部分体は $\mathbb{Q}(\sqrt{2}), \mathbb{Q}(\sqrt{-1}), \mathbb{Q}(\sqrt{-2})$ の 3 個．
3. $K = \mathbb{Q}(\sqrt{2})$ とすると，$L/K, K/k$ は正規，L/k は正規でない．

問題 3.5（分離拡大と非分離拡大）
1. L/K を代数拡大とすると，L/k も代数拡大だから分離拡大である．従って，L/K も分離拡大である．
2. $X_i^{1/p} \notin k(X_1, \ldots, X_n)$.
3. L_1 は非分離拡大で L_2 は分離拡大だから存在しない．
4. $x \in K(u, v)$ に対して，$x^p \in K \Longrightarrow [K(x) : K] \le p$ だから．
5. $\forall x \in L$ に対して，$a = x^p \in K(L^p)$ より，x は非分離多項式 $X^p - a$ の根であるから．
6. $L = K(x_1, \cdots, x_t)$ とすれば，$x_i^{p^e} \in K$ $(i = 1, \cdots, t)$ となる e が存在する．だから，$K = K(L^{p^e}) \subset K(L^{p^{e-1}}) \subset \cdots \subset K(L^p) \subset K(x_1, L^p) \subset K(x_1, x_2, L^p) \subset \cdots \subset L$ の系列を細分する．
7. $f(X) = f(X - a + a) = \sum d_n(f)(a)(X - a)^n$ だから．

問題 3.6（ガロワの基本定理）
1. $f(X) = g_1(X)h(X) \in L[X]$ とすれば，K/k の任意の共役写像 σ に対して，$f(X) = \sigma(g_1(X))\sigma(h(X))$ だから，$f(X)$ は $g_1(X)$ のすべての共役多項式 $\sigma(g_1(X))$ で割り切れる．これらの積で $f(X)$ を割ったものは K/k の自己同型で不動であるから $k[X]$ の多項式である．$f(X)$ の既約性からこれは定数である．
    従って，$g_i(X)$ $(i = 1, \cdots, r)$ は互いに共役である．
2. 5 章の例 1.7 参照．
3. $\zeta = \zeta_7$ の共役は $\zeta, \cdots, \zeta^6$ の 6 個であるから，共役写像は $\sigma_i(\zeta) = \zeta^i$ $(i = 1, \cdots, 6)$ で与えられる．$\sigma_j(\sigma_i(\zeta)) = \zeta^{ij}$ であるから，σ_i に i を対応させることで同型 $Gal(K/\mathbb{Q}) \cong U(\mathbb{Z}/7\mathbb{Z}) \cong \mathbb{Z}/6\mathbb{Z}$ が得られ，3 の巾で法 7 の既約類がすべて得られる．よって，$G = Gal(K/\mathbb{Q}) = \langle \sigma_3 \rangle$ である．これは位数 6 の巡回群であるから，6 の約数 d と位数 d の部分群が 1 対 1 に対応する．位数 2 の部分群は $H_1 = \langle \sigma_6 \rangle$,

位数 3 の部分群は $H_2 = \langle \sigma_2 \rangle$ である。$K = \mathbb{Q} + \mathbb{Q}\zeta + \mathbb{Q}\zeta^2 + \cdots + \mathbb{Q}\zeta^6$ だから，部分群に対する固定体を求めると，H_1 の固定体として，$\mathbb{Q}(\zeta + \zeta^6)$，$H_2$ の固定体として，$E = \mathbb{Q}(\zeta + \zeta^2 + \zeta^4, \zeta^3 + \zeta^5) = \mathbb{Q}(\zeta + \zeta^2 + \zeta^4 - \zeta^3 - \zeta^6 - \zeta^5) = \mathbb{Q}(\sqrt{-7})$ である。最後の等号は「ガウスの和」の例で $(\zeta + \zeta^2 + \zeta^4 - \zeta^3 - \zeta^6 - \zeta^5)^2 = -7$ となることに注意。

4. α の $\mathbb{Q}$ 上の共役は $\pm\sqrt{2} + \sqrt[3]{2}, \pm\sqrt{2} + \omega\sqrt[3]{2}, \pm\sqrt{2} + \omega^2\sqrt[3]{2}$ の 6 個である。これらから，四則計算で $\sqrt{2}, \sqrt[3]{2}, \omega$ が得られる。逆も真である。従って，$K = \mathbb{Q}(\sqrt{2}, \sqrt[3]{2}, \omega)$ で $[K : \mathbb{Q}] = 12$。$G = \mathrm{Gal}(K/\mathbb{Q})$ は $\sqrt{2}, \sqrt[3]{2}, \omega$ をそれぞれ共役に写す写像 σ, τ, γ の合成で得られる。ただし，$\tau(\sqrt[3]{2}) = \omega\sqrt[3]{2}, \tau^2 = e$。これらの共役写像の位数は 2, 3, 2 で互いに可換である。従って，G は位数 12 の (2, 3, 2) 型の可換群であるから，$\mathrm{Gal}(K/\mathbb{Q}) \cong C_2 \times C_3 \times C_2$。対応は $\langle \sigma, \tau \rangle \Longleftrightarrow \mathbb{Q}(\omega), \langle \sigma, \gamma \rangle \Longleftrightarrow \mathbb{Q}(\sqrt[3]{2}), \langle \tau, \gamma \rangle \Longleftrightarrow \mathbb{Q}(\sqrt{2}), \langle \sigma \rangle \Longleftrightarrow \mathbb{Q}(\sqrt[3]{2}, \omega), \langle \tau \rangle \Longleftrightarrow \mathbb{Q}(\sqrt{2}, \omega), \langle \gamma \rangle \Longleftrightarrow \mathbb{Q}(\sqrt{2}, \sqrt[3]{2})$。

5. $k \subsetneq k(\alpha), [K : k] = 3$ より $K = k(\alpha)$ である。ガロワ群は位数 3 の巡回群である。この生成元を σ とすれば，$\sigma(\alpha) = \alpha + 1$ としてもよい。$\sigma^2(\alpha) = \alpha + 2, \sigma^3(\alpha) = \alpha + 3 = e(\alpha) = \alpha$ より標数 3。最小多項式は $f(X) = (X - \alpha)(X - \alpha - 1)(X - \alpha - 2) = X^3 - X + \alpha^3 - \alpha$。

6. 前問と同様に考える。標数は 7 で，最小多項式は $f(X) = X^3 - \alpha^3$。

7. $\zeta = (-1 + \sqrt{-3})/2$ と置くと，，$\alpha = \sqrt[3]{3}$ の共役は $\alpha, \zeta\alpha, \zeta^2\alpha$ であるから，$K/\mathbb{Q}$ はガロワ拡大で，G は

$$\sigma(\sqrt{-3}, \alpha) \longmapsto (\sqrt{-3}, \zeta\alpha)$$
$$\tau(\sqrt{-3}, \alpha) \longmapsto (-\sqrt{-3}, \alpha)$$

により生成される。$\tau^2 = e, \sigma^3 = e, \tau\sigma\tau = \sigma^2$ であるから，これは二面体群 D_3 である：$G = \{e, \sigma, \sigma^2, \tau, \sigma\tau, \sigma^2\tau\}$ で部分群は $N = \{e, \sigma, \sigma^2\} \triangleleft G, H_1 = \{e, \tau\}, H_2 = \{e, \sigma^2\tau\} = \sigma H_1 \sigma^{-1}, H_3 = \{e, \sigma\tau\} = \sigma^2 H_1 \sigma^{-2}$ である。H_1, H_2, H_3 は互いに共役。対応は $N \Longleftrightarrow \mathbb{Q}(\sqrt{-3}), H_1 \Longleftrightarrow \mathbb{Q}(\alpha), H_2 \Longleftrightarrow \mathbb{Q}(\zeta\alpha), H_3 \Longleftrightarrow \mathbb{Q}(\zeta^2\alpha)$。

8. $\alpha = \sqrt[6]{-432}, K \cong \mathbb{Q}(\alpha)$。$\alpha^2 = -6\sqrt[3]{2} \in \mathbb{R}, \alpha^3 = -12\sqrt{-3}$ だから，$\mathbb{Q}(\sqrt[3]{2}, \sqrt{-3}) \subset K = \mathbb{Q}(\alpha)$ となる。よって，$K = \mathbb{Q}(\sqrt[3]{2}, \sqrt{-3})$ でこれはガロワ拡大。$\mathrm{Gal}(K/\mathbb{Q})$ は $\sigma : (\sqrt[3]{2}, \sqrt{-3}) \longmapsto (\omega\sqrt[3]{2}, \sqrt{-3})$ と $\tau : (\sqrt[3]{2}, \sqrt{-3}) \longmapsto (\sqrt[3]{2}, -\sqrt{-3})$ で生成される。但し，$\omega = (-1 + \sqrt{-3})/2$ で，$\tau(\omega) = \omega^2$ に注意する。$\mathrm{Gal}(K/\mathbb{Q}) = S_3$。である。

9. $\alpha^n = a$ だから，α の k 上の共役は $\zeta^i \alpha$ の形である。今，これらの中で，最小の i を持つものを $\zeta^d \alpha$ とするとき，$\mathrm{Gal}(K/k)$ は $\sigma(\alpha) = \zeta^d \alpha$ なる σ で生成される巡回群である。$a^r \in k^n \longrightarrow \alpha^r \in k$ より，$\sigma(\alpha^r) = \zeta^{dr}\alpha^r = \alpha^r$ だから，$\zeta^{dr} = 1$ である。従って，$\sigma^r(\alpha) = \zeta^{dr}\alpha = \alpha$ だから，$\sigma^r = 1$。逆に σ の位数を s とすると，$\zeta^{ds} = 1$ となるので，$\alpha^s \in k$ が出る。これより，$a^s \in k^n$ となる。これから，$r = s$ が分かる。

10. 問題 9 の一般化である。ガロワ群は

$$\sigma_i(\alpha_i) = \zeta_i \alpha_j \qquad (\zeta_i^n = 1\,; i = 1, \cdots, h)$$

$$\sigma_i(\alpha_j) = \alpha_j \qquad (i \neq j)$$

を満たす σ_i で生成される. σ_i の位数は a_i の剰余群 $H/(H \cap k^n)$ の位数に等しいことが上記のように分かる.

第4章の解

問題 4.1（群の集合への作用）

1. (1) 任意の $x \in G$ に対し $\#(x^{-1}Hx) = \#H$ だし, $x^{-1}Hx$ で異なるものは, 高々 $[G : H]$ 個. しかも e はすべての $x^{-1}Hx$ に共通に含まれているから, $\#[\bigcup_{x \in G} x^{-1}Hx] < \#H \cdot [G : H] = G$.

(2) 「どんな 2×2 行列も正則行列で三角化できる」より示せる.

2. $x \in X$ が固定点でない $\iff |G.x| > 1$ だが, $|G.x|$ は 55 の約数だから 5 または 11 のどちらか. しかし 39 は $5n + 11m$ ($n, m \in \mathbb{Z}, n, m \geq 0$) の形に書けない.

3. 条件を満たす等式 (*) で自明（1 を $1/r$ の r 個の和で表す）でないものは, $r = 2$ のときは存在せず, $r = 3$ のときは $1 = 1/6 + 1/3 + 1/2$ のみ, $r = 4$ のときは $(n_1, n_2, n_3, n_4) = (6, 6, 3, 3), (6, 6, 6, 2), (8, 8, 4, 2), (10, 5, 5, 2), (12, 4, 3, 3)$ の 5 種類だが, 最初の 3 つは群の類等式に対応していないことがすぐに分かる. 以上より (1), (2) が示せる. (3) の G の位数は 10 または 12（実際, D_5, A_4 は位数がそれぞれ 10, 12 で共役類の個数が 4）.

4. (2) $\sigma = \begin{pmatrix} a & b \\ c & d \end{pmatrix}$ と置くとき, $\sigma \in G_0 \iff b = 0$, $\sigma \in G_\infty \iff c = 0$, $\sigma \in G_1 \iff a + b = c + d$.

5. (1) 正 6 面体は 8 個の頂点を持ち, 1 つの頂点から 3 本の辺が出ているから, 1 つの頂点の固定群の位数は 3. ゆえに $|G(6)| = 8 \times 3 = 24$. 後半と (2) は略.

(3) (1) と同様に $|G(12)| = 20 \times 3 = 60$.

(4) 12 面体の各面は正 5 角形だから, 各面の中心を軸とする回転は位数が 5 である. 向い合う面の組が 6 組あるから $|G(12)|$ は位数 5 の元を $4 \times 6 = 24$ 個持つ. あとは問題 4.5-6 参照.

6. X を G の作用の軌跡に分解するとき, 各軌跡の元の個数は 1 または p の巾.

7. (1) 略. (2) $S_4 \cong I(S_4)$ は (1) より出る. Aut (S_4) の位数は 24 の倍数だが, Aut (S_4) の元は (12) と (1234) の行先を決めれば決る. S_4 は位数 4 の元を 6 個, 位数 2 の元を 9 個持つが, 位数 4 の元 σ を固定したとき, σ を含む 2 シロー群に 5 個の位数 2 の元が含まれるので, (12) の行先に選べる元は $9 - 5 = 4$ 個. ゆえに Aut (S_4) の位数は $6 \times 4 = 24$ 以下.

8. それぞれの準同型写像が単射であることを確かめればよい.

9. H の剰余類の集合に G が $a.xH = (ax)H$ で作用し, 準同型写像 $\phi : G \to S_n$ がで

きる．この作用は自明でないから，$K = \text{Ker}\,\phi$ が求める正規部分群．

問題 4.2（対称群）

1. $\sigma \in S_n$ の位数は σ を巡回置換の積に分解したときのそれぞれの巡回置換の長さの最小公倍数．例えば $n = 10$ のとき分解 $10 = 2 + 3 + 5$ で位数 30 が最大．
2. 与えられた型 $n = a_1.1 + a_2.2 + \cdots + a_n.n$ に対応するようにカッコを並べておき，$1, 2, \cdots, n$ を勝手な順番でその中に入れていったとき，異なる置換(または同じ置換)がいくつできるかを考える．長さ r の巡回置換 $(i_1, \cdots, i_r)$ は，どこから始めてもよいから r 通りの自由度がある．また，同じ長さ r の巡回置換が a_r 個あれば，並べ方で $a_r!$ 個の自由度がある．こうして等式 (2.11.2) を得る．
3. (1) $\sigma = (12\cdots n)$ と共役な元は $(n-1)!$ 個ある．ゆえに $|Z(\sigma)| = n!/(n-1)! = n$．一方，$Z(\sigma) \supset \langle(12\cdots n)\rangle$ は明らかだから両者は一致する．(2) も同様にできる．
4. (1) $Z_{A_n}(\sigma) = Z_{S_n}(\sigma) \cap A_n$ は $Z_{S_n}(\sigma)$ と一致するか，または指数 2 の部分群．$|C_G(\sigma)| = [G : Z_G(\sigma)]$ を $G = A_n, S_n$ に使うと，求める結論を得る．(2) は略．
   (3) S_5 (S_6) での共役類が A_5 (A_6) で 2 つに分かれるのは，どちらも (12345) の共役類のみ．ゆえに A_5, A_6 の類等式は，それぞれ
$$60 = 1 + 15 + 20 + 12 + 12,$$
$$360 = 1 + 45 + 40 + 40 + 90 + 72 + 72$$
5. $[n]$ を G の作用による軌跡に分割すると，それぞれの軌跡の元の個数は p の巾だから，p または 1 である．X を $|X| = p$ である G の軌跡とすると，G の X への作用は S_p の部分群で位数が p の巾だから，位数 p の巡回群．G は位数 p の巡回群の直積と同型．
6. (1) $1, \cdots, n$ それぞれの始点と行く先をひもで結んだと思い，3 本以上のひもが 1 点で交わらないようにすると，ひもの交点の総数と転位数が等しい．一方，アミダくじは，ひもの交点に横棒があると思える（図 A.2 参照）．

1 2 3 4 5

3 5 1 4 2

図 A.2

   (2) [Hum] 参照．
8. $I, J \subset [p]$ を K の異なる軌跡とし，$i \in I, j \in J, \sigma \in G$ を $\sigma(i) = j$ とすると，$\forall \tau \in K, \sigma\tau\sigma^{-1} \in K$ より，$\sigma\tau\sigma^{-1}(j) \in J$ だが一方 $\sigma\tau\sigma^{-1}(j) = \sigma\tau(i)$．ゆえに $\sigma(I) = J$ となり I, J は同じ個数の元を持つ．しかし p が素数だから，$I = [p]$，即ち，K も可移的．

9. 例えば，16 個のマス目をチェス盤のように交互に白黒に塗って考えると，コマを 1 回動かすのは，一方では空所の移動と思え，置換の言葉では，互換と思える．空所は白，黒交互に動くから，もとの位置に帰るまでに，必ず偶数回動く．これより，移動可能な配置は必ず偶置換であることが分かる．逆に偶置換は移動可能を示すには，例えば 1 から 8 までをもとの位置に戻して考えると考えやすい．
(c) は (b) に，(d) は (a) に移動可能．

問題 4.3 (直積，半直積)

2. 問題の仮定の下に，$khk^{-1}h^{-1} = k(hk^{-1}h^{-1}) \in K$, $khk^{-1}h^{-1} = (khk^{-1})h^{-1} \in H$ より $khk^{-1}h^{-1} \in H \cap K$. ゆえに $khk^{-1}h^{-1} = e$.

3. $\phi \in \mathrm{Aut}\,(G_1 \times G_2)$ に対して，写像の合成 $p_2 \circ \phi \circ i_1 : G_1 \to G_2$ は自明な準同型だから $\phi(G_1) = G_1$ が分かる．G_2 についても同様だから $\phi \in \mathrm{Aut}\,(G_1) \times \mathrm{Aut}\,(G_2)$.

4. $\det(\alpha.1_n) = \alpha^p$ で，$F : k \to k$, $F(\alpha) = \alpha^p$ は全単射だから定理 3.4 の条件を確かめられる．n が p 巾のときのみ成立．

5. $h \in H$ に対して $\Phi(h) = \phi(h)$ と置くと，計算により，$\alpha = \beta \circ \phi$.

6. (1) $G \cong C_m^n$ のとき，G は自由 $\mathbb{Z}/(m)$ 加群 $[\mathbb{Z}/(m)]^n$ と思える．あとは 2 章の (7.20.2) と問題 2.7-**4** 参照．

(2) $\mathbb{Z}/(ab) \cong \mathbb{Z}/(a) \times \mathbb{Z}/(b)$ より $M_n(\mathbb{Z}/(ab)) \cong M_n(\mathbb{Z}/(a)) \times M_n(\mathbb{Z}/(b))$. $U(\mathbb{Z}/(ab)) \cong U(\mathbb{Z}/(a)) \times U(\mathbb{Z}/(b))$ より (2 章の系 6.9) $GL(n, \mathbb{Z}/(ab)) \cong GL(n, \mathbb{Z}/(a)) \times GL(n, \mathbb{Z}/(b))$.

(3) 行列 $X \in GL(n, \mathbb{F}_p)$ を列ヴェクトルに分解して $X = (\mathbf{x}_1, \cdots, \mathbf{x}_n)$ $\mathbf{x}_i \in \mathbb{F}_p^n$ と思うとき，$\mathbf{x}_1$ の可能性は $\mathbf{0}$ 以外何でもよいので $p^n - 1$ 通り，$\mathbf{x}_1$ を決めたとき，$\mathbf{x}_2$ は $\mathbf{x}_1$ と 1 次独立だから $p^n - p$ 通り．以下同様に考えて，$GL(n, \mathbb{F}_p)$ の位数は

$$(p^n - 1)(p^n - p) \cdots (p^n - p^{n-1}) = p^{n(n-1)/2}(p-1)(p^2-1)\cdots(p^n-1)$$

(4) $n \in \mathbb{Z}, p|n$ のとき n の $\mathbb{Z}/(p^l)$ での像は巾零．単元と巾零元の和は単元だから，$\mathrm{Ker}\,(\pi)$ の元は，対角成分が 1 と巾零元の和，それ以外の成分も巾零元で，各成分が p^{l-1} 通りの自由度を持つ．ゆえに $|\mathrm{Ker}\,(\pi)| = p^{(l-1)n^2}$

(5) $n = 2, 3, 5$ は (3)，$n = 4$ は (4)，$n = 6$ は (1) を使う．$n = 2, 3, 4, 5, 6$ のときの $GL(2, \mathbb{Z}/(n))$ の位数はそれぞれ 6, 48, 96, 480, 288.

問題 4.4 (いろいろな群の例)

1. $G = D_{2n}$ の生成元を a, b, $a^{2n} = b^2 = e, bab = a^{-1}$ と置くとき，G の部分群 $H = \langle a^2, b \rangle$, $K = \langle a^n \rangle$ に対して，$G \cong H \times K$, $H \cong D_n$, $K \cong C_2$ が確かめられる．

2. D_n の生成元を a, b ($a^n = b^2 = e, bab = a^{-1}$) とする．$\alpha \in \mathrm{Aut}\,(D_n)$ に対して D_n の位数 n の元の個数 $\phi(n)$ より $\alpha(a)$ の可能性は $\phi(n)$ 個，$\alpha(b)$ の可能性は n 個よ

り，Aut (D_n) の位数は $n\phi(n)$．

α を $\alpha(a) = a, \alpha(b) = ab$ と定義すると α の位数は n．β を $\beta(a) = a^s$ $((s, n) = 1), \beta(b) = b$ と置くと $\beta\alpha\beta^{-1} = \alpha^s$ が分かるから，Aut $(D_n) \cong C_n \rtimes U(\mathbb{Z}/(n))$．特に，Aut $(D_3) \cong D_3$, Aut $(D_4) \cong D_4$, Aut $(D_5) \cong C_5 \rtimes C_4$．

3. (1) 略．(2) は (4.4.4) の行列の形だと見やすい．

(3) 一般に，位数有限な行列 $A \in GL(n, \mathbb{C})$ の固有値は 1 の巾根で，A は $GL(n, \mathbb{C})$ の中で，必ず対角化可能である．

まず $GL(n, \mathbb{R})$ の有限部分群 G に対して G 不変な $\mathbb{R}^n$ の内積が必ず存在する．これが分かると，まず $SL(2, \mathbb{R})$ の有限部分群は $SO(2, \mathbb{R}) \cong U := \{z \in \mathbb{C} \mid |z| = 1\}$ の有限部分群と同型なので巡回群．有限部分群 $G \in GL(n, \mathbb{R})$ に対して，$\mathbb{R}$ 内の 1 の巾根が ± 1 しかないので，$[G : G \cap SL(n, \mathbb{R})]$ は 1 または 2．これより $GL(2, \mathbb{R})$ の有限部分群は巡回群か二面体群のみ ($D_2 := C_2 \times C_2$ を含む)．

(4) S_7 の 2 シロー群は $D_4 \times C_2$ と同型．この群で位数 4 の二つの元は可換である．

4. この 6 点は正 8 面体を作っている．ゆえに，$G/\{\pm I\} \cong G(8) \cong S_4$（問題 4.1-**5** 参照）．

問題 4.5（シローの定理）

1. (1) 問題 4.3-**6** の (3) と同様．(2) は $\#U(n, k) = q^{n(n-1)/2}$ が G の p シロー群の位数と一致する．

2. G を位数 12 の群とする．G の 3 シロー群が正規でないときは，例 5.9 により $G \cong A_4$．以下で G の 3 シロー群 K が正規部分群とする．G の 2 シロー群 H は，C_4 または $C_2 \times C_2$ と同型．また，$G \cong K \rtimes H$（定義 3.6 参照）．Aut $K \cong C_2$ より，$\alpha : H \to \text{Aut } K$ は自明か，または全射で Ker $\alpha \subset C_2$．これより，$H \cong C_4$ のとき $G \cong C_{12}$ または $\mathbf{Q}_3$, $H \cong C_2 \times C_2$ のとき，$G \cong C_6 \times C_2$ または $D_3 \times C_2 \cong D_6$．

3. G の p シロー群 $H \cong C_p$ は正規部分群．2 シロー群が $C_2 \times C_2$ のときは $G \cong D_p \times C_2 \cong D_{2p}$．

2 シロー群が C_4 のとき，$\phi : C_4 \to \text{Aut}(C_p) \times \mathbb{F}_p^{\times}$ の像の位数が 2 のとき $G \cong \mathbf{Q}_p$, 4 のとき（$p \equiv 1 \pmod 4$ のときのみ）(3) の群になる．

4. G は p シロー群 H と C_2 との半直積である．H が巡回群のとき $G \cong D_{p^2}$, $H \cong C_p \times C_p$ のとき，H の生成元を a, b として，Aut (H) の位数 2 の元 α は，$\alpha(a) = a^{-1}, \alpha(b) = b$ または $\alpha(a) = a^{-1}, \alpha(b) = b^{-1}$ のどちらかになるように a, b を選べる．前者が (2), 後者が (3) の場合である．

5. (1) 定理 5.5 より，5 シロー群が正規でないとすると，G は 6 個の 5 シロー群，従って 24 個の位数 5 の元を持つ．このとき 3 シロー群は正規部分群になるので，位数 6 の正規部分群を持つ．(2) も同様なので略．

6. (1) 5 シロー群 H_5 の個数は定理 5.5 より 6 個．ゆえに G は位数 5 の元を 24 個持つ．また，G の 3 シロー群 H_3 が正規とすると，位数 5 の元が H_3 の元と可換になり，G に位数 15 の元が存在する．これは $N(H_5)$ の位数が 10 であることに反する．定理 5.5 から 3 シロー群の個数は 4 または 10 だが，4 とすると準同型写像 $\phi : G \to S_4$ に対し $\mathrm{Ker}\,\phi$ が位数 5 または 15 の正規部分群となり，最初の仮定に反する．ゆえに G は 10 個の 3 シロー群，20 個の位数 3 の元を持つ．これで位数 1, 3, 5 以外の元の個数は 15 なので，G は 5 個の 2 シロー群を持つ．これで準同型写像 $\psi : G \to S_5$ ができ，この写像が，同型 $G \cong A_5$ を与える．

(2) まず，位数が素数の巾は命題 1.10 により，$2p^n$（p は素数）のときは p シロー群が正規より除いてよい．また，位数 nq^m（q は素数，$n < q$）の群の q シロー群は正規だから，除いてよい．更に，定理 5.5 より，正規なシロー群を持つものを除くと，残る数は 12, 24, 30, 36, 48, 56, 60, 72, 80, 90, 96．また，位数 N の群が r 個のシロー群を持つとき，N が $r!$ の約数でなければ，必ず自明でない正規部分群ができる．これで 12, 24, 36, 48, 72, 80, 96 が除かれる．また，30, 56 は上の問で終っている．残りは 90（以下略）．

7. (1) 略．(2) $392 = 49 \times 8$ より 7 シロー群が正規でなければ 8 個あり，S_8 への準同型 ϕ ができる．S_8 の位数は 49 で割り切れないから，$\mathrm{Ker}\,\phi$ の位数は 7．

問題 4.6（可解群，巾零群）

2. (1.10) より $|Z(G)| \geq p$．$G/Z(G)$ は巡回群ではないから，$|Z(G)| = p$．$G/Z(G)$ の位数が p^2 よりアーベル群．ゆえに $Z(G) \supset D(G)$．以下略．

3. $G/Z(G)$ は巡回群ではないので，前半が示せる．位数 15 の群は巡回群だから，$|G/Z(G)| = 15$ もあり得ない．14 になることはある．

4. (1) $D(GL(n, k)) = D(SL(n, k)) = SL(n, k)$ を示す．

(2) $Z(T(n, k)) = k^* I_n$ より $T(n, k)$ は巾零ではない．$U(n, k) \triangleleft T(n, k), T(n, k)/U(n, k) \cong D(n, k)$（アーベル群）と (3) より $T(n, k)$ は可解．(3) k の標数が p なら $U(n, k)$ は p 群．

5. 3 シロー群が正規部分群なら，剰余群はそれぞれ位数が 8, 4 だから定理 6.7 より可解になる．3 シロー群が正規でなければ 4 個ある．S_4 の部分群は可解だから再び定理 6.7 より可解になる．

6. (1) は問題 4.2-**8** と同じ（考え易くするために再録）．

(2) G は自明でない正規部分群を持つから，その中で極小なものは必ず取れる．H も可移的だから長さ p の巡回置換 σ を含むが，$Z(\sigma) = \langle \sigma \rangle$ だから，H がアーベル群なら $H = \langle \sigma \rangle$．

(3) S_p は位数 p の元を $(p-1)!$ 個持つから，位数 p の巡回群を $(p-2)!$ 個持つ．ゆえに $N_{S_p}(H)$ の位数は $p(p-1)$．

第 5 章の解

問題 5.1（方程式のガロワ群）

以下に於て ω は 1 の原始 3 乗根とする．

1. (1) f の根を $\{\alpha, -\alpha, \beta, -\beta\}$, $\sigma \in Gal(f)$ とすると，$\sigma(\alpha)$ の行く先は 4 つ，$\sigma(-\alpha) = -\sigma(\alpha)$ だから $\sigma(\alpha)$ を決めると，$\sigma(\beta)$ の行く先は高々 2 つの可能性がある．ゆえに $|Gal(f)| = 4$ または 8．S_4 の位数 4, 8 の可移的部分群は D_4, C_4, V_4 のいずれかである．

    (2) (1) と同様に，$|Gal(f)| \leq 8 \cdot 6 \cdot 4 = 48$.

2. (1) $\mathbb{Q}$ で根があるとすると可能性は ± 1 のみ．

3. (1) 略．(2) $\mathbb{Q}(\alpha) \supset \mathbb{Q}(\sqrt[3]{2})$ が云えるから，$\mathbb{Q}(\alpha)$ を含むガロワ拡大は $K = \mathbb{Q}(\sqrt{2}, \sqrt[3]{2}, \omega)$ を含む．逆に，この K は $f = (X^3 - 2)(X^2 - 2)$ の分解体だから $\mathbb{Q}$ のガロワ拡大で，この K が求めるガロワ拡大である．$Gal(K/\mathbb{Q})$ の位数は $[K:\mathbb{Q}] = 12$．G は $Gal(X^3 - 2) \cong S_3$ を剰余群に持ち，$X^3 - 2$ のガロワ群 S_3 を部分群にも持つから，$G \cong D_6 \cong S_3 \times C_2$（問題 4.5-**2** 参照）．

4. (1) 略．(2) $f = (X^2 + X + 1)(X^6 + 3X^5 + 10X^4 + 15X^3 + 10X^2 + 3X + 1)$, 後者を g と置き，g の一つの根を α とすると，(1) より $\alpha, -(\alpha+1), -\dfrac{1}{\alpha+1}, -\dfrac{\alpha}{\alpha+1}, -1 - \alpha^{-1}$ も g の根で異なるので，g は既約，$Gal(g) \cong S_3$．g は上と同じ論法で $\mathbb{Q}[\omega]$ 上でも既約だから，$Gal(f) \cong S_3 \times C_2$．

5. (1) 位数 15 の群は巡回群である（4 章の例 5.7）．C_{15} は位数 3, 5 の部分群を一つずつ持つ．ゆえに K/k も k 上 3 次，5 次拡大の中間体を一つずつ持つ．

    (2) 同様に，位数 45 の群はアーベル群で，C_{45} または $C_5 \times C_3 \times C_3$ と同型．これらの群は，位数 3, 5, 9, 15 の部分群をそれぞれ (1, 1, 1, 1), (8, 1, 1, 8) 個持つ．

6. 位数 8 の群は $C_8, C_4 \times C_2, C_2 \times C_2 \times C_2, D_4, Q$ のどれかと同型である（4 章の (5.12)）．それぞれの群の，位数 2, 4 の部分群の個数を求めると，それぞれ (1, 1), (3, 2), (7, 7), (5, 3), (1, 3) となる．但し，一般には位数と部分群の個数だけでは群の構造は決らない．

7. (1) $f = X^8 - 24X^6 + 108X^4 - 144X^2 + 36$.

    (2) $\beta := \alpha^2 - 6 = 3\sqrt{2} + 2\sqrt{3} + 2\sqrt{6}$ と置くと，$\mathbb{Q}(\beta) = \mathbb{Q}(\sqrt{2}, \sqrt{3})$ はすぐ分かる．f の根は，$\pm\alpha, \pm\alpha_2, \pm\alpha_3, \pm\alpha_4$．但し $\alpha_2 = \sqrt{6 - 3\sqrt{2} + 2\sqrt{3} - 2\sqrt{6}}, \alpha_3 = \sqrt{6 + 3\sqrt{2} - 2\sqrt{3} - 2\sqrt{6}}, \alpha_4 = \sqrt{6 - 3\sqrt{2} - 2\sqrt{3} + 2\sqrt{6}}$ となる．例えば，$\alpha\alpha_2 = \sqrt{6}$ 等により，$\alpha_i \in \mathbb{Q}(\alpha)$ $(i = 2, 3, 4)$ が分かる（ここが α の取り方のうまい所）．

    (3), (4) $K/\mathbb{Q}$ の真の中間体は，$\mathbb{Q}(\sqrt{2}), \mathbb{Q}(\sqrt{3}), \mathbb{Q}(\sqrt{6}), \mathbb{Q}(\sqrt{2}, \sqrt{3})$ だけであることが分かるので，上の **6** により $G \cong Q$．

    なお，この例は [IAA] から取らせて頂いた．

問題 5.2 （3次，4次方程式のガロワ群）

1. (1), (6) の答は見てすぐに分かるが，一般解法でやるのは結構面倒だ．以下答のみ書くと，(2) $2\cos\frac{1}{9}\pi, 2\cos\frac{7}{9}\pi, 2\cos\frac{13}{9}\pi$．(3) $2\cos\frac{2}{9}\pi, 2\cos\frac{8}{9}\pi, 2\cos\frac{14}{9}\pi$．(4) $\sqrt[3]{2} + \sqrt[3]{4}, \sqrt[3]{2}\omega + \sqrt[3]{4}\omega^2, \sqrt[3]{2}\omega^2 + \sqrt[3]{4}\omega$．(5) $3, \omega - 1, \omega^2 - 1$．

3. f が可約な a の値は $0, -2$ のみ．条件を満たすとき，$f = 0$ の実根はただ一つ．

4. $\mathbb{Q}(\sqrt{5})[X]$ に於て，$X^4 - 5 = (X^2 - \sqrt{5})(X^2 + \sqrt{5})$ となり，ガロワ群は $C_2 \times C_2$．$\mathbb{Q}(\sqrt{-5})$ 上では f は既約だが，ガロワ群はやはり $C_2 \times C_2$．$\mathbb{Q}$ 上で $Gal(X^4 - 5) \cong D_4$ だが，この二つの部分体はどんな部分群に対応するかチェックしてみよう．

5. (1) f の既約性は $\mathbb{F}_2[X]$ で見ると分かる．決定方程式も既約で $\sqrt{D(f)} \notin \mathbb{Q}$ より $Gal(f) \cong S_4$．$\mathbb{Q}(\alpha)$ は S_4 の位数 6 の部分群に対応しているが，4章の例 4.5 で見たように，S_4 の位数 6 の部分群は S_3 と同型で，この部分群を含む位数 12 の部分群は存在しない．ゆえに $\mathbb{Q}(\alpha)$ は中間体を持たないし，従って α も作図可能でない．

(2) 上と同様 S_4 の部分群の様子を見ればできる．略．

問題 5.3 （有限体）

1. (1) $x \in k^\times$ と x^{-1} を対にして考える．(2) は (1) を $k = \mathbb{F}_p$ として使う．(3) $\mathbb{F}_p^\times = \{1, 2, \cdots, (p-1)/2\} \cup \{-1, -2, \cdots - (p-1)/2\}$ として (1) に帰着．

2. (1) 略．(2) $\alpha^3 = \alpha + 1$ より，例えば $\beta = \alpha + 1$ と置くと $(\beta + 1)^3 = \beta$ となり，$\beta^3 = \beta^2 + 1$ が得られる．ϕ の取り方は 3 種類ある．

3. α の位数は 4 である．位数 2 の元は -1 のみ，位数 4 の元が $\pm\alpha$ のみだから，それ以外の元は何でもよい．

4. $X^4 - 16X^2 + 4$ の $\mathbb{Q}[X]$ での既約性は，$\mathbb{Z}[X]$ で 1 次，2 次因数を持たないことをチェックすればよい．$(X^2 - aX \pm 2)(X^2 + aX \pm 2) = X^4 + (\pm 4 - a^2)X^2 + 4 = X^4 - 16X^2 + 4$ と置いてみると，$a^2 = 4(4 \pm 1)$ だから，3 または 5 が $\mathbb{F}_p$ で平方なら上のような a が取れて，f が可約になる．どちらも平方でないときは，$15 = b^2$ となり，$f = (X^2 - 8)^2 - 4b^2$ となり，やはり分解する．

6. (1) (3.7) で見たように，$X^{15} - 1 \in \mathbb{F}_2[X]$ の既約分解は，位数 16 の体 K の 0 以外の元の F の作用での軌跡への分解に対応する．

$$X^{15} - 1 = (X - 1)(X^2 + X + 1)(X^4 + X + 1)(X^4 + X^3 + 1)(X^4 + X^3 + X^2 + X + 1)$$

(2) 略．(3) このコードは，剰余環 $\mathbb{F}_2[X]/(X^{15} - 1)$ のイデアルである．係数を巡回させることは X をかけることだから，当然イデアルを保つ．

(4) 多項式 g がコードなら，(2) と，α^3 が $(X^4 + X^3 + X^2 + X + 1)$ の根であることから，$g(\alpha^i) = 0$ ($i = 1, 2, 3, 4$). 0 でない係数が 4 個以下の多項式で α^i ($i = 1, 2, 3, 4$)

を零点として持つなら，実は $g = 0$ であることが示せる（ファンデルモンドの行列式！）．

問題 5.4（円分多項式，巡回拡大）
以下に於て $\zeta_n = e^{2\pi i/n}$ を 1 の原始 n 乗根とする．
1. (1) $\Phi_{p^n}(X) = \Phi_p(X^{p^{n-1}})$．(2) n が奇数のとき $\zeta_{2n} = -\zeta_n$ と取れる．
   (3) $\Phi_{12}(X) = X^4 - X^2 + 1$ 以下略．
   (4) $n \leq 100$ に対して $\Phi_n(X)$ の係数は ± 1 のみだが，$\Phi_{105}(X)$ の係数に 2 が現れる．
2. (1) $X^7 - 1 = (X-1)(X^3+1)(X^3+X^2+1)$ $X^5 - 1$, $X^{15} - 1 \in \mathbb{F}_2[X]$ は問題 5.3-**6** 参照．
   (3) $\bar{\Phi}_5(X) \in \mathbb{F}_p[X]$ が 1 次因数を持つのは $p \equiv 1 \pmod 5$ と同値．$p \equiv -1 \pmod 5$ のときは 2 次因数を持つ．例えば，$\mathbb{F}_{11}[X]$ に於て $\bar{\Phi}_5(X) = (X-3)(X-4)(X-5)(X-9)$, $\mathbb{F}_{19}[X]$ に於て $\bar{\Phi}_5(X) = (X^2+5X+1)(X^2+15X+1)$．
4. $n = 2, 3, 5, 6, 7, 10$ に対してそれぞれ，$N = 8, 12, 5, 24, 28, 20$．
6. $n = 8, 11, 13, 15$ に対し，$\mathbb{Q}(\zeta_n)$ の部分体の個数はそれぞれ，5, 4, 6, 7 個（$\mathbb{Q}(\zeta_n)$ と $\mathbb{Q}$ を含む）．
7. $\phi(18) = 6$ だから，3 次以下の因数を確かめる．Φ_{18} は $\mathbb{F}_{23}$ で既約，$\mathbb{F}_{43}$ で 2 次式の積に分解，$\mathbb{F}_{73}$ 上で 1 次式の積に分解する．
8. (1) p の mod 7 での位数．例えば $p = 2$ のとき 3, $p = 13$ のとき 2, $p = 29$ のとき 1．(2) $p \equiv \pm 1 \pmod 7$．

問題 5.5（代数方程式の可解性）
1. $f(X) = (X-\alpha_1)(X-\alpha_2)\cdots(X-\alpha_5)$ と置く．各 α_i を 1 次式と思うと，$f = X^5 + aX + b$ に於て a, b はそれぞれ 4 次，5 次の同次式である．$D(f)$ は 20 次式で，a, b の 20 次の単項式は a^5, b^4 のみだから，$D(f) = pa^5 + qb^4$ と書けるはずである．特に $f = X^5 - 1$ とすると $D(f) = 5^5$ より $q = -5^5$ が，$f = (X^4-1)X$ とすると $D(f) = -4^4$ より $p = 4^4$ を得る．
2. K, L は，それぞれ $X^4 - 2X^2 + 5, X^4 - 12X^2 + 64$ の分解体である．定理 2.10 より，$\mathrm{Gal}(K/\mathbb{Q}) = D_4, \mathrm{Gal}(L/\mathbb{Q}) = V_4$ を得る．
3. (a) $\mathrm{Gal}(f) \cong S_5$，(b) $\mathbb{F}_5$ で考えて既約だから（問題 5.3-**5** 参照）$\mathbb{Q}[X]$ でも既約．$\mathbb{F}_2$ で 3 次の既約因子を持ち，$\sqrt{D(f)} \notin \mathbb{Q}$ より定理 5.7 を用いてガロワ群は S_5．(c) $\mathrm{Gal}(f) \cong C_5$．
4. (1) $\mathbb{F}_2$ の既約 2 次，$X^2 + X + 1$ のみ，既約 3 次多項式は $X^3 + X + 1, X^3 + X^2 + 1$ のみ．上の形になるのは，$(X^2+X+1)(X^3+X^2+1) = X^5 + X + 1$ のみ．ゆえに，条件は a, b 共に奇数．

(2) f が $\mathbb{Q}$ 上既約で，(1) の条件を満たせば定理 5.7 より $\mathrm{Gal}(f) \cong A_5$ または S_5 だが，(1) の条件の下に，$\sqrt{D(f)} \notin \mathbb{Q}$.

5*. (1) ζ を 1 の原始 p 乗根とすると，$[K(\zeta):K]$ は p または 1 だが，$\Phi_p(\zeta)=0$ より p ではない．ゆえに $[K(\zeta):K]=1$.

(2) $\mathbb{C}=K(a), a^p=c \in K$ とする．$b \in \mathbb{C}, b^p=a$ とすると，$\mathbb{C}=K(b)$ だから，b の K 上の最小多項式 $f \in K[X]$ は既約 p 次式である．しかし，b は $X^{p^2}-c \in K[X]$ の根だから，$f \mid X^{p^2}-c$. しかし，$X^{p^2}-c=0$ の根は $b, b\xi, \cdots, b\xi^{-1}$ である（ξ は 1 の原始 p^2 根）．これらの，どの p 個の積も $a\xi^j$ の形で，K の元ではあり得ない．ゆえに，上で仮定した $f \in K[X]$ が存在せず，矛盾が生ずる．以下略．

文献案内

[代数学一般]

まず，この本と同じく代数学一般を扱っている本をいくつか挙げておきます．これらの本を，いろいろな点で参考にさせて頂きました．特に，問題のいくつかを借用させて頂いたことをお断りして感謝します．

[IAA]　彌永昌吉・有馬　哲・浅枝　陽, 詳解代数入門, 東京図書, 1990.
[石]　石田　信, 代数学入門, 実教出版, 1978.
　　外国語の本では
[Ar]　M. Artin, Algebra, Prentice Hall, 1991.
　　最近出た本ですが，線型代数から群の表現論までを統一的に扱った約 600 頁の大著で，近い将来に代数学のスタンダード・コースになるかもしれません．
[Ku]　E. Kunz, Algebra, Vieweg, 1991.
　　Artin の本と同じ書名ですが，こちらはドイツ語です．構成の点で最も参考にさせてもらいました．また，膨大な量の練習問題があり，いくつかを借用しました．
[Moh]　T. T. Moh, Algebra, World Scientific, 1992.
　　この本も中国式剰余定理，ユークリッド環などで参考にしました．

[ガロワ理論]

[Ga]　D. J. Garling, A Course in Galois Theory, Cambridge University Press, 1986.
[St]　I. Stewart, Galois Theory, Chapmann and Hall, 1972.（新関章三訳, ガロアの理論, 共立出版, 1972.）
　　どちらも演習問題も多く，参考にしました．また，
[藤]　藤崎源次郎, 体と Galois 理論 II, 岩波講座 基礎数学, 1977.
も参考にしました．

[可換環論]

[AM]　M. A, Atiyah and I. MacDonald, Introduction to Commutative Algebra, Wesley, 1969.

　可換環論の標準的な入門書で，基礎的な事柄がまとめられています．ただ，可換環論の専門書とまでとはいかないので，もっと勉強したい人には，

[BH]　W. Bruns and J. Herzog, Cohen–Macaulay Rings, Cambridge University Press, 1993.

[松]　松村英之, 可換環論, 共立出版, 1980.

をお勧めします．

[代数幾何]

[Re]　M. Reid, Undergraduate Algebraic Geometry, London Mathematical Society Student Texts, 12, Cambridge University Press, 1988.（若林　功訳, 初等代数幾何講義, 岩波書店, 1991.）

　代数幾何学は大変面白い分野ですが，予備知識をかなり必要とするのが難です．この本は初学者でもすぐに入れるように配慮したものです．

[Ha]　R. Hartshore, Algebraic Geometry, Springer Verlag, 1977.

　代数幾何の標準的な教科書です．

[数論]

[高]　高木貞治, 初等整数論講義, 共立出版, 1931.

　初版は昔に属しますが，現在でも必読の名著です．座右に一冊必要です．

[武]　武隈良一, 二次体の整数論, 槙書店, 1966.

　2次体の具体的な楽しい題材が多く，いい本です．

[IR]　K. Ireland and M. Rosen, A Classical Introduction to Modern Number Theory, Springer Verlag, 1981.

　数論をもっと勉強したい人にお勧めしたい本です．

[対照群とアミダくじ，コクセター群]

[Hum]　J. E. Humphreys, Reflection Groups and Coxeter Groups, Cambridge University Press, 1990.

　コクセター群の理論はいろいろな数学が融合した，とても面白い分野です．

[岩]　岩堀長慶, 対照群と一般線型群の表現論, 岩波講座 基礎数学, 1978.

なお，(代)数学の歴史については，次の本があります．
- [SB] スチュアート・ボリングデール, 数学を築いた天才たち（上・下）（岡部恒治監訳）, 講談社 Blue Backs, 1993.

また，3次方程式の解法で知られるカルダーノの自伝も，今の数学者のイメージとは大分違った波瀾万丈の人生で人生で大変面白い本です．
- [C] カルダノ自伝（清瀬　卓・澤井茂夫訳）, 海鳴社, 1980.

以上に挙げた文献は 18 年前の初版時のものですが，いろいろな本が現れ，また絶版になって消えていきました．絶版になった本も図書館では見られる可能性があることと，草場さんの書いた部分を残したいことから，初版の文献案内は残して新しいものをいくつか付け加えることにしました．

[文献追加]

- David A. Cox, Galois Theory, Wiley, 2004.

550 ページの大著ですが，いろいろなトピックを扱っていて面白いと思います．

- 後藤四郎・渡辺敬一, 可換環論, 日本評論社, 2011.

可換環の定義から書き起こし，松村先生の「可換環論」以後の可換環論の流れも含み，「これを読めば可換環論の研究が始められる」ことを目指して（大分欲張っていますが）書いた本です．可換環論の面白さを知って頂きたいと思います．

- 渡辺敬一, 環と体, 朝倉書店, 2002.

本書とやや重複している部分がありますが，ガロワ理論をコンパクトにまとめ，可換環論の入門を付け加えたものです．

- フェルマーの大定理（または最終定理）

初版が出て以後に代数学では「フェルマーの最終定理」が解決されるという歴史的事件がおこりました．私は専門家でないので，どの本をお勧めするということはできないのですが，沢山の本が出ています．本書の第 2 章の内容は，「フェルマー」を解くために発展してきた部分が多いのでコメントだけさせてもらいました．

- Alan Baker, A Concise Introduction to the Theory of Numbers, Cambridge University Press, 1984.

この本の初版が出るのがちょっと遅かったら草場さんが必ずこの本を勧めていたと思います．大変コンパクトですが，内容のある本です．（行間を読む力は必要かもしれませんが．）

- Neal Koblitz, A Course in Number Theory and Cryptography, Springer, 1987.

RSA 暗号を始めとした暗号は「数論は実世界で役に立つ」ということを認識させました．この流れの本は今や数多くありますが，この本は最初のまとまった本と云えます．

- M. Erickson and A. Vazzana, Introduction to Number Theory, Chapman and Hall, 2008.

　私は数論は専門でないので,「数論を勉強するための本」は推薦できませんが, この本は「数論を楽しむ」本です．私の大学の 3, 4 年のゼミで使用して学生たちが楽しく読んでいます．初版の文献の [武] にある 2 次体の単数の理論も書いてありますし，特に「Mathematica」「Maple」を使ったコンピュータープログラミングが書いてあって楽しめます．

　以上ガロワ理論，可換環論，数論の「新しい」本を紹介してきました．代数幾何は新しい本は沢山ありますが，ある意味で，[Ha], [Re] は相変わらず「標準的」ですし（お 2 人とも元気です），[Hum] もまだこの本を凌駕する本は現れていない気がします．

索　引

記号（初出順）

ω　v
$\mathbb{Z}, \mathbb{R}, \mathbb{Q}, \mathbb{C}$　2
$a \circ b$　3
$|G|, \#G$　5
$S(X), \boldsymbol{S}_n$　6
$\boldsymbol{GL}(n, \mathbb{R})$　6
$F^\times$　7
$\mathbb{R}^\times, \mathbb{C}^\times$　10
$\det(A)$　10
$\cong$　12
$\not\cong$　13
$\langle x \rangle$　17
ord (x)　17
$\boldsymbol{SL}(n, \mathbb{C})$　18
$\langle S \rangle$　18
aH, Ha　18
$[G : H]$　21
$K \triangleleft G$　23
G/K　25
HK　25
Ker (f), Im (f)　26
(a, b)　29
$a \equiv b \pmod{N}$　30
$b \mid a$　30
$\mathbb{Z}/(N)$　32
$U(\mathbb{Z}/(N))$　34
$\mathbb{F}_p$　34
$\phi(N)$　34
$a \mid b$　39
$U(A)$　40
$A[X]$　41
$A[[X]]$　41
deg　42, 110
ord (f)　42
$N(\alpha)$　46
Ker f　48
(a)　49
$(a_1, \ldots, a_n)$　51

$I + J$　51
A/I　52
IJ　52
Hom(A, B)　54
Ker f, Im f　54
$N(a)$　61
$\sqrt{I}$　70
$\Phi_p(X), \Phi_n(X)$　81, 226
$A_1 \times A_2$　83
Hom$_A(M, N)$　91
Ann$_A(x)$　93
in(f)　110
$[K : k]$　118
$k(a)$　119
ζ_n　129
$\bar{k}, \overline{\mathbb{Q}}$　140
$f'(X)$　145
$[K : k]_s, [K : k]_i$　150
Aut (K/k)　153
$\boldsymbol{Gal}(K/k)$　153, 215
$K(\boldsymbol{H})$　155
$s_1, \ldots, s_n$　158
$\boldsymbol{G}(E)$　159
G_x　166
$[n]$　167, 173
$C(x)$　168
$N(H)$　169
$Z(a), Z_G$　169
$I(G)$　170
Aut (G)　170
X^G　172
$\boldsymbol{S}_n$　173
$(i_1, i_2, \ldots, i_r)$　174
$\boldsymbol{V}_4$　177
sgn (σ)　178
$\boldsymbol{A}_n$　179
$G_1 \times G_2$　182
$D(n, k)$　184
$GL(n, k)$　184

索引

$K \rtimes H, H \ltimes K$　183
$T(n,k)$　184
$U(n,k)$　184
$K \rtimes_\alpha H$　185
C_n　186
D_n　187
Q, Q_n　189, 190
$D(G)$　200
$[x,y]$　200
$\mathrm{Gal}(f)$　208
$D(f)$　209
$\Delta(f)$　209
F（フロベニウス写像）　222

ア
アイゼンシュタインの既約性の判定法　80
アーベル群　5
　　—の基本定理　104
アミダくじ　179
アルティンA加群　117
アルティン環　115
アルティンの定理　156
アルティンの補題　155

イ
位数
　　群の—　5
　　元の—　17
　　巾級数の—　42
イデアル　48, 49
　　生成する—　52
　　—の演算　51
　　—の生成元　50
　　—の積　52
　　—の和　51

ウ
well defined　52

エ
A加群　90
A準同型　90
A線型写像　90
A部分加群　90
n次対称群　6, 173
LCM　75
円周等分多項式　226
円分拡大　226
円分多項式　81, 226

オ
オイラー数　34
同じ型を持つ（置換）　175

カ
階数　97, 104
可移的　166
　　—な部分群　197
可解（方程式が）　230
可解群　201
可換環　7
　　—の次元　113
可換群　5
核　14, 48, 91
拡大次数　118
　　—の連鎖律　123
拡大体　118
加群　5
　　環上の—　90
ガロワ拡大　153
ガロワ群　153
ガロワの基本定理　159
環　i, 2, 6
　　—の準同型写像　10, 48, 53
　　—の直積　83
環上の加群　90
完全体　146

キ
軌跡　166
奇置換　178
基底　97
基本対称式　158
既約　144
　　—イデアル　112
　　—元　72
　　多項式の—性　80
逆元　4
逆転数　178, 180
逆転対　178
共役　134, 140, 168
共役写像　140, 153
共役類　167, 168
極小条件　115
局所環　70
極大イデアル　65
極大条件　108, 116

ク
偶置換　178

クラインの四元群　177
群　i, iii, 4
　　—の準同型写像　10
クンマー拡大　164

ケ
形式的巾級数環
　　A 上の—　41
結合法則　3
決定方程式　218
原始 n 乗根　225
原始多項式　77

コ
交換子　200
交換子群　200
交換法則　4
降鎖律　115
交代群　178
合同式　29
合同類　31
互換　177
固定群　155, 166
固定体　155
根　43

サ
最小公倍元　75
最小多項式　122, 145
最大公約元　75
作図可能　126
作図問題　126
差積　178
座標関数　101

シ
次元　114
四元数群　189
自己同型群　170
自己同型写像　122
GCD　75
指数　21
　　多項式の—　42
四則演算　2
自明な部分群　17
射影直線　172
Jacobson 根基　70
自由加群　97
15 ゲーム　181
収束性　41

主項　110
主多項式　43, 94, 208
巡回群　17, 186
巡回置換　174
巡回符号　224
巡回部分群　17
循環小数　35
準素イデアル　111
準素分解　111
準同型写像　9
　　A 加群の—　90
　　環の—　10, 48, 53
　　群の—　10
純非分離拡大　147
純非分離多項式　144
昇鎖律　108, 117
商体　72–74
剰余環　52
剰余群　25
剰余の定理　43
剰余類　18
　　I を法とする—　49
　　H の—, 左 (右) —　18
ジョルダンの標準形　106
シローの定理　192, 193

ス
推進定理　162

セ
整域　40
整拡大　94
正規拡大　142
正規化群　169
正規部分群　23
制限する　134
正 4 面体群　168
生成系　94
生成元　50
生成する
　　—イデアル　52
　　—部分加群　91
　　—部分環　45
　　部分群　18
正則局所環　117
正 20 面体群　168
正 8 面体群　168
整閉包　95

ソ
素イデアル 65
素因数 36
像 91
素元 72
素元分解整域 75
素体 34

タ
体 v, 2, 7, 34
　　拡大— 118
　　—の拡大 118
第3同型定理 28
代数拡大 122
代数学の基本定理 iii, 136
代数性の連鎖性 124
代数的 122
代数的整数 94
代数的導関数 145
代数的独立 125
代数的に解ける 199
代数閉体 136
代数閉包 138
代数方程式の可解性 230
第2同型定理 28
代表元 32
高さ 113, 114
多項式
　　A 係数の— 41
　　—の既約性 80
多項式環
　　A 係数の— 41
単位元 4
　　—の一意性 5
単因子 104
単因子分解 104
単拡大体 150
単元 40
単項イデアル 49
単項イデアル整域 50
単項加群 94
単純群 24
単数群 34, 40

チ
置換の型 175
中国式剰余定理 84, 86
忠実 166
中心 169
中心化群 169

超越数 125
直積 92, 182
　　環の— 83
直積因子 92
直和 92
直和因子 92

ツ
ツォルンの補題 66

テ
DVR 71
デデキント環 114
添加する 119

ト
同型 12, 90, 91
　　k 上— 121
　　k 上の—写像 121
同型写像 12, 121, 133
同型定理 26, 54, 91

ナ
内部自己同型 170

ニ
二項演算 2
2次体 119
　　—の整数環 96
2次の整数 46
二面体群 187

ネ
ねじれ元 93
ねじれ部分加群 93
ネーター A 加群 117
ネーター環 108

ハ
倍元 39
ハッセ図 46
ハミルトンの四元数体 189
半直積 183, 185
判別式 v, 209

ヒ
PID 50
　　—上の加群の構造定理 103
p 群 169
p シロー群 192

267

左剰余類　18
p 部分群　192
微分する　145
非分離拡大　147
非分離次数　145, 150
非分離多項式　144
表現（群の）　187
標準全射　25, 53
標数　144
ヒルベルトの基底定理　110

フ
フェルマーの小定理　34
符号　178
符号理論　224
付値　71
部分加群　90
　　　—の単因子　100
部分環　17, 74
　　　生成する—　45
部分群　16, 190
　　　可移的な—　197
　　　自明な—　17
　　　生成する—　18
部分集合の積　24
部分体　17, 118
フロベニウス写像　222
分解体　136
分配法則　2
分離拡大　147
　　　—の連鎖律　148
分離次数　145, 150
分離多項式　144

ヘ
巾級数
　　　A 係数の—　41
巾等元　89
巾零核　68
巾零群　202
巾零元　33, 68
ペル方程式　41

ミ
右剰余類　18

ム
無限群　5
無限次拡大　118

ヤ
約元　39

ユ
ユークリッド整域　61
ユークリッドの互除法　85
有限型　94
有限群　5
有限次拡大　118
有限条件　109, 117
有限生成　94
有限生成イデアル　51
有限体　221
UFD　75
ユークリッドの互除法　59, 60

ラ
ラグランジュの定理　21
ラディカル　70
ランク　104

リ
離散的付値環　71

ル
類等式　169

レ
零因子　33, 40
零化イデアル　93

ワ
割り算
　　　多項式の—　43

著者略歴

渡辺 敬一（わたなべ けいいち）
1944年　東京都に生まれる
1967年　東京大学理学部数学科卒業
現　在　日本大学文理学部教授

草場 公邦（くさば としくに）
1937年　東京都に生まれる
1961年　東京大学理学部数学科卒業
2002年　東海大学名誉教授
2008年　逝去

すうがくぶっくす 13
代数の世界　改訂版

定価はカバーに表示

2012年4月20日　初版第1刷
2022年6月25日　　　第4刷

著　者　渡　辺　敬　一
　　　　草　場　公　邦
発行者　朝　倉　誠　造
発行所　株式会社　朝　倉　書　店
　　　東京都新宿区新小川町6-29
　　　郵便番号　162-8707
　　　電　話　03(3260)0141
　　　FAX　03(3260)0180
　　　https://www.asakura.co.jp

〈検印省略〉

Ⓒ 2012〈無断複写・転載を禁ず〉

中央印刷・渡辺製本

ISBN 978-4-254-11498-0　C 3341　Printed in Japan

JCOPY ＜出版者著作権管理機構　委託出版物＞

本書の無断複写は著作権法上での例外を除き禁じられています．複写される場合は，そのつど事前に，出版者著作権管理機構（電話 03-5244-5088, FAX 03-5244-5089, e-mail: info@jcopy.or.jp）の許諾を得てください．

好評の事典・辞典・ハンドブック

数学オリンピック事典	野口 廣 監修　B5判 864頁
コンピュータ代数ハンドブック	山本 慎ほか 訳　A5判 1040頁
和算の事典	山司勝則ほか 編　A5判 544頁
朝倉 数学ハンドブック［基礎編］	飯高 茂ほか 編　A5判 816頁
数学定数事典	一松 信 監訳　A5判 608頁
素数全書	和田秀男 監訳　A5判 640頁
数論＜未解決問題＞の事典	金光 滋 訳　A5判 448頁
数理統計学ハンドブック	豊田秀樹 監訳　A5判 784頁
統計データ科学事典	杉山高一ほか 編　B5判 788頁
統計分布ハンドブック（増補版）	蓑谷千凰彦 著　A5判 864頁
複雑系の事典	複雑系の事典編集委員会 編　A5判 448頁
医学統計学ハンドブック	宮原英夫ほか 編　A5判 720頁
応用数理計画ハンドブック	久保幹雄ほか 編　A5判 1376頁
医学統計学の事典	丹後俊郎ほか 編　A5判 472頁
現代物理数学ハンドブック	新井朝雄 著　A5判 736頁
図説ウェーブレット変換ハンドブック	新 誠一ほか 監訳　A5判 408頁
生産管理の事典	圓川隆夫ほか 編　B5判 752頁
サプライ・チェイン最適化ハンドブック	久保幹雄 著　B5判 520頁
計量経済学ハンドブック	蓑谷千凰彦ほか 編　A5判 1048頁
金融工学事典	木島正明ほか 編　A5判 1028頁
応用計量経済学ハンドブック	蓑谷千凰彦ほか 編　A5判 672頁

価格・概要等は小社ホームページをご覧ください．